谨以此书献给 IEC/TC 56 的前主席 Geoffrey C. Alstead 先生，他鼓励本书作者及多个国家的专家共同制定了可信性国际标准。

可靠性技术丛书

工业和信息化部电子第五研究所
全国电工电子产品可靠性与维修性标准化技术委员会

可信性工程应用与实践
在技术及演进系统中
管理可信性的有效方法

Practical Application of Dependability Engineering:
An Effective Approach to Managing Dependability
in Technological and Evolving Systems

◎ 【加】托马斯·范·哈德维尔
　【加】大卫·江　　　　　　　　　著

◎ 杨春晖　纪春阳　于　敏　许少辉　译

◎ 译组成员　曾乐天　陈　平　尚京威
　　　　　　冯晓荣　李　萍　郭伟全
　　　　　　刘　务　陈　静

电子工业出版社
Publishing House of Electronics Industry
北京·BEIJING

内 容 简 介

防护涂层的环境适应性可对电子装备可靠服役和寿命保证产生重要影响，特别是在复杂、恶劣气候环境地区服役的电子装备。本书以有效评价防护涂层环境适应性水平为目标，以环境试验合理设计为着力点，从防护涂层体系配套要求、防护涂层典型环境失效模式、环境条件分析、自然环境试验技术、实验室环境试验技术、性能参数检测及结果评价等多个方面进行阐述，并给出了电子装备防护涂层环境试验技术相关案例。

本书可供从事电子装备（产品）腐蚀防护设计、防护涂层检验、涂料研发等工作的工程技术人员学习使用，也可供其他相关部门的技术人员及高等院校师生参考。

Original Edition Copyright 2012, by The American Society of Mechanical Engineers.
本书英文翻译版专有出版权由 ASME Press 授予电子工业出版社。

未经出版者预先书面许可，不得以任何方式复制或抄袭本书的任何部分。

版权贸易合同登记号 图字：01-2021-1400

图书在版编目（CIP）数据

可信性工程应用与实践：在技术及演进系统中管理可信性的有效方法 /（加）托马斯·范·哈德维尔，（加）大卫·江著；杨春晖等译. —北京：电子工业出版社，2021.5

书名原文：Practical Application of Dependability Engineering: An Effective Approach to Managing Dependability in Technological and Evolving Systems

ISBN 978-7-121-40888-5

Ⅰ. ①可… Ⅱ. ①托… ②大… ③杨… Ⅲ. ①电子装备－涂层保护－环境试验 Ⅳ. ①TN97

中国版本图书馆 CIP 数据核字（2021）第 055126 号

责任编辑：牛平月　　　　特约编辑：田学清
印　　刷：三河市双峰印刷装订有限公司
装　　订：三河市双峰印刷装订有限公司
出版发行：电子工业出版社
　　　　　北京市海淀区万寿路 173 信箱　　　邮编：100036
开　　本：720×1000　　1/16　　印张：21　　字数：435.5 千字
版　　次：2021 年 5 月第 1 版
印　　次：2021 年 5 月第 1 次印刷
定　　价：148.00 元

凡所购买电子工业出版社图书有缺损问题，请向购买书店调换。若书店售缺，请与本社发行部联系，联系及邮购电话：(010)88254888，88258888。

质量投诉请发邮件至 zlts@phei.com.cn，盗版侵权举报请发邮件至 dbqq@phei.com.cn。

本书咨询联系方式：niupy@phei.com.cn。

译者序

可信性是指"需要时产品按要求执行的能力",是用于描述产品性能中与时间相关特性的集合性术语。在社会经济和科学技术的快速发展下,产品和系统的新特性、新需求不断涌现,为尽快满足客户新需求与提高产品和系统的适用性,研究对已有技术系统进行改进升级的演进系统已成为必然趋势。手机、发动机、通信网络、石化生产线等技术系统通过演进能够迅速提升系统性能和服务性,大幅降低成本,快速满足工商业等市场需求。这类系统具有随时间改变的特性,在演进过程中,其按要求执行任务的能力也将发生变化。换言之,系统的可信性将处于不稳定的状态,如何保证其可信性成为了"新""旧"共存系统必需考虑的问题。

通常,可信性是在系统生命周期内通过有效的活动策划和实施来实现并产生价值的。对于"新""旧"共存系统而言,一方面子系统可能处在生命周期的不同阶段,或被不同的团队管理;另一方面系统的规模不一,复杂性各异;此外,各利益相关方难以从整体上理解系统的平衡协调,这一切使得其可信性的实现难度更甚于新研制的系统,俨然已成为业界一大难题。国际上,为解决这类问题,早已设立了可信性方面的标准并在关键领域应用中发挥了重要作用。而国内,相关概念、模型和标准的推行也有相当一段时间,但可信性工程仍处于研究阶段,仅靠抽象的标准并不能为实践提供系统的指导。

在 2018 年召开的国际电工委员会可信性技术委员会(IEC/TC 56)工作会议上,我与该书的作者 Thomas Van Hardeveld(时任 IEC/TC 56 主席)进行了交流。他作为资深专家,多年来参加过大量可信性咨询和培训,主持和参与编制许多标准,积累了丰富的工程经验。他向我推荐了由他和 David Kiang 合著的 *Practical Application of Dependability Engineering: An effective approach to managing dependability in technological and evolving systems* 一书。该书完整地阐述了可信性技术体系,说明了可信性技术在工程中的应用,详细介绍了制定标准的思想和方法,对过程中出现的争议也毫不避讳。

可以说,该书将常用应用领域中的成熟经验和盘托出,不拒其繁、不舍其微,完全可以用于指导技术演进系统可信性的实现,正是可信性工程实践者们所需的良师益教。我们将其翻译成中文,进一步传播作者的观点和方法,希望帮助国内从业

者们理解可信性的相关标准，并应用到可信性工程的研究和实践中，以便从系统生命周期的角度来处理可信性问题，并应对未来技术对可信性的挑战，创造可信性价值。

本书由工业和信息化部电子第五研究所、全国电工电子产品可靠性与维修性标准化技术委员会（SAC/TC 24）组织技术人员进行翻译，由工业和信息化部第五研究所原所长孔学东研究员担任顾问进行指导。杨春晖、纪春阳把控全书的技术体系及关键技术问题并指导统稿，于敏和许少辉负责翻译的总体工作，于敏还完成了全书的统稿。其他各章节翻译分工情况如下：于敏（第 1、9 章，附录 A）、曾乐天（第 2 章，附录 B）、许少辉（第 3 章，附录 C）、陈平（第 4 章，附录 D）、尚京威（第 5 章）、冯晓荣（第 6 章）、李萍和郭伟全（第 7 章，附录 E、F）、刘务（第 8 章，附录 G、H）、陈静（第 10 章）。

本书能最终完成，首先要感谢孔学东研究员，他在翻译策划之初就给出了指导性建议。他提出应以系统论为基础理解全书的架构，在分析可信性标准体系和全书逻辑关系时需参考原作者的经历，并且要站在读者的角度厘清本书内容是如何应用到可信性工程中去的。孔研究员还全程参与研讨及修改，多次解答审校过程中遇到的难题。他经验丰富、论断严谨，以专业的视角提供了很多有益的修改建议，让译者受益良多。其次，中国电子科技集团公司电子科学研究院首席科学家、SAC/TC 24 主任委员王积鹏研究员以及中国航天科技集团公司科技委副主任、SAC/TC 24 副主任委员江帆研究员为我们提供了指导，没有他们的支持，我们的翻译工作将举步维艰。还要感谢工业和信息化部电子第五研究所王毅、郑丹丹以及电子工业出版社编辑牛平月女士，他们为本书的审校和出版做了大量的工作。最后，感谢译校组的每一位成员，正因为你们从始至终的坚持和努力，本书才得以最终顺利翻译出版。

在译校的过程中，译校组对关键术语的翻译虽然进行了多次讨论、推敲，但部分术语可能仍然存在较大争议，需特别说明：（1）"enhancement"在 GB/T 36615—2018《可信性管理管理和应用指南》中指生命周期中的"改进"阶段，本书参照此标准将其译作"改进"（在工程实际中，该阶段更有"优化"或"强化"之意），但对于其他情形，则根据上下文可能会译为"增强"等，如服务增强；（2）"evolving system"可译为"演进系统"，也可指"型号的改进"或者"系统的升级换代（如 4G、5G）"，为保持全文一致，统一译为"演进系统"；（3）"life"一词可译为"生命"或"寿命"，在本书中根据习惯并保持全文一致，当与"周期"相关时统一译为"生命周期"，若与"延寿"等情况相关时则译为"寿命"；（4）"measure"一般可译为"量度"或"度量"，在本书中，当其关注点在"量"时译为"度量"，当其关注点在"度"时译为"量度"；（5）"requirement"在术语标准中一般译为"要求"，如：GB/T 2900.99—

2016《电工术语 可信性》，但在非标准文本中有时译为"需求"，如：需求定义、需求分析等，因此，该词根据上卜文并考虑中文表达习惯，有时将其译作"需求"。同时，为使读者更准确地理解和使用该书，保留了英文参考文献和中英文对照的索引表。

　　本书的翻译工作是在译者繁忙的科研以及各项业务工作之余完成的，历时近两年，在 2020 年新冠疫情期间更是通过网络会议加大了译校工作的力度，促成本书尽快完稿。由于时间仓促和译者经验不足，翻译中难免有谬误之处，敬请读者原谅和指正。任何意见、建议和探讨都欢迎发邮件至：yumin@ceprei.com。

杨春晖

2021 年 3 月 31 日

前言

当今社会，我们期望一切技术都能够像我们期望的那样为我们服务，也就是说，可以不发生中断或失效。我们的记忆是短暂的，关于创新的历史源于人类对生存的早期探索。直到现在，我们在日常生活中可以不假思索地达到所要求高度的可信性，但通往更高水平可信性的道路仍在继续。随着系统复杂性的提高和技术的进步，解决可信性问题变得更加困难。

很多人习惯上称可信性为可靠性，事实上它包含了可用性、可靠性、维修性和保障性等许多相互关联的特性。在本书中，我们将使用可信性这一伞形术语，这也是国际标准所公认的术语。

由于可信性是用来处理失效的，因此它有了"负面"的意义。尽管我们知道失效是必须要分析的，但我们还是希望可以从积极的一面来描绘可信性，以建立信任并成功实现目标。

可信性领域是一个多方面、多样化的工程领域，对整个行业和整个社会都是至关重要的。通过大量的已有文献，可信性基础已被广泛理解和文档化，因此，没有重新定义可信性工程（如统计）的迫切需求。可信性领域的主要诉求是讨论如何在快速变化的时代让可信性成功地应用。由于可信性在不同的行业、资产类别和技术应用上有很大的不同，因此有必要对其应用进行裁剪。

本书是为需要解决问题并寻找答案的工程师和实践者提供的，用于实现技术与演进系统的可信性。本书从系统生命周期的角度来处理可信性管理问题和工程过程，提供了在当前行业的成功实践、实践知识和指导。本书强调了生命周期管理实践及系统具有最大成本效益解决方案的本质，重点关注用于项目风险规避和失效预防的可信性特性。

本书从系统故障的因果关系和可能的风险暴露角度提出了实现可信性的必要性。所提出的建议是协助和设计具有最大成本效益解决方案的实际手段，以支撑减轻负面后果的决策过程。解决可信性问题的出发点是通过充分理解手头的问题进行谨慎的工程判断，避免为了图方便而简单地照抄照搬，导致对理论假设的误读，这样做的目的也是为了适应实际情况。

为实现系统性能要求，技术系统的发展应考虑硬件、软件和人员方面的可信性，解决硬件和软件交互带来的系统性能上的互操作性、生存性和服务性问题。为满足性能需求，我们应考虑演进系统集成中"旧"与"新"合并的系统可信性问题。为帮助实现项目验收和交付目标的信心，我们应提供适用的可信性评估和保证方法。

本书按逻辑顺序编排，每个章节为特定的可信性主题，突出关键的可信性管理和工程活动，以便易于引用。本书的主要框架依据生命周期展开，包括概念定义、设计、开发、实现、运行、维修、废弃或退役等各个阶段。生命周期的长短会有很大的不同。例如，很多消费类产品的生命周期是极短的（几乎没有时间来实现高可信性）；许多基础设施可以有非常长的生命周期（如几十年），可以强调预期的持续实现和改进。

可信性的应用非常广泛，我们根据美国机械工程师学会（ASME）所关注的重点，书中大多数案例主要关注的是与发电、监控、控制、石油、天然气及整个能源相关的行业。当然，其他行业的可信性同样重要，但我们认为本书中的原理和方法在其他行业同样适用。

托马斯·范·哈德维尔（Thomas Van Hardeveld）专业工程师

大卫·江（David Kiang）专业工程师

目录

第 1 章

可信性概述

1.1　什么是可信性

1.1.1　可信性定义

可信性是指系统需要按要求执行的能力[1]。可信性是一种固有的系统属性，适用于任何涉及硬件、软件和人员方面的系统、产品、过程或服务。在技术与演进系统的开发和应用中考虑可信性是至关重要的。在当今全球商业环境中，可信性是评估和验收成功系统性能的决策因素。可信性代表客户的目标和价值，并决定关键的系统性能，以赢得用户信任和实现客户满意度。

系统在功能、规格与适应性上各不相同，性能复杂性由用户需求决定，并且通常由应用类型确定。自动监测和控制等技术系统为了实现特定的系统功能，在设计时充分考虑硬件和软件要素的相互作用。有时，与人的交互也视为系统运行的一部分。功能是系统的组成部分，安排和配置这些功能可以形成系统体系架构，并促进相关功能的协调，从而交付所需的系统输出。简单的功能由系统执行基本操作就可实现，复杂的功能可由若干简单的功能组成，协同工作以完成更复杂的任务或系列任务。

随着技术的进步，以及不断出现的新特性和与市场竞争相关的客户服务需求，诸如通信网络、发电和管道等演进系统必须随着时间的变化而变化。从本质上说，演进系统将包含老旧系统，这可能涉及前几代的成熟技术。一个不进化的系统也可能在某个时间由于过时而成为一个老旧系统。在所有系统的维护和升级过程中，可信性问题必须得到考虑，以维持可接受的持续服务的性能水平。

系统的主要目标是交付要求的能力或性能。可信性是一组与时间相关的性能特性，通过系统的设计和实施来实现。可信性与质量、安全性和抗扰性等其他要求的特性共存，并针对特定的应用提高系统性能来产生附加价值。

对于技术与演进系统，可用性及其相关特性侧重于硬件/软件技术问题，因为这些问题与可信性相关；数据的可信任性及其相关特性侧重于在适用和需要时可信地交付信息的吞吐量。可信性作为性能属性包含两类独立但相互关联的量度[2]：一类与硬件/软件相关；另一类与信息完整性相关。

侧重于硬件/软件技术的可信性特性主要如下。

- 可用性：准备就绪可供使用的情况。
- 可靠性：提供服务的连续性。
- 维修性：便于预防性维修和修复性维修活动。
- 保障性：提供维修保障和后勤保障用于执行维修活动。

软件技术的出现，以及在产品和服务中各种信息技术的应用，业界迫切需要解决关于数据完整性和信息可信任性方面的可信性问题。这种迫切性是由电子商务的开展和社交网络通信服务的快速适应推动的。在虚拟多媒体连接和通信领域，人们使用的信息媒体的隐私性和安保问题已经成为最重要的问题，需要额外特定应用的可信性特性来处理系统性能中涉及的信息技术。

侧重于信息技术的可信性特性如下。

- 可信任性：识别和找出系统承受不正确的输入或未经授权访问的状态。
- 数据完整性及吞吐量的可信任性。
- 安保：应用和使用过程中防止入侵。

图 1-1 给出了技术与演进系统可信性特性。

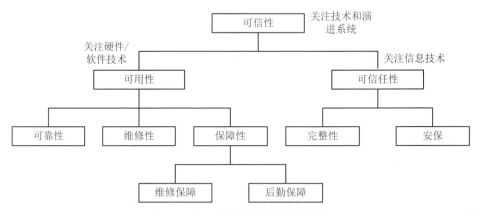

图 1-1　技术和演进系统可信性特性

其他特定应用的可信任特性包括但不局限于如下方面。

- 恢复性：在没有外部活动的情况下，使系统从失效中恢复的能力。
- 安全性：在应用和使用时，预防伤害。
- 耐久性：长服务寿命。

- 可操作性：便于用户控制和系统功能的成功运行。
- 服务性：在应用时，系统功能的可访问性和保留能力。

并不是每个系统都具有所有可能的可信性特性。经过设计意图的合并，有些特性比其他特性更具有主导作用。例如，火灾报警控制系统在感知到异常情况时，激活功能应具有高可用性和低误警率，在激活后需要高可靠性来维持成功的操作，但维修性和保障性并不太重要，这是由于将整个控制系统设计成了一次性产品，其替换成本低。总体来讲，可信性对许多人来说意味着人的事情，这是由于不同的人对可信性的表现有不同的期望和看法，从而导致了对可信性标准化的需求。

1.1.2　可信性应用

可信性的原理和实践可应用于产品、系统、过程和服务，本书的案例侧重于发电、运输、石油、天然气和电信等相关行业，其中涉及、使用或部署的硬件、软件和人的方面具有不同的复杂性。为简单起见，可信性应用主要分为三个类别：组件、系统和网络，具体定为哪一个类别主要取决于个人的观点，这主要是为了便于描述系统三个关键层次的可信性。可信性应用通常需要解决向上、向下、向前和向后的兼容性，以及互操作性和接口问题。

组件通常用作构成系统的组块。例如，电子器件、小型阀门、控制开关、压气机叶轮或叶片，以及软件应用程序和模块单元。主要的可信性特性是可靠性、耐久性和维修性，便于组件应用的访问和组装。维修通常为组件更换或软件更新。组件的技术相对来讲已经成熟，因此，本书的重点主要是技术选择、供应链管理及包括软件包在内的现货产品的保证。

系统通常更为复杂，它通过组件的总成和配置来执行多个任务或功能。可应用的可信性特性包括用于硬件/软件技术应用的可用性、可靠性、维修性和保障性。人员可以作为执行任务的内部系统功能，或者作为服务系统的外部用户来处理。对于涉及数据传输或金融交易的特定系统，可适用的可信性特性包括用于信息技术应用的可信任性、完整性和安保特性。

网络是各种互联系统和协作系统的组合，这些系统在交付一组特定的已定义服务时促进一个共同目标的实现，主要的技术挑战是实现系统的互操作性和连接性。服务领域可以超越物理边界（如通过卫星进行无线通信），也可以扩展到广泛的地理区域提供运输服务（如输油管道和输气管道等）。在网络中协作的系统将随着时间的推移而不断发展。随着添加新系统到老旧系统中，网络可能会在结构和架构上发生变化，这可能涉及调整物理资产和基础设施，以连接老旧系统和新系统，同时在合并期间维持运营以满足业务需求。可适用的可信性特性包括可用性、可靠性、耐久性和保障性，这是在没有重大中断的情况下维持连续运行的关键。

1.1.3　工业界对可信性的看法

一些主要的工业部门提倡可信性的重要性，并在全球竞争环境中应对技术变化。应用场景将区分可信性如何在战略上部署，在社会中有效参与及利用，同时明确可信性对其创新和商业成功至关重要的特定场景，认识到这些特定场景有助于理解可信性在不同行业的本质，并在处理特定可信性应用问题时认识可信性的价值。

1. 消费电子行业

消费电子行业是一个竞争激烈、波动剧烈的行业。精通技术的消费者渴望得到最新的消费电子产品，如智能手机、笔记本电脑、平板电脑和各种电子设备。一年一度的国际消费电子展吸引了技术专家和潜在的产品用户来检验当年最新的电子产品。半导体制造技术的进步极大地降低了芯片制造和包装的成本，使得芯片在消费电子产品中广泛应用。软件、互联网和网络应用程序的出现，使得新的在线社交网络服务能够适应社交通信中一些复杂的多媒体内容。消费电子产品的特点是易用、方便、大众化和更新换代快。每两到六个月就有新版的笔记本电脑上市，它具有新的功能和吸引力。消费电子行业的战略要么是成为产品领导者，获得关于创新的高价，要么是成为产品追随者，在两到六个月的时间间隔内以更低的价格提供类似产品，供那些可以等待的人使用。受限于产品尺寸和重量，大多数便携式消费电子产品都没有考虑易维修性，但也有一些特殊情况，如某些产品允许添加内存芯片或插入件用于即插即用连接等。价格较低的产品可以被认为是一次性产品，产品高昂的维修价格可能比新产品价格更贵。制造商对不合格产品的标准保修期为一年，而产品零售商提供的保护计划是在产品损坏的情况下更换新产品。二手市场正蓬勃发展，通过翻新使产品获得再利用。一个受欢迎品牌的价值可被高度认可，并获得高价。用户感觉到的产品可信性与此类产品的购买决策密切相关。

2. 交通服务行业

公众期待铁路、航空、卡车和公交等运输服务实现高水准。对于运输服务，有两个可信性的观点：一个是客户的观点；另一个是服务运营商的观点。

客户认为服务的可信性比服务质量更重要，这通常意味着准时起飞和到达。现在，航空和火车等运输服务部门向客户提供信息已经变得很普遍，甚至提供保证，一定会达到某个可靠性目标。性能可被描述为具有一定百分比的旅行中在可接受时间延迟范围内的准时性。客户满意度是一个普遍的衡量标准，可信性是一个重要的影响因素。大多数交通网络的安全水平非常高，这意味着大多数旅行者在事故发生前很少考虑如何实现旅行安全。

可信性对运输服务运营商来说有着更广泛、更复杂的意义。对于运输服务经营者，可信性适用于许多与运输相关的资产，这些资产需要成功运营，以满足客户的需求。当我们将航空旅行作为一项基本服务时，准时、安全的旅行不仅需要航空公司运营商的合作和互动，还需要机场的地面保障功能、空中交通管制及同一条航线上其他飞机的配合等，由此产生的复杂性显示了现在可以实现的高可信性，这也是我们所有人都期望的。除具有与客户相同的目标之外，运营商还有一个重要的目标，即最小化运营成本和盈利，这一目标完全依赖于可信性的最大化，因为可靠性和可用性将实现更高的性能并带来额外的收入。如果考虑不周，不明智地削减成本，如使用较便宜的设备，则很容易导致不可用时间，从而产生由可信性带来的负面影响。运输服务运营商不仅要对客户和股东负责，还要遵守政府的法规和交通安全规则。

3. 制造业

制造业涵盖了从矿产资源开采到产品或商品大规模生产或制造等一系列行业。制造所用的设备和机器的可靠性将影响生产能力和产品质量。设备和机器的维修保障可以提高整个生产过程的可靠性和可用性。制造业的战略是通过维护良好的设备和机器来维持生产运营，从而保护资本的投资并最小化成本投入，如保持闲置未使用的设备和额外的备件库存。

产量损失是制造业面临的主要问题，因为它直接关系到生产能力和创收能力。产品生产过程质量控制产品的产量并限制次品的数量。在保修期或服务运行期间，对于减少因失效产品退货而引起的不必要的客户投诉，沟通是至关重要的。生产过程中的可信性主张在客户满意的情况下，控制产品可靠性并最小化产品的无理由退货。

4. 石油工业

石油工业拥有一个很长的产业链，从井口到加工，再到用于气体和液体生产的石油化工。石油工业产业链包括生产装置和设施及其相互连接的运输链，这些连接可能由管道和其他方式实现，如用于燃料运输的铁路、船舶或卡车。石油工业中的可信性需要从网络及从单个工厂/设施/设备的角度来考虑。

在石油行业中，可信性考虑的主要是生产的可用性，因为它与收入直接相关。从生产的角度来看，石油工业有两种不同的业务目标：一是在生产能力受限的情况下最大化生产；二是在市场受到限制的情况下强调生产效率高效化和成本最小化。在第一种业务目标下，最大化生产可能有超过产能而过载失效的风险。在第二种业务目标下，成本控制措施可能会降低生产过程的可靠性，从而增加维修保障成本。

在石油工业中，工人和大众的安全是最重要的，安全性和可信性之间的联系是为了确保高可靠性作为安全操作的主要要求。

5. 发电和电网

发电和电网被认为是现代社会的一项重要服务，高度依赖于技术创新和现代化的服务设施。电力供应的损失不仅会造成不便，还会造成严重的经济后果。电网是输送系统的重要组成部分。

电力需求的本质是峰值时间能够接近最大可用容量。在电力市场化的情况下，单个电力生产商在能源需求高峰时期可以向客户收取更高的电费，非高峰时段的电价则较低。大部分的基本负荷都集中在靠近使用能源的地方。进行发电能力可用性和可靠性的测量，以及负荷容量的规划对单个电力生产商和电网运营商来说都是至关重要的。服务的可信性对于维持客户的服务质量至关重要。

6. 主要设备供应和服务

主要设备供应和服务是为行业提供专业产品和服务的原始设备制造商（OEM）。OEM 在确保其产品和服务的高可信性方面具有根本利益关系，因为他们的持续经济生存取决于高可信的商业战略。OEM 的主要职责是确保销售商的设备在行业采购员的首选供应商名单上，以增加设备销售量。为了提供可持续的服务可信性，销售商通过长期服务协议与行业用户或合作伙伴紧密地联系在一起，这些协议包括增加对可信性的监控及提供维修保障服务的保证。在供应链管理过程中，长期服务协议可能具有互惠性。

7. 一般基础设施和公用服务设施

一般基础设施和公用服务设施包括供水、存贮和分配系统，电信和互联网，以及道路和桥梁等公共服务。人们在日常生活中越来越依赖这些基础设施和公用服务设施，经常进行长期规划和公共咨询，试图解决并证明公共基金多年成本投资的合理性，另外还评价替代服务以实现可能的权衡。随着人们越来越意识到长期可信投资的价值，对一般基础设施和公用服务设施可信性的重视也越来越高。

1.1.4　可信性的重要性

可信性对技术系统和产品是至关重要的，原因如下。

（1）技术系统是精密的，经常应用于关键任务。可信性在支持技术选择、设计集成和服务增强方面起着主导作用，在提供功能和可信服务的同时，实现系统性能的完整性、安全性和安保特性。

（2）当今技术是快速发展的。与技术相结合的产品在消费市场的生命周期要短得多，新的创意和特征往往会吸引产品用户。可信性提供了必要的技术途径和方法，以吸引企业适应变化并对创新进行投资，同时在技术过时之前维持更长的产品寿命。

（3）用户希望物有所值。用户希望获得或购买的技术产品提供服务的可信性。可信性维持产品价值，并允许添加新特性和升级，以在不断变化的市场环境中维持服务性和可操作性。

（4）技术系统是复杂的。技术系统拥有的成本可能会是沉重的负担，难以预料的失效往往被视为潜在的收入损失。可信性过程包括设计系统的耐久性和可靠性，用于避免及预防故障。可信性提供了有效的保障性，并减少了持续的运行和维修成本。

从行业应用的角度来看，可信性的重要性可以总结如下。

- 可信性是商业合同和材料采购的关键决策因素。
- 可信性为生命周期过程管理提供了战略框架。
- 可信性方针推动了技术进步和创新。
- 可信性促进了用于产品实现的绿色技术。
- 可信性原理和实践保障环境的可持续性。
- 可信性方法支撑风险评估过程。
- 可信性确保了运行和维修的安全性、安保和完整性。
- 可信性影响系统实现、资源分配和生命周期费用。
- 可信性加快了项目实施的成熟过程。
- 可信性倡导经验数据库，并灌输知识获取和增强。
- 可信性支撑产品的品牌价值。
- 可信性可以赢得用户的信任，并获得客户的满意。
- 可信性是资产管理的一个关键因素。

1.1.5 可信性的历史

"可信性"最初来源于塞缪尔·泰勒·柯勒律治（Samuel Taylor Coleridge）使用的"可靠性"一词，他把这个词用于感谢和肯定他的朋友——诗人罗伯特·索西（Robert Southey）坚定不移的帮助[3]。从这里可以看出，可靠性已经极大地发展为一种被广泛接受的属性，即使该术语不能被完全理解，但每个人都希望它在各种情况下适用。当我们搜索"可靠性"和相关术语时，会在论文和手稿中产生成千上万的参考文献，并在互联网上获得数百万的点击量。

可靠性的主要支柱是概率和统计，这两个概念始于布莱斯·帕斯卡（Blaise Pascal）

和皮埃尔·德·费马（Pierre de Fermat）这两位法国人。质量需求在大规模生产中变得很明显，这在 20 世纪 20 年代演变为统计质量控制，后来发展成为统计过程控制。

20 世纪 50 年代，可靠性原理和实践作为一门工程学科开始活跃起来，当时的刺激因素是真空管发生的许多失效。1952 年，电子设备可靠性咨询小组（Advisory Group on Reliability of Electronic Equipment，AGREE）成立，该小组由美国国防部和美国电子工业共同建立。1957 年 6 月 4 日的一份 AGREE 报告为所有的武装部队提供了可靠性的保证，可以指定、分配和演示，此时出现了可靠性工程学科。1954 年，第一次关于质量控制和可靠性（电子学）的会议举行，会议论文集发展成一个期刊，并由 IEEE 出版，即《IEEE Transactions on Reliability（可靠性会刊）》。可靠性的发展还得益于瓦洛迪·威布尔（Wallodi Weibull），他率先提出了灵活多样的统计分布函数，该函数以他的名字命名。

20 世纪 60 年代，可靠性得到了进一步的重视，当时制定了许多 MIL 标准和规范，以满足美国国防生产设计和实施的需要。在世界范围内，业界对 MIL 标准的接受被认为是可靠性知识数据库的主要来源。最著名的可靠性文献是 MIL-HDBK-217《电子产品可靠性预计》[4]，它已在许多国家被采用，并被行业用作失效率估计的框架方法和基础。其他测试、可靠性增长和可靠性分析的方法也都是源于 MIL 标准的。

当系统在运行过程中出现失效时，需要维修和维修保障以维持系统持续地运行。在一些行业中，综合后勤保障为系统提供了准备就绪的基础并提高了可用性。

20 世纪 80 年代，软件技术的出现促使系统集成需要在能力成熟度模型[6, 7]和软件可靠性工程[8]中建立更严格的过程。人因工程[9]和人类工效学[10]认识到人机接口是人们关注的问题，也是系统故障的可能原因。如果不从系统生命周期的角度进行恰当处理，则系统失效事件和由此产生的服务影响将对可信性产生深远的影响。

可靠性工程现在使用的统计方法技术：FMEA 和故障树分析，失效物理，硬件、软件和人的可靠性，概率或定量风险评估，可靠性增长和预计等。信息数据库已广泛建立，并得到了广泛应用。实际上，每一个工程学科都把重点放在可靠性工程使用的统计方法技术方面，可作为商业成功的关键组成部分。

"可靠性"一词现在有了更为广泛的含义，它不仅包括了可靠性的特定含义，即可能失效的概率，也涉及了可用性、维修性、保障性、安全性、完整性和其他许多术语。这引起了组合术语的激增，如 R&M（Reliability and Maintainability，可靠性和维修性）、RAM（Reliability、Availability and Maintainability，可靠性、可用性和维修性）、RAMS（附加的"S"可以是安全性，有时也指保障性），并产生了"可信性"这一术语，该术语也是国际标准所使用的。

在国际舞台上，国际电工委员会（IEC）于 1965 年成立了第 56 个技术委员会

（TC 56），以回应德国在 1962 年的一项提案，该提案在 1964 年得到了 IEC 的批准。第一次 IEC/TC 56 会议于 1965 年 10 月在东京举行，由法国人担任主席,美国人主持。IEC/TC 56 最初的名字是"电子元件和设备的可靠性"。自此以后，不同国家每年举行一次 IEC/TC 56 会议，许多国际代表参与制定可靠性标准。1980 年，IEC/TC 56 更名为"可靠性和维修性"，以解决适用于产品的可靠性和相关的维修性特性。1989 年，IEC/TC 56 更名为"可信性"，以更好地反映基于可信性的、更广泛应用范围的技术演进和业务需求。1990 年，IEC 在与国际标准化组织（ISO）协商之后，IEC/TC 56 的工作范围不再局限于电子技术领域，而开始负责解决所有学科和类型设备和系统的通用可信性问题。IEC/TC 56 战略规划的范围一般包括可信性项目管理、测试和分析技术、软件和系统可信性、技术风险评估和生命周期费用计算等。截至 2012 年年底，已公布或正在制定的 IEC/TC 56 可信性标准包括：核心标准，用于可信性管理；过程标准，用于系统和网络应用可信性工程指南和以可靠性为中心的维修和综合后勤保障；支撑标准，涵盖测试方法、分析和预测技术、可信性保证。

　　IEEE-CS 关于容错计算的技术委员会成立于 1970 年，为计算机行业的可信性概念和术语的发展奠定了基础。容错计算系统的可信性概念包括三部分：第一部分是关于属性的，用于解决可用性、可靠性、安全性、机密性、完整性和维修性问题；第二部分是关于威胁的，包括故障、错误和失效的识别；第三部分是关于措施，包括故障预防、容错、故障排除和故障预测的方法。计算机和软件行业已经采用了容错计算系统的可信性概念，并将其纳入软件工程实践中。

1.1.6　可信性的发展

　　技术进步对可信性的发展影响巨大，它在工业中的快速适用促进了可信性技术的发展。消费者渴望得到可信的新产品。

　　图 1-2 为可信性技术发展趋势。

　　随着新发明和新工艺在工业中的应用，掀起了一波又一波的技术浪潮，这些波动反映在可信性技术的进步上。第一波技术浪潮从 1950 年持续到 1990 年，硬件可靠性逐步成熟，这是由于改进了生产工艺和质量控制方法。第二波技术浪潮从 1980 年持续到 2000 年，系统可信性稳步攀升，这是由于软件集成提升了软硬件系统的性能。第三波技术浪潮从 2000 年持续到现在，网络可信性快速发展，这是由于多技术融合和注入，使得电子商务、各种工业和社交形态成为现实。第三波技术浪潮中的网络包括能源运输等实体，以及通信、数据传输和访问等虚体。

　　在过去的几十年中，可信性在工程实践中日趋成熟。可信性已成为一门正式的技术学科，在工业中得以应用并被工程标准化。可信性方法涉及的范围广泛，它可以促进技术的创新和应用。例如，2007 年左右的智能电网计划解决了交互系统和网络互操作性方面的可信性问题，该智能电网计划是工业界和政府的国际合作项目，基于现有老旧设施和间歇式发电机打造现代化电网。

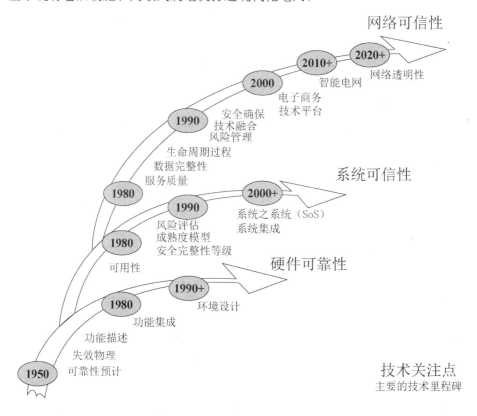

图 1-2　可信性技术发展趋势

智能电网利用技术产品和服务实现了如下功能。

- 促进设备的网络互联和互操作性。
- 允许消费者优化自身用电量。
- 通过智能监控系统和自愈技术增强通信能力。

智能电网的目标如下。

- 提供可持续、经济的发电和电力供应。
- 提高服务的可信性和安保特性。
- 大幅减少整个电力供应系统对环境的影响。

智能电网开发涉及 IEC、NIST（美国国家标准与技术研究所）、IEEE（电气和电子工程师协会）[13, 14]和其他组织，这些组织通过协调与合作共同建立和实施适用的智能电网技术标准。

　　在当今全球商业环境中，网络开发商和服务提供商都面临激烈的市场竞争，这导致了他们频繁地调整其商业投资，以满足不断增长的业务需求。例如，一些个人通信和计算设备技术产品的生命周期相对较短，需要更早地规划产品的淘汰和传承部分。服务的可信性是维持可靠运营的首要任务。

 可信性概念

1.2.1　可信性原理和实践

　　从应用的角度来看，可信性的概念可以表示为一组基本原理，是一组价值、规则和假设的集合。这些基本原理为可信性工程学科和实践奠定了基础。表 1-1 为可信性原理和实践。可信性原理可以采用不同的方式进行调整，以适应实际的系统要求。

表 1-1　可信性原理和实践

可信性原理	可信性实践
1. 可信性包括由内在主要特性和特定应用特性所代表的性能特性	1. 特定应用需求的可信性特性被选择并融合到应用中，以达到预期的性能结果
2. 可信性与时间相关，能适应操作变化和环境条件	2. 与系统性能要求相关的可信性特性，如健壮性和长寿命应被设计和评价，以满足实际的生命周期应用
3. 可信性是一门技术学科，在基于风险的竞争环境中由合理的商业原理来管理	3. 可信性包括设计和实施技术流程，以获得最佳投资回报的系统方法
4. 可信性是价值和可信任性的缩影	4. 可信性促进了价值的创造，以建立性能、完整性和用户信心
5. 可信性体现了使用技术方案解决性能问题	5. 可信性方法为故障避免、容错，以及故障/失效预测提供适当的技术
6. 可信性促进安全性	6. 可信性在生命周期的所有阶段提高安全性，包括设计、安装、运行和维修阶段
7. 可信性在设计选择和应用中提倡"绿色"技术	7. 可信性活动促进了用于环境设计的减少、重用和回收政策

　　从主要的可信性特性和特定应用的可信性特性中选择一组相关的可信性特性，推导出实现卓越可信性性能的驱动机制。

　　主要的可信性特性是固有的，在设计过程中与生俱来，与材料组成、制造过程和性能要求等方面有关。主要的可信性特性基于硬件产品开发的概念，可以扩展到系统应用中，具有一定的限制。

特定应用的可信性特性是为了实现特定的性能目标，如安全性、安保和完整性，这些目标与源于系统要求的主要性能特性一起融合到系统中。在实践中，系统要求由功能要求和非功能要求构成，通过设计和实现这些要求确定了系统中包含的特定应用的可信性特性。

功能要求描述了所需的设计结果，如系统性能、产品特性、过程能力和可交付成果。通过定义特定的功能或任务来确定系统应该做什么。在系统设计中讨论了实现功能要求的计划。功能要求根据系统必须执行的操作来确定应用方面。

非功能要求描述了总体系统特性，如可用性、服务性和保障性。非功能要求建立了可用于确定或评价系统性能充分性的准则[15]。系统架构对增强系统的可信性有重要影响，应在可信性计划中加以考虑。非功能要求驱动系统更好地执行性能的技术方面。

非功能要求通常指质量、服务质量、特定应用或系统的其他特性（ilities）。可信性是特性定义的广泛列表中的一个与时间相关的特性。修饰词术语"非功能性"经常被误解为负面含义。在可信性工程的背景下，特定应用用来呈现一个正面的形象。对于技术系统应用，诸如安全性、安保和使用性等特定应用的特性被划分为执行质量，这在系统操作期间是可以观察到的。维修性、测试性和可扩展性等特性被划分为演进质量，体现在系统的静态结构中。只有当系统配置更新或架构发生变化时，非功能要求才会发生变化。

图 1-3 为系统开发和实现过程的功能要求和非功能要求。可信性要求强调非功能要求。

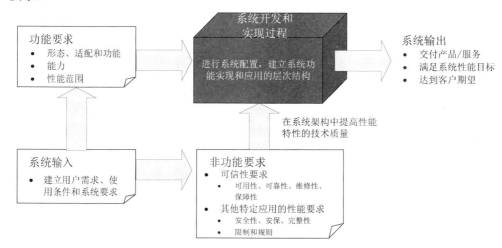

图 1-3　系统开发和实现过程的功能要求和非功能要求

图 1-3 中的黑盒表示系统是一个有形的可交付产品。功能要求根据设计来驱动功

能，并通过实施来实现。这些功能根据层次结构和系统架构进行交互，以执行特定的任务，从而交付所需的系统输出。系统交付的有形输出是满足客户需求的产品或服务。

非功能要求驱动所选择的技术融入系统功能中，这一过程导致了诸如可靠性和维修性等特定的性能特性的实现，以及可接受的系统性能的验证和确认。系统交付的无形输出是系统在客户体验方面的表现。

如果用户或客户所感知或体验的系统输出达到或超过他们的期望，那么这个过程的结果就可以使客户满意。

1.2.2　可信性概念实现

可信性的概念首先需要加以利用和开发，然后才能用于应用和实践。将可信性原理转化为实践，需要果断的行动和适当技术过程的实施。成功的转化过程由战略进行指导，并由良好的业务管理实践来促进。

转换过程包括以下四个基本步骤。

（1）需求定义：在操作环境、技术约束、失效影响和用户期望方面，确定与系统应用相关的可信性需求。

（2）需求分析：通过确定系统失效、可能的风险暴露、维修保障策略、项目交付限制和预算约束，确定与预期可信性相关的运行场景。

（3）设计架构：确定系统构件可行的构成、性能功能分配的结构和接口、可信性分配、系统划分、协议设置、维护访问和环境的影响。

（4）功能评价：分析和评价功能设计，以确定硬件/软件组成、功能的实现、自制-购进决策过程、测试验证和评估、替换和恢复计划。

转换的结果定义了系统开发和应用的范围和限制。转换过程确保将相关的可信性特性嵌入系统中，作为系统性能和功能的一部分。

1.2.3　可信性知识库

可信性是由技术驱动的。可信性知识库是建立在广泛的技术应用经验和创造性基础之上的。在一些应用中，可信性需要对技术创新的广度和深度进行深入研究，通过将技术创新纳入系统性能来寻求最优解决方案。当正确实现时，可信性为系统增加价值。如果错误地应用，则会浪费时间和精力，甚至带来负面影响。在实践中，必须考虑应用的性质、时间和预算约束、资源的可用性和其他影响因素。

在所有情况下，都应该建立与系统性能相关失效的定义。应尽可能观察和记录失效症状。通过对失效及其后果进行了解，可以为故障诊断过程提供很大的启示，以找到合适的解决方案来提高可信性。例如，物理失效知识有助于生产更可靠的集成电路芯片；对软件故障表现形式的理解会导致容错故障的安全设计；在系统架构中引入健壮性和冗余技术可以提高系统的可用性；现场性能研究可以为后勤保障改进提供依据，证明现场回报的 NFF（未发现故障）比率是合理的。必须考虑人因对失效缓解的影响。系统可信性评估需要技术上的诀窍和及时的努力才能获得成功的成果。可靠性分析数据必须是有意义的，这样才能更好地为技术建议提供支撑。

1.3 实现可信性的系统方法

1.3.1 系统的定义

系统是一个有界的物理/虚拟实体，由在环境中操作实现既定目标的交互要素组成。系统概念的说明如图 1-4 所示。

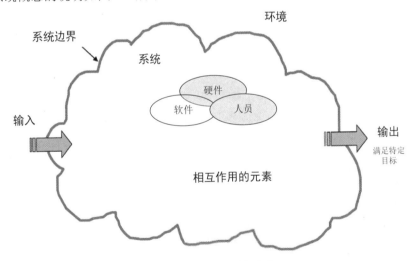

图 1-4 系统概念的说明

一个系统可以由硬件、软件及人员交互组成，在特定应用中交付所需的性能。系统的性能可以显示出系统设计的可信性特性。例如，在安全关键系统中进行高可靠性设计是可取的，但是不当的维修和软件升级可能会引起非预期用来保护设备的控制系统报警。系统还可以表示部署在各种硬件设备和子系统中的一组软件控制过程，增强人为操作以交付要求的功能。

系统可以是简单的，如数字定时器；也可以是复杂的，如分布式功能安全控制系统。基于经济原因和实际应用，大多数正在使用的系统在整个生命周期中都是可修复的。廉价的简单系统可能是满足市场和业务需求不可修复的一次性产品，如商用现货（COTS）产品。

系统可以连接到其他系统，从而形成一个网络。我们可以通过定义感兴趣的实体应用来区分产品与系统、系统与网络之间的界限。例如，数字定时器作为产品可以用来同步计算机的操作；计算机作为一个系统，可以通过因特网与其他计算机相连，形成一个网络。系统边界周围的环境代表了系统运行的应用条件，该环境可以根据完成任务的操作方案或进入系统生命周期过程的不同阶段而改变。

开放系统是具有可渗透边界的系统，允许与网络中其他兼容系统进行外部交互，以实现互操作性和完成关键任务的性能目标。开放系统包括分布式网络、电子商务、云计算服务和智能电网。开放系统对可信性工程提出了新的要求，以解决与开放系统网络相关的可用性、完整性破坏、安全违规、服务干扰和服务协议纠纷。

图 1-5 为压气机系统和天然气传输网络示例。天然气从井口通过集输系统输送到干线输气管道，然后输送给客户。管道的主要可信性特性是长期的可用性和结构的完整性。可以认为一个管道分组是一个管道系统，各种管道系统可相互连接，形成从原始供应到最终用户的网络。每个管道系统通常都由一个高度依赖于信息技术和通信网络的控制中心所监测和控制。大部分控制都是自动的，但人员方面尤为重要。另外，控制中心之间的协同非常重要。持续并可靠的天然气供应是输气公司和最终用户的主要目标。

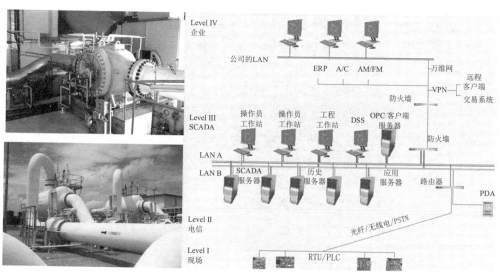

图 1-5　压气机系统和天然气传输网络示例

在天然气输送过程中，压气机用来减少气体的体积，以最小化管道的大小并克服磨损。压气机组由燃气轮机、离心式压气机等驱动装置及其辅助系统组成，许多硬件和软件技术汇聚在一起。大部分操作是自动的，但有时仍需要人工操作。高可用性和可靠性是至关重要的，并且它们高度依赖于良好的维修性和保障性。压气机组可以被认为是一个具有许多子系统和较低级别设备和部件的系统。

压气机系统和天然气传输网络仅是社会所需的大量基础设施中的一个案例，这个案例可以很容易地转移到电网和发电、供水系统及众多运输系统中的任何一个。

1.3.2　可信性的生命周期方法

采用生命周期方法来获得可信性是实现可信性的关键。正确的设计和实现是成功运行的先决条件。可信性特性在生命周期的不同阶段受到不同因素的影响，必须适当地加以管理。

图 1-6 为系统生命周期过程。

图 1-6　系统生命周期过程

系统生命周期通常包括概念/定义、设计/开发、实现/实施、运行/维修、改进和退役（或服务终止）等阶段。从一个阶段过渡到另一个阶段为管理评审提供了机会，以支撑决策过程，从而进一步推进项目。对于如何为系统集成选择可信性特性，或者提供精准可信性方案的合适模板，没有现成的答案。通过谨慎应用相关技术规程、技能和资源配置及实践经验支撑的产品知识，可以实现系统可信性。

一些主要的可信性程序，如可靠性增长、现场跟踪、备件供应和综合后勤保障，需要广泛的可信性参与。主要可信性程序的创建是为了支撑主要的项目生命周期管理目标，以及长期的资源和设备保证。许多项目活动都需要与供应商和客户进行密切协调，以处理合同的遵从性、保修条件、激励和惩罚的解决方案，以及第三方支持要求。合作通常需要通过协作过程进行信息共享。可信性程序活动应在可信性战略规划中得到确认，并纳入管理框架，以评估其成本效益的运作。

1.3.3　方法和过程应用

工程可信性过程在特定系统中的选择和应用是以项目裁剪过程和管理方向为指

导的。我们可以通过对标准的认识和对实现系统可信性的重要性的理解选择可适用的方法，并利用这些方法将相关的可信性特性纳入系统功能。可以用以下两种方法将可信性落实到系统功能。

- 自上向下的方法：根据指定的系统需求和市场信息，综合系统的可信性，以开发系统架构。
- 自下而上的方法：基于可信性设计规则，将可信性建立在系统功能之上，以简化、容错、降低和减轻风险。

这两种方法都涉及识别可信性特性和确定其价值的方法。可信性特性是评估和实现系统可信性的基本量度。

在技术系统中，大多数系统功能都在系统设计中使用组合的硬件和软件要素，这些要素为不同的应用提供了广泛的设计特性。系统功能的可信性是通过将设计规则和已建立的应用结合起来实现的。通过适当的技术组合来满足特定的应用需求，可以实现设计平衡。可以通过模块化和大规模生产标准化来获得经济价值。系统功能可以通过机内测试或其他监控方案进行自动检查，以提高性能效率。由软件驱动的系统功能可以通过减少直接人工参与系统操作来提供额外的优势，在这方面，人对系统功能的干预可能仅仅是出于安全与安全规定的需要。

确定系统可信性已经实现或可以达成的通用方法一般有三种，它们具有不同的目的，并具有不同程度的工程严谨性。在实践中，很可能会使用这三种通用方法的组合。三种通用方法具体如下。

（1）演示：通过在应用环境下的实际系统操作来实现，以显示可信性性能。

（2）推理：通过统计方法来实现。根据已建立的判据和假设，利用组成系统功能的观测数据，得出代表系统可信性性能特性的定量值。

（3）渐进的证据：通过使用可审核的论据支持客观证据，逐步达成项目的里程碑。

应该注意的是，所有的测试程序都需要有大量的人力投入。在测试开始之前，应该建立合格的判据和测试条件。每个测试用例都应该被清晰地定义。此外，测试用例还应该理解测试目标。测试用例是为了模拟实际的系统操作条件，在此条件下可能会遇到特定的关注点或潜在的问题点。测试用例是为特定测试目标开发的一组测试输入、执行条件和预期结果。应该基于测试的准确性来表示测试用例的使用情况或应用条件。测试用例的执行应该能够建立与测试目标失效相关的影响。在某些情况下，在全面测试实施之前，进行预测试项目来验证测试有效性是明智的。

对于软件密集型系统，可信性评估过程应该集中在软件保证活动上，这些活动在软件开发生命周期中被系统地部署为可信性分析和测试。可信性评估过程实现的目标是通过测评来确保软件系统的成熟度和可信性的实现，从而实现可靠性增长。

可信性评估过程是确保软件需求验证和软件可信性结果确认的使能机制。

1.3.4　硬件方面

硬件组成了系统的物理结构，并通常受限于尺寸大小和重量。硬件由机械、电气、电子、光学和其他物理部件等要素组成，通过不同的配置实现硬件功能。如今，大多数硬件产品在技术方面都相对成熟，并已很好地建立了设计规则和标准。当制造过程有良好的控制时，硬件产品将在可信性方面呈现一致性。产品质量和可信性可以通过适当的保证程序来确定，有丰富的实践经验和失效率数据来保障这些基于硬件的产品的可信性。

然而，一些有源的电子元件产品对不同的应用环境很敏感，这些元件的失效物理主导了硬件失效和早期失效，进行适当的可靠性设计、包装和筛选可以显著减少早期失效。一些硬件可能会因为操作不当或频繁使用而磨损，还有一些元件本身可能存在有限的使用寿命，这些固有的可靠性问题可以通过实施预防性维修来解决。硬件系统结构是分层的，维修保障可以通过适当的功能设计和最低可更换的组装或单元的包装策略来辅助，这促进了维修性设计和后勤保障活动，从而提高了系统的可用性。

硬件组件可以自行设计、外包或通过购买 COTS 产品获得。硬件组件被广泛用作实用设计和工程便利的构件，这催生了供应链管理的需求，并影响到自制-外购决定、外包和分包计划、验证/确认程序及文档化，以及监控和保证过程。供应链管理的意义在于采购商与供应商之间的合作和采购过程中相关信息的共享。供应链为跟踪重要信息提供了必要的联系，方便了业务的管理过程，降低了供应成本，有利于优质产品和服务的交付。

1.3.5　软件方面

在服务行业中，软件应用增长迅速，推动了互联网服务和网络开发的快速发展。标准化的接口和协议使得在互联网上使用第三方软件成为现实，允许跨平台、跨供应商和跨领域的应用。软件已经成为实现复杂系统运行、基于无缝集成和企业流程管理电子商务的驱动机制。

软件在网络服务中承担了数据处理、安全监控、安全保护和通信链路的主要功能，这使得全球商业社区在很大程度上依赖于软件系统来维持业务运营。软件可信性对系统性能和数据完整性起主导作用。

软件是一个虚体。软件指的是系统控制和信息处理的过程、程序、代码、数据和指令。软件系统由一个集成的软件项目集合构成，如计算机程序、过程和可执行代码，这些代码被合并到处理和控制硬件的物理主机中，以实现系统操作和交付性能功能。软件系统的层次结构可以看作代表系统架构的结构，由子系统软件程序和较低级的软件单元组成。软件单元可以在程序设计中指定。在某些情况下，需要两个或更多的软件单元来执行一个软件功能。软件系统包含了硬件和软件要素的交互，以便在呈现所需的性能服务时提供有用的功能。

在软硬件综合系统中，软件要素的作用有以下两种主要方式。

- 操作系统软件：在系统运行期间持续运行，以支持硬件要素的软件。
- 应用软件：在用户要求提供特定功能或服务时所需要的软件。

对于软件子系统的可信性分析，必须考虑软件应用程序在系统运行剖面中的时间要求，以及一直都运行的系统所需的软件要素。软件建模是软件系统可靠性分配和可信性评估的必要条件。

1.3.6 人的方面

可信性在人的方面包括两个不同的技术学科：人因工程/人类工效学；人的可靠性。可信性管理应该利用这两个技术学科来实现可信性价值的创造。

系统运行期间的人机交互可以看作系统功能的一部分，也可以看作系统的终端用户。人员在系统性能方面可以帮助减轻或控制正在发生的情况。

然而，报告的大多数工业事故和重大事故都可以追溯到人为失误，这是系统故障或中断的主要原因。供人员操作或使用的系统应该在设计过程中考虑人因的影响，以最大限度地减少关键系统失效、财产损失、安全违规或安全威胁的风险。可信性可在设计准则中应用人因工程及简化人工操作来实现。人因的研究涉及多学科，既要收集与人能力的有关信息，又要考虑人与系统的性能应用限制影响。工程方面包括将人因信息应用于工具、机器、系统、任务和工作的设计，为人员提供安全、舒适和有效的使用环境。培训和教育是任何需要人机交互系统操作的重要前提。人因标准化促进了系统集成，不仅提高了系统要素的互操作性，也提高了服务性和整体可信性。

我们应该进行与可信性技术相关的人的可靠性及其应用方面的研究，以便更好地理解和进一步推进可信性技术，从而实现人的应用效益。

1.4 商业视角的可信性管理

1.4.1 业务生命周期和市场相关性

企业通常关心投资和运营，以获得期望的回报。图1-7是业务的生命周期剖面。

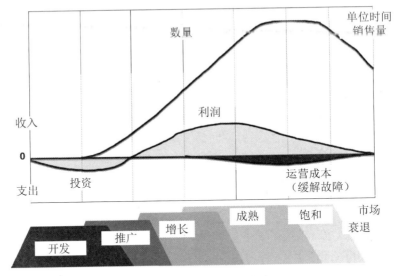

图 1-7 业务的生命周期剖面

业务的生命周期剖面解释为：从需要启动资金的新产品开发和推广到销量增加，再到业务增长，直至市场成熟；收入来自产品的销售，直到市场饱和；随着销量的下降，市场竞争和产品过时会影响产品的销售。在可信性的实际应用中，应密切关注业务的生命周期剖面，以确定生命周期过程的实现时间。减少产品故障、产品保修和保障服务可降低运行成本。净利润对盈亏平衡点的延迟非常敏感，很多延迟都是由可信性和质量问题引起的。

业务的生命周期剖面是对业务"增长-饱和-衰退"周期，以及与市场相关的产品生命周期和更新策略时机的一个简单解释。业务的生命周期剖面鼓励对产品/市场多样化的需求，以维持可行的商业运作。从一般的商业观点来看，市场相关性是为市场上的客户提供及时和可负担得起的所需产品和服务的。从可信性管理的角度来看，市场相关性是指制定相关政策和有效流程，以在产品性能方面能够取得良好的成本效益，从而有利于行业应用。

1.4.2 可信性管理的目的

可信性管理的目的是遵循可信性原理并开展恰当的可信性工程实践，同时组织可信性价值的创造性活动。

可信性管理是一种有组织的方法，从面向业务的角度来解决可信性和相关问题。可信性是由技术驱动的，受市场动态、全球经济和资源分配、不断变化的客户需求和竞争商业环境的影响。业务策略通常需要适应预期的变化，以维持业务运营的生存能力。可信性管理应侧重于利益相关方在最大化可信性价值方面的利益，以提高业务目标和增加投资回报。在建立管理可信性框架和制订战略业务计划时，应考虑与实现可信性相关的管理问题。

无论是有形的价值创造还是无形的价值创造，都应该是可信性管理的首要目标。管理目标应关注可信性知识的积累，形成可用的可信性专业知识和资源，并建立切实可行的目标，以获得产品和服务的可信性，并获得用户的信任和满意度。

1.4.3 市场需求的变化

可信性管理框架应保持敏捷性和灵活性，以适应业务的变化，从而反映市场相关性和需求。可信性管理策略应提倡可信性的价值，以成功的表现和可信任性来提供服务的可信性。在决定可信性管理方向和技术重点时，应酌情处理市场需求变化的管理问题。广泛意义上的变更管理反映了从现有管理政策和方法到加强新举措的转变。

当前与可信性应用相关的市场趋势可能影响商业的运作方式，主要表现在以下几个方面。

（1）世界各地的经济发展趋势迫使行业提高其运营效率和灵活性，以保持竞争力和可持续性发展，这导致了发展中国家制造业和服务业的增长，产生这种现象的主要原因是物质和劳动力成本的差异。目前的质量控制和保证方法已经成熟，可以很容易地从一个地区转移到另一个地区，建立所需的设施，并培训人员进行操作。一旦产品完成了生产的设计和测试，并且基本的服务计划可以很好地实现，那么可信性仍可发挥一定的作用。缺乏专业知识的商业投资会使产品制造多样化，这就有必要在特定市场存在的情况下加快产品分销，促进区域销售，这样可以减少了材料运输成本和服务成本，并且可以在当地培训维修保障人员来满足客户的服务需求。

（2）快速发展的技术和短暂的产品生命周期正在影响基于传统开发过程和产品线生产方法的可信性设计工作。上市时间往往决定了有竞争力的新产品推出的目标时间表。一些公司开发和引进多种产品以满足市场需求，这种能力是通过专注于技术平台开发实现的。一个技术平台允许使用一个技术支持的平台来实现多个产品，从而启动多个产品的开发，并展示产品的差异化和部署，以满足不同的市场需求。这种在商业策略上的适应，促使可信性设计工作以设计为中心并整合稀缺的技术资源。可信性设计工作应该集中在技术平台上，以最大限度地提高投资回报。在如今的商业安排和合同协议中，合资企业和技术许可是共同的做法，可以加速目标市场的进入。

（3）在过去的几十年中，信息和通信技术（ICT）的巨大发展引发了许多创新，并促进了产品的演化和新产品应用的改进。在系统设计中，通信、计算机和多媒体技术的融合是为了确保数据传输的可信性和完整性。为保证网络产品和服务的安全性、安保、质量和可信性，可以利用通用的评估工具。根据完整性概念，需要开发或利用相关的技术实现适合于 ICT 产品应用的风险减轻或抑制的完整性特性。完整性是指保证信息系统数据吞吐量，以反映可信任性。可信性管理应该为可靠性参与的程度制定指导方针。例如，在提供端到端网络服务的过程中，开发网络可信性方法。为了在网络服务中维持一个可行的业务，在通信行业中，应谨慎提供所需的网络服务功能，网络容量和性能能力，以及服务的安保特性、质量和可信性。在通信网络服务中，可信性在交付所需服务的可信性方面起着主要作用。

（4）对安保、健康、安全及环境保护的日益关注，需要依赖可信性创造价值，以维持社会信心，并通过植入技术及时提供相关服务的可信性。可信性可能在增强服务应用方面扮演关键角色。例如，RFID（射频识别）作为一种技术用于电子商务和个人识别，以达到控制目的。RFID 芯片体积小且不具备侵入性，它可能符合环保应用的要求。随着移动计算和网络技术的进步，RFID 被广泛应用于企业供应链管理，以提高库存跟踪和资产管理的效率。RFID 还被用于植入动物体内，以便进行定位和追踪。除了简单地替换现有的光学条形码识别方案，RFID 还具有快速技术发展适应全球工业应用的特点。然而，由于保护机制的不足或缺乏，RFID 在某些应用中很容易受到黑客攻击或被窃取身份，这影响了用户识别的完整性，因为用户信息可能会被误用或窃取。这是一个可信性创造价值的社会，我们可以设计一些具有广泛利益和贡献的保护手段。

1.4.4　演进系统的可信性标准化

演进的是新的和新兴的技术，这些技术能够迅速适应工业和商业产品和服务中功能、规格与适应性各方面的应用。演进的这些技术提高了产品性能和互操作性，降低了实现成本，极大地提高了服务性和更新特性，从而可以满足市场需求。演进的技术包括系统架构、无线技术、软件工程和生命周期过程，典型的产品包括手机、互联网服务和硬件/软件功能，用于工业控制、安全性与安保。由于全球市场竞争和信息通信技术产品具有多样性，为了满足不断增长的行业需求和用户需求，在系统和产品中需要使用不断发展的技术，这极大地影响了可信性管理框架和业务策略。

在设计、开发、新产品引进、系统升级和服务应用中，需要对演进的技术进行标准化，这是为了促进不同的产品集成，增强互操作性，并为老旧产品提供接口或"握手"，以支持向后/向前兼容。可信性管理框架应该倡导其作为一种授权代理的角色，服务于其他特定产品的标准，并提供必要的框架参考，用于处理通用的可信性过程，以及产品开发和应用的独特协议。

在知识获取和信息传播方面，演进技术的标准化已成为一个新的方面。因此，用于标准准备和文档编制的传统方法已不再适用，也不再具有成本效益，新的方法正在出现，并正在迅速得到采纳，可以实现演进技术的标准化。标准目标的实现需要行业、政府和学术机构的共同努力。标准化以行业论坛、技术合作伙伴、商业对话和信息共享为指导，并以知识库、网站和电子档案的形式呈现，以方便访问和提供现成的参考资料。这些参考资料可以由现有的技术攻关小组和其他由政府、企业和大学赞助的技术论坛和联盟来收集。协作需要管理和指导，以更好地利用标准化的结果。可信性战略可以在将全球标准化工作推向共同前沿方面发挥关键作用。

1.4.5 环境可持续性

在当今的市场环境中，环境可持续性是至关重要的。产品更换和处置对环境的影响给产品的开发人员和制造商带来了挑战。现在，典型的用户或客户要求为回收合同，即产品（如电池）的提供者或供应商在安装替代产品之前需要回收已使用的产品。回购合同在今天的业务中也很常见，即在约定的时间期限内，未使用的用户或客户所保留或购买的备件必须由服务供应商或商品提供商回购。在欧盟，每年大约有 6 千克（13.2 磅）的电子消费品废弃，欧洲的 WEEE 指令[17]现在规定从这些废弃的产品中回收和再利用材料。许多消费品由于小部件的故障而报废，为可持续性进行设计意味着提高可靠性的设计策略[18]。在产品的设计和制造过程中，应考虑到一次性零件的再利用。在生产过程中回收副产品以减少废物处置是环境影响研究中需要考虑的另一个因素。此外，还应考虑减少产品环境生命周期过程中的排放和废物。

可信性工程在系统生命周期的各个阶段，特别是在早期设计和开发阶段，对材料和组件的选择、架构设计、制造过程、维修和保障策略有广泛的影响，目的是减少或减轻潜在的环境影响。

1.4.6 可信性与资产管理

资产管理的概念和实践越来越受到重视。在 PAS-55[19, 20]中，正在将资产管理纳入资产密集型业务管理的核心，重点是物理资产和资产系统，涵盖了硬件和软件。物理资产将自己与其他类别的资产联系了起来，包括人力资产、信息资产、金融资产和无形资产。生命周期管理是资产管理的基础，包括生命周期费用计算和财务管理。风险管理也被认为是资产管理的一个焦点。资产管理的 ISO 标准正在制定中。

成功管理资产的一个主要挑战是缺乏可信性，因为它涉及 1.1.1 节介绍的可信性的所有特性。可信性与资产管理的很多方面都有关系，包括风险管理、生命周期管理、信息管理和质量管理，二者的主要区别在于，资产管理的范围更广，涉及战略规划和高层次的财务考虑。可信性是资产管理的主要基础，如果不恰当考虑可信性，那么就无法实现资产管理目标。

参 考 文 献

[1] IEC 60050-191：International Electrotechnical Vocabulary - Part 191：Dependability.

[2] IEC 61069-5：Industrial-process measurement and control - Evaluation of system properties for the purpose of system assessment - Part 5：Assessment of system dependability.

[3] Saleh，J.H. and Marais，K. Highlights from the early（and pre-）history of reliability engineering，Reliability Engineering and System Safety 91（2006），pp. 249-256.

[4] Mil-HDBK-217F Reliability Prediction of Electronic Equipment，U.S. Department of Defense（1991）.

[5] U.S. Commercial Telecommunication Standard TR-332/SR-332 Electronic Reliability Prediction，Telcordia（Bell core）.

[6] Capability Maturity Model®（CMM®），Software Engineering Institute，Carnegie Mellon University，Pittsburgh，PA USA.

[7] Capability Maturity Model Integration®（CMMI®） for Development，Version 1.2；Software Engineering Institute，Carnegie Mellon University，Pittsburgh，PA USA 2006.

[8] Lyu，M. R.（Ed.）The Handbook of Software Reliability Engineering，IEEE Computer Society Press and McGraw-Hill Book Company（1996）.

[9] FAA，Guidelines for Human Factors Requirements Development，AAR-100(2004).

[10] ISO 9241-20:2008，Ergonomics of human-system interaction - Part 20：Accessibility guidelines for information/communication technology（JCT）equipment and services.

[11] Strandberg，Kjell，1990. IECITC56-25 years of International cooperation，Ericsson Telecom，Sweden.

[12] J.C. Laprie ，editor. Dependability：Basic Concepts and Terminology，Springer-Verlag，1992.

[13] www.iec.ch/smartgrid.

[14] www.ieee-smartgridcomm.org/.

[15] IEC 61069-2: Industrial-process measurement and control - Evaluation of system properties for the purpose of system assessment - Part 2: Assessment methodology.

[16] www.wordIQ.com/definition/ilities.

[17] Directive 2002/96/EC of the European Parliament and of the Council of 27 January 2003 on waste electrical and electronic equipment（WEEE）.

[18] Loll，V，2011."Design for Sustainability，"Tutorial，RAMS，The Annual Reliability and Maintainability Symposium，Jan 24-27，2011，Lake Buena Vista，Florida，USA.

[19] PAS 55-1:2008，"Asset Management，Part 1: Specification for the optimized management of physical assets，" The Institute of Asset Management，British Standards Institute.

[20] PAS 55-2:2008，"Asset Management，Part 1: Guidelines for the application of PAS 55-1，" The Institute of Asset Management，British Standards Institute.

第 **2** 章

可信性生命周期方法

2.1 生命周期方法概述

2.1.1 为什么使用生命周期方法

生命周期包括一个系统从概念到退役过程中一系列可以明确的阶段。根据应用的不同，生命周期阶段发生不同的变化。技术系统的生命周期从概念/定义开始，经设计/开发、实现/实施、运行/维修和改进，直到系统退役或服务终止。

使用可信性生命周期方法的理由如下。

（1）商业视角：系统生命周期和商业生命周期之间的紧密联系表明了可信性的实现最适用于早期投资的哪些方面和哪些阶段，以便利用后续产品销量增长和营销杠杆带来的商业利润。

（2）项目视角：项目的各个阶段紧密遵循生命周期的各个阶段，并与实现重大资产的商业模型有关，如加工流程。

（3）技术视角：通过可靠、易维修系统功能的组合设计，以及可信性系统架构的保证，有效维修保障策略的实施可以成功维持运行时的可信性，从而实现可信性。

（4）安全性视角：确保遵循安全性规程和过程，包括可信性设计、在生命周期不同阶段的安全性功能和辅助支持，才能获得高水平的安全性。

（5）环境可持续性视角：在可信性设计和过程中，采用"绿色"理念，支持重复使用，循环利用，减少浪费，最小化有害的副产品，大大减小对环境的不利影响。

（6）经济视角：过程实施，如负责任的精益生产和生命周期费用计算。

"绿色"代表全球环境保护运动，提倡资源的可持续管理，实现自然环境和人居环境的保护和恢复。"精益"是一种生产实践，而不是为终端消费者创造价值，它认为无论出于何种目的，资源支出都是一种浪费，因而应以减少支出为目标。可信性价值体现在终端产品上，在这种情况下，价值便成为一种用户愿意支付的系统可信性性能。

系统生命周期具有递归性，即"新生的"演进系统会不断替代"原有的"老旧系统。从可信性应用的角度看，生命周期方法维持了技术系统的市场关联性，这反映了应用要达到购置成本和所有权成本之间的合理平衡，以便进行及时的调整。从生命周期代价[1]的角度来看，早期检测并消除一个设计故障，很可能会使产品成本和现场工作量降至 1/100 或更低。对产品召回计划来说，花费数百万美元的支出来挽救局势并非不常见。

2.1.2 系统生命周期模型

根据具体应用的不同，生命周期模型可用于不同的产品描述或系统描述。从产业的角度来看，最常引用和使用的是解决系统生命中技术因素和活动的生命周期模型。此外，我们也可以使用特定的生命周期模型来描述技术和产品演进，如软件进化模型；将成本模型用于工作分解结构的成本计算，购置成本和所有权成本的估计和规划，如生命周期的成本计算。

从项目管理的角度来看，生命周期模型描述的是如何设计和使用系统，以满足其服务应用和商业目标。系统生命周期模型提供一般资料，辅助项目定义、计划任务和活动，满足项目的目标。此处，我们介绍描述技术系统生命周期模型与演进系统生命周期模型。

1. 技术系统

大多数技术系统都很复杂，由具有多功能特性的软硬件要素构成，以便实现系统的目标。技术系统通常采用前沿技术以满足市场需求，是一种新设计的系统。图 2-1 为强调可信性工程过程的技术系统生命周期模型，该模型各阶段描述如下。

（1）概念/定义阶段的目的是识别市场需求，定义和识别运行使用环境和时间线，初步定义系统要求，通过制定系统设计的技术规格说明确定可行的设计方案，基于风险分析、影响评价和实际工程方法选取设计选项。本阶段的关键过程活动包括如下。

- 需求定义。识别用于系统要求的综合软硬件要素，响应用户的需求和系统应用的限制。
- 需求分析。确定可行的设计选项，将服务应用的系统要求转换成硬件和软件子系统设计和系统开发的技术视图。

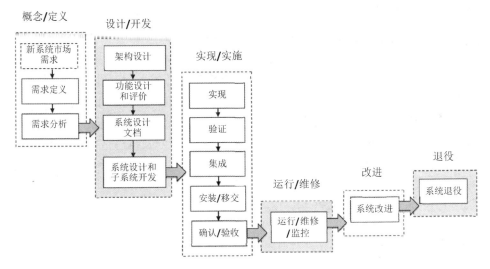

图 2-1　强调可信性工程过程的技术系统生命周期模型

（2）设计/开发阶段的目的是计划和执行选取的工程设计方案，以实现系统功能。设计活动包括架构设计、功能设计和评价，以提供高级别的系统规格说明，并将该说明转化成适当的系统开发工作，包括系统及子系统要素的工程建模、原型构造、风险评估和接口识别。集成系统功能的系统评价用于验证系统的互操作性和外部环境的交互，以确认最终系统配置。维修保障计划、维修性、操作规程、保证和保障过程应在系统实现之前完成。本阶段的关键过程活动包括如下。

- 架构设计。提供满足系统要求的解决方案。方法是将系统要素分配到功能构件中，建立子系统分解的基线结构，并识别相关的硬件和软件功能，以满足指定的需求。
- 功能设计和评价。确定使用硬件/软件要素和人机交互的方法，以实现相应的功能，促进设计权衡和优化。
- 系统设计文档。获取适用于系统和子系统开发的详细设计数据和功能接口信息。
- 系统设计和子系统开发。创建特定的系统和子系统功能。

（3）实现/实施阶段的目标是执行自制-外购决定，获取和部署子系统要素。实现阶段应开展技术应用、制造、包装和寻找供应源等活动，确保从系统设计到特定产品或子系统要素的完全转变。实现的产品或要素可以包含软件功能和硬件功能的组合。实施阶段包括系统功能集成、子系统验证和系统安装等活动，这是因为工艺厂、在线安装和试运行等设施的建设至关重要。系统保障和外包维护协议应在确认协议之前准备就绪。在试运行和服务交付之前，系统验收应在实际运行环境中和用户一起进行系统试验。确认应成为试验的一部分，以提供系统规格说明一致性的客观证据。本阶段的关键过程活动包括如下。

- 实现。以硬件和软件形式构成系统和子系统要素。
- 验证。确认系统满足特定的设计要求。
- 集成。组成与架构设计配置一致的系统和子系统。
- 安装/移交。配置系统性能，提供在特定操作环境中所需的性能服务。
- 确认/验收。提供满足系统功能性能要求的客观凭证。

（4）运行/维修阶段的目标是部署系统，用于服务交付，并通过维修保障系统运行能力。该阶段常规的过程活动包括为系统的运行和维修提供与系统性能要求一致的服务，培训操作人员和维修人员以维持技能，建立服务关系的用户接口，持续记录系统性能状态报道失效事件，以便及时纠正和采取预防措施。系统应进行定期监控和检查，以确保可信性和服务质量目标得到满足。本阶段的关键过程活动包括如下。

- 运行。展现系统交付能力，完成预期的功能要求和服务。
- 维修。保持性能并处理服务的失效和中断。
- 监控。验证系统性能和效果改进。

（5）改进阶段的目标是通过增加特性提升系统性能，满足系统不断增长和变化的用户需求。该阶段常规的过程活动包括软件升级、硬件替换、技能培训、程序简化，以提升运行效率，优化组织程序，提高便捷性，提升用户价值。改进阶段并不涉及对技术系统基础设施的主要投资。本阶段的关键过程活动包括如下。

- 评价。验证所提出的改进功能是值得的。
- 改进。通过增加特性或改善（如提高效率）来提升系统性能。

（6）退役阶段的目标是终止系统的存在。一旦用户的系统服务终止，系统就可能被拆解、重新部署用于提供其他服务，或者在不影响环境的情况下在相应的地方被处理。对复杂技术系统来说，应采用退役或服务逐步取消的策略。在商业中，提供用户服务以形式化退役过程的计划和实现，满足管理需求是必要的。对用户产品来说，系统退役涉及返回、重用或处理等管理办法。本阶段的关键过程活动包括如下。

- 开发策略。引导系统进行处置。
- 系统停运。允许安全处置。
- 处置。获得硬件的剩余价值并支持可持续性。

2. 演进系统

演进系统是随时间变化的系统，通过增加新特性以满足技术的进步和市场需求的日益增长。在服务实现过程中，演进系统可由新技术系统和老旧系统组成。在系统规模增长及运行范围扩大等情形中，不同的系统要素和设备必须一起工作，如管道系统或发电厂的扩容。演进系统的设计目标是维持基本服务（如电信服务和能源公用事业服务）的连续性。

图 2-2 为演进系统的生命周期模型。

图 2-2　演进系统的生命周期模型

演进系统的早期阶段和技术系统的早期阶段是一致的，二者的差别在于演进系统后期是演进/更新阶段，技术系统后期是改进阶段。在大多数演进系统中，退役阶段已不复存在，但有个别的老旧系统（包括设备和过程）可以退役或终止，并由新的技术系统和过程取代，以便维持必要而有竞争性服务业务的连续性。

在演进/更新阶段，发展的进步和技术的提升会将服务推进到一个目标、意义明确新的水平，包括过渡到下一代技术、性能扩展和改进的保障服务条款。演进/更新过程很可能包括基础设施变化、主要的运行升级和资本资产的增加。新的演进/更新项目计划将激活需求分析、风险评估和管理决策的过程。从客户关系的视角来看，演进/更新过程可包含客户培训、用户熟悉过程，以促进新服务的实现。

附录 B 给出了可信性应用的系统生命周期过程。

有两种类型的组织，通常称之为系统开发商和服务供应商，他们选择可信性应用系统生命周期模型的部分阶段来开展商业活动。系统开发商在概念/定义、设计/开发和实现/实施阶段集中开展其商业活动，这促进了系统开发业务的创新、设计和构想，并为顾客提供了新的系统和产品。典型的系统开发商如从事新产品开发的创业公司和合资研究机构。服务供应商在运行/维修、演进/更新阶段开展其商业活动，将他们的资产和资源投入收购和所有权等服务业务中，为客户提供持续的特定服务。典型的服务供应商如电信运营商和管道机构。

2.2　在商业环境中的可信性应用

2.2.1　对商业环境的影响

商业环境一般是指影响一个组织行为的外部因素，重要的外部因素包括经济、法律、政治、社会和技术。商业活动的可行性受到上述部分外部因素的积极或消极影响，如对新兴商业合资企业和商业运作模式的可持续性影响。在系统生命周期方法中，可信性应用应重点关注项目可控情形下的管理支持和技术解决方案，谨慎地利用可信性应用很可能获得系统价值，并在竞争性的商业环境中取得成功。在上述情形下，可信性应用规则包括价值创造的必要性、客户信心的提升，以及在变化的商业环境中涉及的各方团体信任的增加。

2.2.2　可信性关注管理支持

在商业运营中，管理支持的焦点是在组织的主要职能中将可信性原理与相关工程实践进行结合。管理职能将受益于在管理过程中对可信性价值的关注，具体介绍如下。

- 职能管理：对需要协调可信性活动的不同组织或团体职能的管理，需要由负责管理和技术工作的项目主管进行协调。
- 资源管理：需要技术可信性工作的规划、资本设备收购、员工培训和调配、外包和分包。
- 开发管理：需要可信性管理的介入，用以分配特定的专业知识，辅助项目可信性需求的设计、开发、实现、实施和改进。
- 过程管理：需要基于可信性原则对管理和技术过程进行规划、开发、评估和应用。
- 配置管理：需要可信性管理输入和确认，以便进行配置项的设计变更。
- 运行和维修管理：需要可信性技术活动解决与可信性相关的问题，并评价影响的后果。
- 性能管理：需要对现场运行的系统产品进行可信性性能趋势的评估，为提供保障服务做好准备。
- 支持管理：需要对系统升级、产品修改，以及服务增强的计划和实施提供可信性输入。
- 信息管理：需要专业人员利用相关的可信性信息建立和升级可信性数据库。
- 知识管理：需要考虑可信性，包括可信性知识获取、版权保护、专利注册，以及将相关可信性数据和知识传递给专业人员。
- 保证管理：需要将可信性管理纳入项目的计划、评审、审核、验证和确认等活动中。

2.2.3　可信性应用关注技术解决方案

可信性应用重点关注商业环境中的技术解决方案，在生命周期方法中提供了可信性问题及时、有效的解决方案。本节从 3 个相关的角度提出了与商业环境应用有关的技术解决方案：商业生命周期剖面；组织过程的能力成熟度；可信性资源利用。

1. 商业生命周期剖面

商业的存在得益于市场对商业企业提供产品和服务的需求。商业生命周期剖面表示在其生命周期中的一系列商业事件。商业事件包括开发、导入、成长、成熟、饱和与下降。对技术系统来说，随着生命周期中应用和资源投入范围、力度的变化，业务启动的时机、市场优势的撬动和相关的风险也将发生变化。技术解决方案的框架基于技术平台开发，用于加速新产品发布，以满足市场需要。从商业供应和需求的角度来看，每次的新一代产品发布都选择的是最具优势和杠杆效应的时刻。第 1 代产品为商业活动建立了市场需求和产品性能的基础。第 2 代产品大大减少了开发时间和资源，有助于加速产品介绍和增长过程，达到产品成熟和盈利能力。在竞争开始之前的较长成熟期和稳定周期内，产品利润率会大幅度提升。市场饱和与下降只会出现在竞争产品具有经营优势之时。第 3 代产品将进一步明确商业定位，提高现有产品品牌的市场份额。采用技术平台产品发展的商业生命周期剖面如图 2-3 所示。

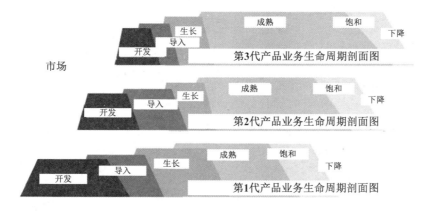

图 2-3　采用技术平台产品发展的商业生命周期剖面图

下面给出了商业事件中已解决的、与可信性问题相关的典型技术解决方案。

- 开发：企业思考创新理念之处，伴随销路良好的新产品或服务的开发及实现。在大多数情况下，技术解决方案来源于一个确定的技术平台，该平台上的新产品和服务为目标市场发布做好了准备。新产品研发所需的时间和资源会在公共技术平台的相似产品之间共享，从而减少了多个产品实现的时间和成本。发布新产品的正确时机对适应市场来说是至关重要的，它依赖于何种创新技术会满足市场需求。技术市场高度不稳定，并且具有竞争性。深入的研究和开发对维护已有产品线及可持续发展支撑服务的品牌价值来说是必不可少的。正在开发新产品的可信性价值有待确定。市场相关性、现有社会环境的技术接受程度、金融与投资机制和产品首次展示计划都是商业发展中需要考虑的问题。

- 导入：企业向其潜在客户介绍其新产品和服务。对技术系统来说，使目标客户了解企业的能力和长期计划是非常重要的。导入是通过市场机制、客户联系人推介、贸易展览、技术交流会和技术验证来实现的。在某些情况下，测试的执行和客户的试用对建立用户信心、确定是否易于使用来说是必不可少的。对技术人员来说，可信性是一个关键的卖点，就像一位技术行业的领导者所指出的："说服极客们，大众将会跟随"。

- 成长：随着客户需求的增长，企业继续开发、交付产品和服务。业务增长的原因是多方面的，包括但不限于技术发展的经济激励、产品创新性、过程运行中特定疑难问题的独特技术解决方案、售后支持的用户信心及产品的可信性。业务增长的结果通常包括产品线投资组合的多样化、用于扩大生产的设施采购和保障服务的外包。通常建立区域盈利中心来管理商业成就。

- 成熟：企业有能力支撑现有的业务，满足客户需求。企业需要注重战略和组织上的运作，提供可信性激励和客户价值。组织的领导力是最重要的。

- 饱和：在此情况下，为了获得更高的价值或较低的成本负担，竞争者们提供了替代途径或其他激励措施，以满足客户需要。客户维系是维持可行商业操作的关键因素。尽管产品和服务更新的时机至关重要，但必须要有相关的技术解决方案，以减轻维持企业竞争力的压力。技术进步快，开发周期就短。研究和开发的需求对于维持有竞争力的业务至关重要。混合了可信性品牌价值的新产品可能对重新修复或获得客户或用户信心和信任有一定作用。

- 下降。随着客户越来越被创新型产品所吸引，会出现产品过时的情况，这样市场对企业产品和服务的需求就会下降。市场下降很可能导致企业无法维持运营，并产生财务负担，这很可能引起企业裁员、领导层变化和重组、精简产品线产品，以及在某些极端情况下重组组织以便再融资。在市场下跌的情况下，企业很可能成为被收购的目标，也成为外部收购的候选。

2. 组织过程的能力成熟度

商业组织依赖制度化过程来有序管理商业运作。企业愿景和目标应该反映在组织过程中。过程开发和实现的有效性依赖于这些过程是如何被管理的，以达到组织的目标和企业的愿景。企业能力成熟度是一个基于过程的概念，是一种结构化的方法，用于理解、评估和描述组织过程（包括实践和行为）的好坏，以实现一致的结果或产生可持续的结果。尽管企业实现其潜在能力很重要，但在实践中，应该确定组织可达到的成熟度级别。

能力成熟度模型集成（CMMI）描述了正在进行的商业活动中组织管理过程的成熟度[2]。CMMI 是由来自工业、政府和卡内基梅隆大学软件工程研究所的专家提出的，它为满足组织商业目标的开发或提升过程提供了指导，还可作为评价机构的过程成熟度框架。不同的机构将 CMMI 用作理解和提升一般企业过程性能的一种有影响力、可信的工具。与大多数符合性评估工具一样，CMMI 完美地满足过程需求并不一定能够获得完美的产品输出。

下面介绍以产品和服务开发为核心的关键组织活动，以辅助商业环境中的技术解决方案。为便于评估，将组织过程分为 5 个级别，并对各个级别过程的目的进行描述。

（1）成熟度 1 级：初始级，过程不可预测，控制和反应性不佳。

该级别过程没有约束。

（2）成熟度 2 级：可管理级，过程以项目为特征，通常是被动的。

- 配置管理：使用配置确认、配置控制、配置状态统计和配置审核来建立和维护工作产品的完整性。
- 测量与分析：开发和维持一种量度能力，以支持管理信息需求。
- 项目监控：当项目执行严重偏离了计划时，提供项目进度状态，以便采取适当的纠正措施。
- 项目计划：建立和维持规定项目活动的计划。
- 过程和产品质量保证：为质量保证目标提供资源和管理，以驱动产品和过程活动。
- 需求管理：调整和管理项目要求、项目计划和工作产品。
- 供应商协议管理：管理供应商的产品采购和服务。

（3）成熟度 3 级：已定义级，该级别的过程是组织的主动过程。

- 决策分析与解决方案：使用形式化评价过程分析可能的决策，用已制定的准则评价确定了的可选方案。
- 集成项目管理：根据为组织应用程序量身定制、已建立和集成的定义过程，通过相关利益相关方的参与，建立和管理项目。
- 组织过程定义：建立和维护一组可用的组织过程资产，以及工作环境标准、准则和指南，以便团队进行有效运作。
- 组织过程聚焦：基于对组织过程和过程资产当前优缺点的透彻理解，计划、实施和部署组织过程提升。
- 组织的培训：培养人员的技能和知识，以便他们能够有效且高效地扮演各自的角色。

- 产品集成：利用产品组件组成产品，确保集成产品正常运行，可用于交付。
- 需求开发：引出、分析并建立客户需求及产品要求。
- 风险管理：在潜在问题出现之前进行确认，使得风险处理活动在产品或项目中能够按照计划和需求调用，减轻达成目标的负面影响。
- 技术解决方案：选择、设计、开发和实现要求的解决方案。
- 确认：当一个产品或产品组件被置于预期环境中时，证明其能够实现预期用途。
- 验证：确保所选的工作产品满足特定的要求。

（4）成熟度 4 级：量化管理级，该级别的过程是测量和控制的过程。

- 组织过程能力：在组织的标准过程集合中，建立和维持所选过程能力的定量理解，支持实现质量和过程能力的目标，提供过程能力数据、基线和模型，并对组织的项目进行量化管理。
- 定量的项目管理：进行量化管理项目，获得项目制定的质量和过程能力目标。

（5）成熟度 5 级：优化管理级，该级别的过程聚焦于过程改进。

- 因果分析与对策：用于确定所选输出结果的原因，采取行动，提升过程能力。
- 组织能力管理：用于主动管理组织的能力，以达到商业目标。

3. 可信性资源利用

可信性工程是一门技术学科。项目中可信性的实现在很大程度上依赖于足够的资源，可对严谨的可信性活动和有计划的工程工作进行支持。可信性工作实施和项目交付目标是商业活动成功的关键因素。对技术系统来说，关键的业务问题包括但不限于以下情况。

- 满足项目交付目标：预定的合同承诺应按时兑现。任何原因导致的合同延期都会引起纷争，丧失客户或用户的信任。对于技术缺陷和不遵守合同引起的延期，需要使用合适的技术解决方案，及时对其进行纠正，按计划执行合同，遵守计划的承诺。
- 可信性资源可用性：需要知识渊博的可信性人员进行可信性任务的分配。对项目任务分配来说，技术资源常常是稀缺的。对于专门从事特定技术领域（如软件开发、系统架构和失效诊断等）研究的可信性专家，我们平时很难接触到他们，在需要时很难获得及时的帮助。有时，可能邀请拥有适当背景知识的专家进行外部咨询，以便问题得到及时解决。
- 客户满意度：客户需要参与过程评审，帮助完成最终交付项目的验收。应定期核查客户的投诉。重要的投诉和有争议的问题应严肃对待，并迅速处理，维持良好的合作关系和客户满意度。

- 外包和供应产品：在可信性项目中，外包工作和使用的供货产品应符合相同的合同要求。外包和供应商要求应规定用于系统集成供货产品的合格和验收条件。产品和设备的互操作性应该在集成到系统之前得以解决。当系统部署在现场运行时，应明确特定的技术服务，以便进行可能的维修和后勤保障。

- 可信性保证：应监测、支持和保证在役系统运行的可信性性能。对技术系统来说，可信性保证策略应贯穿系统过程，确保可信性性能的获得及以客户为核心的服务交付。事件报告系统可用于系统停用控制，减轻系统故障或退化的影响。应解决终端用户的投诉或对所提供服务的担忧。应制定系统升级和计划维修程序，以便实施服务。

- 法规的遵从性：系统应遵守合同规定的所有条款和适用的标准。内部和外部的审核应有计划，并实现遵从性的验证和确认。对于不遵守法规的要求，需要广泛调查，这会导致项目延期。

2.3 项目管理的生命周期方法

2.3.1 管理可信性项目框架

管理可信性项目框架在很大程度上依赖于项目运作所在组织的基础设施。技术创新性、系统复杂度、资源可用性、支撑设施和服务的能力、应用环境及经营管理的文化内涵会影响项目管理的效率和有效性。组织的基础设施是指运营过程中生产能力所需的物理结构、功能结构和设备。组织可包括各种类型及大小的公司、公共机构、私营机构、企业和非营利性协会，这些组织管理基础设施的建设、协调与运作，以追求集体目标和共同目标。

项目管理包括计划、控制、资源分配、协调、决策、执行、项目状态监测和进度评审。可信性工程人员应以项目成员身份积极参与。可信性活动的评审应和常规的项目评审一起进行，以便包括重要可信性问题中能够被项目团队发掘的项目问题，同心协力解决问题。与大多数管理功能一样，可信性管理也需要控制，同时需要愿景、责任和承诺。需要用技术性知识解决可信性问题，而谨慎的判断往往是应对应用解决方案实施后果所必需的。应根据具体的实现来确认可信性。

可信性管理应作为组织管理体系的一部分，以达到清晰可辨的共同目标。建立单独的仅用于管理可信性的体系，通常是不切实际的，这很可能会在组织内部产生阻碍项目管理工作有效协调的贮仓。然而，技术性的专业知识和资源通常是稀缺的，难以确保正在进行项目的可信性注意事项和相关问题能够得到及时、妥善地处理。一些组织采用矩阵管理方案进行可信性人员的分配和轮岗，服务于特定的项目需求，同时保留研究、培训和咨询服务的核心可信性专业知识。允许组织鼓励创新、积累可信性经验、把技术灌输作为增强知识的基础价值资产。可信性管理不需要复杂的组织架构和多层的报告机制，整个管理结构往往具有足够的能力和资源进行可信性责任分配。

应建立可信性信息通用数据库，作为组织管理信息系统的一部分。可信性信息通用数据库可提供对历史数据及与可信性相关性能记录的管理，确保对可信性状态和改进进行测量。

培训计划应在组织内部制度化，以更新技术信息，包括为参与项目任务的所有人员进行可信性原理及实践培训。培训计划在组织内部制度化有助于对所涉技术问题的整体理解，并对当前急需解决的可信性问题有直接帮助。

2.3.2 确定可信性项目目标和任务要求

可信性项目目标应明确定义与特定系统有关的用户可信性要求和期望。在适当的情况下，为了确认和量度系统性能，应建立系统具体的可信性特性量化目标。项目可信性牵引、技术和管理导向应能在商业活动中反映组织愿景与使命的原理和实践。从生命周期角度来看，可信性项目任务在某些情况下应完成以下活动。

- 识别客户、所关注的系统和应用环境。
- 阐明组织对客户需求和要求的理解。
- 确定项目责任，明确项目负责人和已分配的项目团队人员。
- 确定项目持续期内的预算计划和资源需求。
- 列出工作清单、计划和完成目标的日期。
- 概述系统要求背景下可信性解决方案的技术途径。
- 为可信性活动的及时实施提供特定的资源。
- 识别外包需求和优选供应商的名录指南。
- 能够测量可信性的进展状态。
- 在适当情况下进行风险评估，减少暴露并降低潜在风险。
- 评审可信性输出结果，用于评估项目任务的完成情况，以及需要进一步关注的缺陷。
- 在需要时为持续改进做出适当改变。
- 建立用户接口和供应链协作。
- 确保系统性能获得可信性价值和客户满意度。
- 合并保证计划，用于维持系统运行中的可信性性能。

管理可信性项目的挑战通常是：系统生命周期中涉及了多个组织，需要与其他组织、技术团队合作，进行可信性项目的互动和协调。在生命周期中，某些责任从一个组织或技术团队传递到其他组织或技术团队。由于不同组织的风格和程序可能有所不同，因此应注意不同运作区域的工程实践和文化差异。跨国项目经常需要在不同国家和区域之间进行合作和切换。可信性的管理应适应不同的情形，并可根据项目目标进行剪裁，以满足特定的需求。应详细说明服务功能，如维修和后勤保障、外包的可信性责任。团队构建、工作协调和信息共享对成功完成可信性来说至关重要。

严谨的项目管理将可实现下面的一个或多个目标。

- 实现系统可信性开发目标。
- 改进服务运行的系统互操作性。
- 减少风险暴露。
- 增强服务的安保特性。
- 改进安全性操作。
- 减少环境的影响。
- 提高信息保护和数据吞吐量的完整性。
- 提高服务质量。
- 提高系统服务性和保障服务。
- 减少生命周期费用。
- 增强客户信心和信任。
- 保持系统可信性价值。

2.4 剪裁过程

2.4.1 剪裁可信性项目

剪裁是适应、调整或改变组织的一组已建立的过程和活动，用于实现可信性和其他目标。剪裁过程应用于管理过程、项目活动和管理评审。剪裁可应用于系统生命周期的任何一个阶段。在项目生命周期的初始设计过程中，剪裁特别重要。并非在所有情况下都需要剪裁，比如，在研发和生产非常相似的产品时就不需要剪裁。

可信性管理剪裁需要考虑组织的本质和需要被管理的可信性任务。组织既可以是技术咨询公司，也可以是跨国企业集团，需要对不同的学科、组织和专业进行可信性管理。管理方法通过技术转让、知识引入或专家咨询来弥补关键的短期技术差距。还有很多的支撑学科和使能系统，用于促进可信性管理目标的实现。例如，维修和后勤保障，客户关怀，失效报告，分析和纠正措施系统，以及可信性知识库。应重新调整项目评审，以解决特定的可信性问题。

可信性剪裁应考虑组织的技术和管理过程，包括约束条件和影响因素，这些约束条件和影响因素包括但不限于客户需求、法规要求、交付目标、允许的预算、可用的资源、技术能力、环境影响和风险暴露，以及技术参与的创新性和可持续服务的保障。可信性剪裁的结果影响可信性的应用，它可以从客户角度或使用角度赢得关于系统性能的可信任性。

可信性活动（包括项目活动）的一般剪裁包括以下方面。

- 确定组织的方针和基础架构。
- 分析要求、合同规定、特性，以及难以实现或交付的目标。
- 所需的、实际可用的能力和资源。
- 确定适用的特定生命周期阶段。
- 确定与产品或系统相关的特性（如功能），相似产品或系统的过往历史、预期的最终用途及期望的应用环境。
- 选择与特定生命周期阶段相关、适用的可信性措施。
- 确定用于资源分配的可信性程序要素，以及活动应用的时机和持续时间。
- 考虑法规要求和应用标准。
- 合理的文档化应将剪裁决策形式化为组织或项目计划的一部分。

可信性管理的剪裁通常用于短期项目。剪裁过程受制于项目的约束条件和环境条件。然而，对长期项目来说，创建专门用于项目目标的新过程可能更有效。

2.4.2　特定项目应用的剪裁

项目应用所关注的系统可能跨越多个技术领域。在特定项目应用中，剪裁多个领域的过程需要考虑可能的领域管理和实现的时机，以促进交叉领域的合作。下面的关键影响因素应按照特定项目剪裁中的可信性来考虑。

（1）应研究系统操作人员、维修人员和用户的健康和安全性问题，确定潜在的健康风险和不安全的使用条件，以约定进一步的评估。在设计要求和实现过程方面，应确定特定的健康问题和建议，以避免健康和安全隐患的发生。需要注意的是，健康和安全问题在系统或产品退役或服务终止之后仍可能延续下去。

（2）系统操作功能与人机界面之间互操作性有关的问题应在设计和实现过程中加以考虑，以最小化服务中断，减轻失效安全条件下的系统性能降级。系统恢复和维修保障服务应该以经济高效的方式进行管理。

（3）应该彻底调查与安保风险相关的问题，以使风险暴露最小化。安保风险如下。

- 人员、属性和信息的访问与损害。
- 篡改、窃取或泄漏敏感信息。

- 拒绝批准对财产和信息的访问。
- 未经授权的系统访问。
- 生命或财产损失。

（4）应辨别和调查旧产品和过时产品处置引起的与环境影响有关的问题，以避免或最小化对环境的潜在危害。

 2.5 项目风险管理

2.5.1 可信性应用的风险管理

风险管理[3]是组织的战略管理体系的基本部分。风险是满足目标的不确定性，可被定义为事件的发生概率及事件影响的组合[4]。可信性是一种基于风险的方法，在价值创造方面遵循风险管理的原则。可信性工程活动通过采用一般的风险管理过程来处理风险。从可信性的角度来看，系统性能可信性的获取依赖于专业的技术工作和严谨的判断，在成功的项目成果中获得可信性价值。可信性过程使用风险避免和风险控制方法，管理系统生命周期的可信性风险问题。

在风险管理方面，不同的组织可能有不同的目标。从事风险管理过程的组织，必须确定组织实现的范围和策略，这是至关重要的。需要定义风险管理的责任、能力和资源要求。应该建立风险评估、风险应对的方法学和规程，辅助有关风险问题处理的过程评价和决策。

应提出一系列风险准则，用于评价组织主要关注风险的重要程度。应以组织参与产品和服务的形式定义可信性风险问题。由于企业常常涉及客户和供应商，因此在遇到风险问题时，确定需要考虑的风险因子就非常重要。应考虑以下与可信性风险和暴露有关的因素。

- 可能出现风险后果的本质和类型。
- 风险出现的可能性。
- 风险评估和评价方法。
- 待确定的风险等级。
- 认为可接受或可忍受的风险等级。
- 风险应对的程度。
- 信息获取所需的相关风险数据。

2.5.2 风险管理过程

风险管理过程应是组织过程的一部分，并适应企业运营的原理和实践。图 2-4

是可信性应用的风险管理过程。

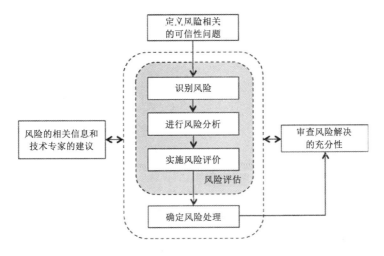

图 2-4　可信性应用的风险管理过程

对于可信性应用，有时需要与可信性风险问题相关的信息和技术专家建议，以加强和支持项目管理，从而做出明智的决策。不管是已知的还是未知的可信性风险问题，都有可能出现在需要相关管理关注的系统生命周期的任何阶段。可能的风险暴露通常是由偶然事件触发的，并被确定为有重大影响的潜在风险，这就需要对项目进行认真考虑。一些风险管理活动是在需要风险解决方案的正规商业运作中策划的（如非投标决策/投标决策、资本收购、外包和系统生命周期过程的管理评审），并且需要对项目承诺做出决定，以推动项目的进展。

2.5.3　可信性风险问题的范围

在获得技术系统可信性的情况下，组织的目标是实现系统性能价值，从而提高企业的经营能力。可信性价值可通过在系统开发和服务保证实现中结合可信性特性来实现。图 2-5 为易受风险暴露影响的可信性价值的实现，如果处理不恰当，那么这些实现有可能成为易受攻击的风险暴露，这是由不断增强的商业竞争和运营中现有技术增强带来的挑战引起的。应在企业运营的各个方面进行风险管理，维持服务的可信性。

可信性风险因子与可信性风险暴露相关，是可能对系统生命周期过程的任何一个阶段可信性活动产生负面影响的潜在问题。风险因子以风险出现的概率、风险事件出现时的潜在损失为特征。可信性风险因子受策略风险和运行风险驱动。

在可能的问题调查中，应注意特定的可信性风险。建议将风险调查的理由记录在案。应将背景信息和相关技术数据收集在一起，保障风险评估初始化的需要。将可信性风险问题作为项目案例，以便采取适当的管理行动。可信性案例的处理应由项目管理部门自行审查和决定。

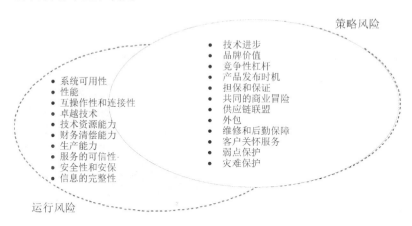

图 2-5　易受风险暴露影响的可信性价值的实现

实际上，并非已确定的每个可信性风险问题都需要有正式的风险管理过程。风险问题通常是在风险暴露后处理的，这需要采取缓解技术，同时可能引起财务方面的后果。如果风险问题处理不正确，则风险暴露可能进一步影响环境，从而引起安全、安保或对组织的其他关注。一些可信性风险问题，如旧设备的处理、产品安全召回或敏感信息披露，可能受到所在区域的监管控制或法律管辖，这些可信性风险问题很可能引发某种形式的官方风险管理过程。

2.5.4　可信性风险问题和解决案例

下面介绍一个可信性风险问题和解决方案，作为研究可信性风险问题的案例。风险管理过程活动描述如下。

1．确定与风险有关的可信性问题

某组织已经为公共事业服务应用开发和生产了一条控制系统的产品线。在过去的十年中，大约卖出和部署了一万个控制系统。该组织报告称，大多数公共事业服务站的系统运行都很成功，其中一些安装在偏远的农村地区。目前，控制系统当前的销售预测是持续的，这应归功于承诺服务的可信性和组织的产品品牌价值。组织保持了产品线上主要的市场份额。然而，当前新的创业公司开发了新型控制系统，以便可能进入市场。新型控制系统提供了用于远程监视的附加特性和对服务现场施工的控制功能，这一新增功能有助于公共事业供应商优化整体公共事业服务提供的长期计划。

关键设备用于控制系统中，具有良好的可信性性能记录，其供应商在十年前作为组织的唯一供应方专门设计了这种关键设备。在现场和组织仓库中的有限备件可作为替换设备。每年大约有一百个返回的失效设备。到目前为止，可信性程序在运营和维修服务过程中运行良好。授权的维修人员每年访问所有的安装区域，进行例行预防性维修服务。如果系统失效，那么特定的维修服务调用将会启动。当系统失效时，会进行特定的维修服务。

原始的供应商宣布，受到技术过时、不断升级所需产品成本的影响，同时在有限的销售预测情形下，关键设备产品出现了断货，设备供应很可能将在六个月内停止。在可预见的未来，供应商也没有下一代设备或技术升级的计划。一些功能兼容来自海外供应商的新设备，现在能够以较低的价格购买，并以 COTS 产品的形式出售。要实现新设备直接替代旧设备，就需要在外勤工作中对现有的控制系统组合进行改进，而新设备的可行性是未知的。对于相似的应用，新设备替代旧设备很可能需要测试验证和外场性能记录的进一步实证。该组织也可以选择开发下一代控制系统，以替代旧系统，从而为新型控制系统中摒弃旧设备提供契机。然而，这需要花费至少一年的时间来进行开发工作和资源投入，以追求饱和市场。

该可信性案例项目的目标是解决设备替代问题，支撑组织控制系统产品线正在进行的业务。

2. 识别风险

风险识别过程涉及一种系统的方法，以确定与可信性案例相关的风险，满足项目目标。可信性案例的风险场景可概括如下。

- 设备替代风险，维持控制系统运行。
- 新设备可信性的风险。
- 与控制系统组件修改相关的风险。
- 与下一代控制系统开发相关的风险。

3. 开展风险分析

风险分析过程利用定性或定量的方法，从风险等级的角度检查所识别可信性风险因子的发生概率和对项目目标的潜在影响。为了对本案例进行更好的研究，将风险分为低、中、高三个等级。风险分析构成了风险评估过程的第二部分。风险分析结果总结如表 2-1 所示。

表 2-1　风险分析结果总结

风险	替换设备、维持控制系统操作的风险	新设备可信性的风险	与控制系统组件修改相关的风险	与下一代控制系统开发相关的风险

续表

风险分析	风险暴露在较长时间内耗尽替换备件，引起多个控制系统运行中断。 旧设备替代的风险很低，失效率约为1%	基于测试，根据现场应用历史和设备可信性特征确定风险。 市场上一些兼容的新设备可用于可信性竞争	和组件修改相关的风险是维修人员能够执行现场任务。 风险低，因为维修人员非常有经验	风险和新控制系统的开发相关，满足当前和未来市场需求。 需要技术和资金，以确保新开发项目完成。 风险很高
风险评价	在十年技术进步情形下，新设备可信性有待确定，但是失效率很可能不超过1%	新设备可信性风险与可信性案例无直接关系，因为有多个供应商	组件修改是一种常规的维修任务，不应该造成任何风险问题	横向竞争日趋激烈，引入新控制系统的时效性对于引导和撬动市场份额、保护机构的产品商标价值是至关重要的
风险应对	旧设备的备件足够使用一年，在需要时可通过新设备替代来进行补充。 不需要立即行动	不需要立即行动	有良好说明的改型工具套件及训练有素的维修人员不会涉及额外的风险暴露。 开始修改过程	渐进的新产品导入计划在新产品阶段是必要的，维护现存的产品运行以满足客户需要

4．进行风险评价

风险评价过程将待评估的风险和已知的风险准则进行比较，确定风险的重要程度。风险评价构成了风险评估过程的第三部分。风险评价结果总结如表 2-1 所示。

5．确定风险应对

风险应对过程选择和实施适当的措施，修改不可接受的风险。风险应对包括风险规避、风险减轻、风险转移、风险自留和其他措施。风险应对方法可参考表 2-1。

6．评审风险解决方案的充分性

（1）可信性案例被触发的原因是，组织需要进行设备替代，但存在设备短缺的风险。目前组织所担忧的是，旧设备停止生产，需要找到一种新的可兼容设备。由于市面上存在一些商用的可兼容新设备，因此风险暴露度就很低。

（2）新设备可信性的风险与本案例并无直接联系。新旧设备之间存在十年的技术差距。在开发和生产过程中，必须对技术驱动的新设备进行改进。市面上有一些具有竞争力的新设备可供选择。一流设备能经受客户的仔细检查，获得市场对其可信性表现的认可。

（3）使用改型工具套件是一种权宜之计，这种解决方案提供了一个用于设备替代、简单的技术过程。如果组织用完了备件更换设备，则可使用该解决方案进行例行维修服务。每年 1%的设备退货率在当前可接受的风险级别，组织能够维持至少一年的时间。这种解决方案的风险暴露很低。应制订修改解决方案活动的计划，满足客户服务需求的优先级，根据控制系统故障的危害性，执行维修活动。

（4）该组织拥有十年良好性能记录的控制系统产品线成功运营的经历，这可以反映过去十年在没有重大更新或增强的情况下控制系统的创收情况。在目前与新型创业公司的市场竞争中，有必要重新审视现有的营销计划，以保持竞争力。意识到好时光不会永远持续很重要。开发新一代产品的投资长期未兑现，需要过渡计划，确保新系统的连续同步，并逐步淘汰旧系统。提供可信性服务，以及维护客户忠诚和满意度是保护来之不易的产品品牌价值并维持可行商业运营的关键。如果没有按时将新产品成功引入饱和的市场，则风险将会很高，这是因为旧产品缺乏额外的新特性而无法适应公用事业服务行业的快速发展，现有的控制系统将很快被淘汰。

由本案例可知，风险管理过程和可信性应用之间具有密切联系。在本案例，使用风险评估方法来验证事实，并使决策中的假设合理化，同时采用风险应对来解决可信性问题。可信性案例的目标不仅包括解决短期的设备替代问题，还包括维持组织在控制系统产品线上的长期商业目标。可信性价值是实现系统生命周期过程的一个关键驱动因素。

2.6 评审过程

从系统生命周期的角度看，评审过程的目标是确保实现所有计划的活动，提供满足既定需求的充分信心。评审程序在管理业务运作及报告系统活动的进展情况时进行适当的监督，并定期进行检查和平衡。从组织的角度来看，通常有以下 4 个级别的评审活动。

（1）管理评审：确保通过制定政策指导和流程实施的行动方案来实现组织业务目标。管理评审定期在组织的高层管理层进行，以解决商业方针、运行中的能力成熟度、智慧资本、可用的资源和投资机会。可信性对管理评审的贡献包括制定技术策略、设施规划，以及指导组织业务的技术方向。

（2）项目评审：确保项目计划的活动按预定时间完成，满足约定的项目需求，在指定的生命周期阶段履行项目里程碑承诺。项目评审在项目管理层面进行，参与评审的人员包括项目团队和对项目活动有贡献的技术专家。在某些情况下，与项目相关的客户或供应商可能被邀请参加项目评审。项目评审的结果传达了特定项目问题的完成状态。使用评审信息证明从一个生命周期到需要资源投入的下一个生命周期的过渡是合理的。项目评审有时被认为是关卡评审或阶段评审，反映过渡过程中特定生命周期阶段的决策过程。可信性对项目评审的贡献在于从事可信性活动和后续活动的项目规划、风险评估和报告。

（3）设计评审[5]：确保系统和产品设计的实现和评估与设计需求是一致的。设计人员之间的非正式技术讨论可以作为非正式设计评审，以解决特定的技术问题。正式的设计评审包括对设计及设计要求进行的独立和文档化的检查，以评估设计满足相关系统或产品特定要求和隐含要求的能力。可信性对设计评审的贡献包括需求评审、初步设计评审和详细的设计评审。

（4）技术评审：确保系统性能和保障服务能够充分维持持续的运营并为用户提供服务。从服务供应商的角度来看，技术评审在系统运行中按规定进行。可信性对技术评审的贡献包括配置管理评审、供应管理评审、产品验收评审、系统性能评审，以及维修及后勤保障评审。

所有的评审都是保证过程的一部分。评审记录应作为质量审核的客观证据而保存。评审信息可用于在需要时促进后续行动。评审活动常作为一种控制机制，用于监测未尽事宜的闭环情况。

参 考 文 献

[1]   IEC 60300-3-3 Dependability management ─ Part 3-3：Application guide—Life cycle costing.

[2]   CMMI-DEV（Version 1.3, November 2010），Carnegie Mellon University Software Engineering Institute. 2010.

[3]   ISO 31000，Risk management ─ Principles and guidelines on implementation.

[4]   ISO/IEC Guide 73，Risk management ─ Vocabulary.

[5]   IEC 61160，Design review.

第章

可信性要求规范

3.1 启动可信性项目

3.1.1 从技术系统的何处入手

可信性项目涉及系统生命周期的战略规划和技术应用。可信性项目涉及的活动包括但不局限于以下这些。

- 系统设计：用于实现功能特性的可信性。
- 项目管理和协调：用于确保过程实施的可信性。
- 知识库的开发和完善：用于支撑服务的可信性。
- 价值创造：用于保障技术转型的实现和产品的创新升级。
- 可信性保证：用于确保系统性能在运行中表现良好。

可信性项目不仅可解决工程工具和技术使用带来的问题，还可以解决由技术转化和注入带来的问题。通过可信性活动建立桥梁和纽带的使能机制，可以弥补设计权衡、过程创新、保障服务优化和老旧系统维护等方面的技术差距。可信性活动的目的是提高系统性能，创造由可信性带来的价值。

可信性活动应作为工程或其他大型计划、项目的一部分进行组织和管理，从而有效地运行。项目一般具有明确的持续时间，包括具体的开始日期、结束日期和项目计划。大型项目通常具有更长期和不断变化的特点，它可以由多个相关项目组成，以实现共同的组织目标，如技术平台开发、可信性过程改进和后勤保障系统集成。

项目中的可信性范围高度依赖于所关注系统的目的和应用。可信性的目标可以被定义或定量表达，例如，太阳能系统有 25 年的使用寿命，随时待命的运输梯队期望有 95%的可用度。可信性目标由客户或用户指定，或者通过需求分析确定，或者两者兼而有之，可用后一种可信性目标确定机制来验证前一种可信性目标确定机制，以保证目的上的充分性。系统应用在运行中所表明的目标定义了特定可信性项目的范围和要求。

定义可信性项目范围的过程在可信性工程过程中进行了描述，如图 2-1 所示。系统生命周期概念/定义阶段的关键过程活动包括需求定义（识别与系统应用相关的可信性要求）和需求分析（确定与期望可信性相关的系统运行场景），这些活动确保在系统中规定了相关的可信性特性，作为系统性能与功能的一部分。明确系统可信性的先决条件是充分理解系统的目的和目标。

3.1.2　理解系统

系统是一个物理/虚拟的实体：物理实体指的是系统具有质量并占有空间；虚拟实体指的是系统包含信息和数据。技术系统是人为的，是为达到特定目的而创造的。系统有其固有的特性，即通过设计和实施所创造的系统特性。对于一个能够激发人们对其适用性有信心的可信系统，系统属性应该表现出用户对其操作特性的信任，并展现出提供所需性能的能力。从可信性角度来看，系统属性包括的主要内容如下。

- 功能性：提供处理、监视、控制和其他功能的程度。
- 性能：在规定的运行和环境条件下，可执行所提供功能的程度。
- 可操作性：通过人机界面及已建立的协议，信息可以进行有效沟通的程度。
- 支持性：系统在持续运行和无故障运行中能够得到支持和维护的程度。
- 可信性：在给定的条件下，系统能够执行预期功能的程度。
- 特定应用：系统设计用于风险规避和风险控制的程度，如安全预防措施、安全操作措施和特定干扰的抗扰度。

与系统设计功能相关的特性可在系统属性的每个主要分组下进行选择和分配[1]。图 3-1 为系统属性和相关的性能特性。性能特性表示终端用户感知或体验到的系统输出。特定的特性反映了所选的功能要求和非功能要求，这些要求应进行设计并纳入系统。系统在运行过程中会受到外部干扰因素的影响，这些因素会影响系统性能，通常称为使用条件。影响使用条件的情形如下。

- 强加于系统的任务要求。
- 与系统的人机界面。
- 涉及系统运行的过程。
- 系统所处的环境。
- 系统可用的支持服务。
- 系统运行所需的公用设施。
- 外部交互系统。

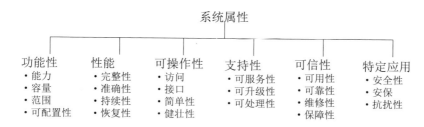

图 3-1　系统属性和相关的性能特性

可用影响使用条件情形所识别的相关影响因素来确定特定应用系统外部影响的风险或影响。评估与影响因素相关的系统特性，可为识别系统运行中使用条件的约束和限制提供一种手段。图 3-2 为影响条件域和相关的影响因子域。

根据图 3-1 和图 3-2 的信息，可对给定条件和约束条件下的系统运行进行能力评估。特定评估的概要提供了系统的使用条件。评估结果用于确定系统能力，包括承受或满足指定性能目标的需求和持续时间。

图 3-2　影响条件域和相关的影响因子域

过程模型可用于表示运行中的系统。主要过程模型如下。

- 系统输入：用户的请求、应用需求或项目运行剖面的启动。
- 系统输出：对用户操作的响应，性能输出的成功实现或达成目标。
- 系统属性：固有的设计能力，将输入需求转化为所要求的系统功能的期望输出。
- 系统约束：反映适用的使用条件，影响因素会影响固有的系统属性。
- 系统使能机制：充当催化或辅助，提供适当的方法来补充和协助系统开发，而不会在运行期间直接作为系统输出功能的一部分。

系统运行中的系统可信性是通过确定系统输入到系统输出的适当转换过程来实

现的。受系统约束和系统使能机制影响的系统输入和系统输出之间的关系如图 3-3 所示。

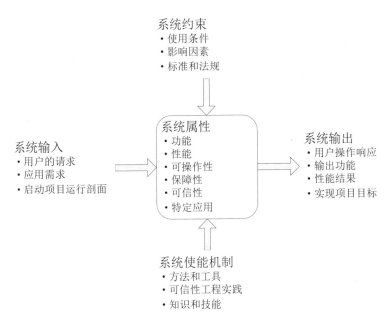

图 3-3   受系统约束和使能机制影响的系统输入和系统输出的关系

系统输入与系统输出转换过程产生的系统可信性规范不能单独完成，需要在系统策划阶段输入详细的信息，以确定系统在生命周期内的运行阶段如何运行。这对于识别和选择可信性价值属性（包括其他特定应用的特性）、进行设计权衡和优化系统架构是至关重要的。

3.1.3   定义系统目标

系统是为实现某一目的而设计的。系统必须有一套明确的目标来实现其目的。例如，远程监控系统的目的是为连接远程站点提供视频和通信服务，这些目的可能包括远程通信站点的可达性和连通性、高清的音频和视频、服务运行的可靠性和安全性，以及设施安装和升级的便利性。系统可以有特定的目标，以执行专门的任务，如一架货机用于实现交货目标。系统的目标可能包括完成一系列任务，如向不同目的地提供不同的货物。定义通用或特定目标以满足系统的意图和目的，这是规定系统要求的重要前提。

具有多种功能和复杂运行场景的系统（如发电设施或石化工厂）通常需要外部交互系统来实现其目标。系统也可能随着时间的推移而演进，因为它的能力可以得到增强，从而在运行中能够维持服务需求，在市场竞争中获得优势。例如，提高通信网络的性能，终止过时的公用设施，以及引入新产品。

系统目标通过需求定义来建立相关的系统要求，用于描述用户对系统功能或服务的需求。信息获取过程包括以下活动。

- 为特定的应用和运行环境确定市场需求和用户期望。
- 识别关键系统功能和性能特性。
- 确定与系统运行相关的约束和影响因素。
- 评估可行的设计方法和可能的系统解决方案。
- 为设计规范开发系统要求。

图 3-4 为需求定义的信息流概述。

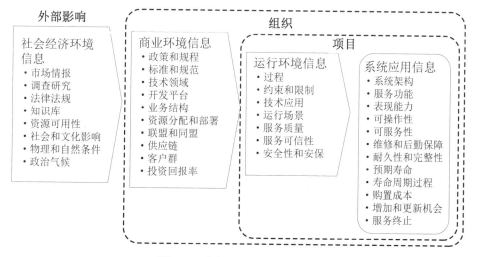

图 3-4 需求定义的信息流概述

参与技术系统开发和应用的组织，通常对来自外部的有关技术趋势、创新过程和行业最佳实践的信息非常敏感，这些信息受到行业的高度追捧。在大多数处理技术的组织中，关键信息对决策过程有着广泛的影响，这些组织对各自的关键信息进行深思细查、融会贯通，并将这些信息应用在战略规划、新业务开发、产品线组合管理的微调与资本投资便利等方面。有时，关键信息可以从利益相关方获得；或者从商业合作，行业和政府资助的项目中得到；或者从学术研究，基于客户提出的请求所做的竞争力洞察中得到。组织根据业务环境和客户群的知识建立其方针政策和管理结构，以实现战略和投资回报目标。统筹相关议程和技术方向，并将它们渗透到项目任务和资源分配中，以支持系统开发和改进。在系统开发和改进方面，需求定义促进了相关的信息捕获，从而基于定义良好的系统目标启动一个有意义的系统框架设计。

3.1.4　识别系统的性能与功能

系统目标集代表了系统在运行期间的性能期望结果。系统功能描述了主要的系统能力、应用条件和约束条件。术语"功能"可解释为系统能够执行的特定过程、活动或任务。系统通常由一组选定的功能组成，用于完成必要的任务，这些任务作为系统性能的表现。系统性能反映了所选功能的协作，提供预期的服务以满足客户或用户的需求，或交付和完成定义的任务以满足系统要求。功能要求描述了系统的功能或系统可以做什么。性能要求描述了执行功能的特性，即系统在给定条件下执行其功能的程度。

识别系统功能的过程旨在开发特定的系统性能，以满足项目目标。识别系统功能的过程建立了系统及其组成功能的层次结构和关系，该过程提供合理的架构设计，表示可行的系统配置。在开始进行需求分析之前，利用需求定义派生的信息识别相关的系统功能是从客户或用户需求到系统要求转换过程的一部分。

例如，远程监控系统由三个子系统组成，以满足性能目标，各子系统功能相互关联，旨在提供远程视频和通信服务：通信链路；音频/视频；硬件组件的配置。这三个子系统相互作用，实现远程监控的功能要求，提供服务的可信性，以满足远程监控目标的性能要求。在本例中，系统目标、系统功能、功能要求和性能要求之间的关系如表 3-1 所示。

表 3-1　系统目标、系统功能、功能要求和性能要求之间的关系

系统和子系统	系统目标	系统功能	功能要求	性能要求
远程监控系统	为远程监控提供视频和通信服务	具备端到端的视听通信能力	通信会话的视频监视和控制	服务的可信性
子系统 1：通信链路	实现通信连接	建立和维持远程站点的通信链路	远程站点的宽带网络连接	可访问性、连通性和可用性
子系统 2：音频/视频	提供高清图片和优质声音	控制音频/视频传输、发送和接收	实时音频/视频显示和接收，控制通信会话	可靠性、质量和安全性
子系统 3：硬件组件的配置	易于操作和升级	容易安装和拆解	可插拔组件，用于安装和替换	维修性和可操作性

实体/虚拟系统的功能的要求是指交付的运行表现和完成指定任务，它们通过系统架构设计反映系统功能在运行中的协同能力。功能要求是指能够被验证测量的条件及约束条件的限定，用于描述系统目标的实现情况。

系统功能是由技术的应用和适当软硬件要素的结合来体现的。系统功能所选择和设计的交互要素是为了实现适用于交付系统的特性，并在实现这些特性后用于执行任务。

性能要求定义了系统功能及其指定任务的执行程度和效果。性能要求反映了非功能要求，这些要求为相关功能规定了相关性能特性的组合，如可信性。系统性能特性可以定性地表示，也可以定量地量度，以符合规定的功能要求和性能要求。

图 3-5 为适用于技术系统的典型性能特性。

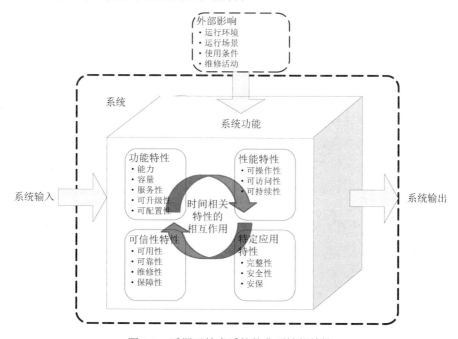

图 3-5　适用于技术系统的典型性能特性

系统通常暴露在外部环境和各种使用条件下。系统功能需要根据计划的活动或在运行场景中遵循既定的事件序列来执行任务。为维持系统性能，应按要求执行维修活动。

可信性是与时间相关的特性，二者通过设计的系统功能在系统内部协同工作来实现预期的性能。因此，可信性特性反映了功能随时间的变化，以及系统在运行过程中表现出的特定功能特性或特定任务的完成情况。可信性特性通过设计和构造将特定的性能值表示为系统固有的属性。

典型的技术系统应用中的性能与功能解释如下。

- 能力：系统提供的性能与功能满足服务要求的程度。
- 可操作性：系统功能易于控制和操作的程度。
- 服务性：系统允许用户访问服务功能的程度，以及在获得服务功能后能在要求的时间内保持服务的程度。
- 可达性：系统提供获取和使用服务的程度。

- 保障性：系统可以支持并成功保持连续运行的程度。
- 可持续性：系统或系统功能的持续时间及在给定条件下维持服务性能水平的程度。
- 耐久性：系统或系统功能在达到退化极限之前的一段时间内，维持服务运行的程度。
- 完整性：系统用于稳定和稳健运行的程度，以及服务性能和使用性能的一致性。
- 安全性：系统防止自身运行对人和环境造成伤害的程度。
- 安保：系统规避风险和控制风险的程度。

需要注意的是，性能特性用于描述系统及其功能的特定应用。根据系统的特定功能，可以对完整性等性能特性进行不同的解释。例如，管道系统的完整性是指用于输送气体或液体的物理管道结构的可靠性和安全性，而信息系统的完整性是指数据吞吐量和存储的安保特性。只有定义了表征系统性能的系统目标和系统功能，才能确定特性的层次结构和关系。

3.2 将可信性纳入系统

3.2.1 需求定义

需求定义的目的是为系统要求的开发制定一个可行的框架。信息和相关数据用于衡量商业机会的市场环境、技术推动的能力和项目启动的规划策略，以及确定合作伙伴所需资源可用性，这些是确定潜在风险和合理化项目管理决策所需的高层级战略规划和关键信息。每个项目都有自己的特定任务。重点是收集有关客户或用户期望及与服务可信性相关问题的信息。以下是一个技术系统中与需求定义相关的识别风险影响和业务影响的通用过程，可供项目设计参考。

（1）根据企业愿景和业务目标识别系统目标和预期应用。

（2）从利益相关方和特殊利益方获得有关系统特性和新服务所需可信性的信息。

（3）识别系统实施的潜在客户群、分销渠道和服务目标。

（4）识别潜在的市场份额和销售量，以及竞争优势和业务增长的预测。

（5）识别提供客户服务的系统运行的范围和边界。

（6）识别系统开发、实现和实施过程中的目标预算、项目应用条件、技术约束和过程限制。

（7）识别项目活动可能对环境产生的影响。

（8）识别用于系统需求和法规遵从性的适用标准。

（9）识别项目启动所需的关于新资产或专用资产的投资。

（10）识别项目开始时的资源需求和可用性。

（11）识别关于外包和第三方合同的支持需求。

（12）识别技术升级和开发合作的培训要求。

（13）说明项目启动时间的利益和优势。

（14）制订项目计划和风险管理计划。

（15）提供工作报告并确定项目可交付成果和目标完成时间表。

（16）建立项目审查时间表以监控进展情况。

（17）制订应急的备用计划并提供方法介绍。

（18）整合信息反馈和报告系统。

3.2.2　需求分析

需求分析旨在对客户或用户需求转换为系统功能的技术要求进行检查和验证。分析过程提供了开发系统需求和设计规范所需的基本技术信息。以可信性工程应用为重点进行的需求分析需要确定以下内容。

- 系统功能的相关特性和性能要求。
- 从系统功能的可信性角度影响设计和实现的约束。
- 用于潜在风险识别的重要数据源的可追溯性。
- 用于开发系统要求和系统可信性规范的信息数据库。

需求分析的基础始于为感兴趣的系统建立可行的架构。分析过程既是迭代的又是递推的，以便在确定系统满足性能目标时能得出合理的解决方案。

进行需求分析的一种实用方法是构建一个矩阵，矩阵的行为系统属性（见图 3-1），矩阵的列为相应的影响条件（见图 3-2）。表 3-2 所示的需求分析矩阵模板可以作为指导，促进需求分析和信息获取。

每个矩阵单元都包含一组影响特定系统属性的相关影响因素。技术应用和项目资源条件通常是技术系统需求分析过程中的关键驱动因素。矩阵模板有助于识别和描述影响系统特性的特定影响因素。

第一个矩阵单元涉及 1.1 任务需求-功能。例如，在远程监控系统中，其任务需求为远程站点的端到端连接。互联网服务功能可以提供实用的通信连接。第一个矩阵单元还涉及 1.5 任务需求-可信性。例如，系统性能需要高可用性（如大于 99.99%），以实现远程监控系统服务的可信性。

需要注意的是，并不是所有的矩阵单元都与分析过程相关，这取决于具体的可信性项目需求和感兴趣系统的特点。通过对系统目标期望性能结果的重要度进行排序，确定适用单元格的相关性。需求分析应仅考虑矩阵单元中的相关单元格。

表 3-2　需求分析矩阵模板

系统属性 影响条件	功能	性能	可操作性	保障性	可信性	特定应用
任务需求	1.1 确定相关功能，以满足任务需求，同时确定这些功能施加的技术和经济约束	1.2 判断执行任务的功能是否足够，以及影响性能的应用程序的复杂性	1.3 确定影响功能正常和特定操作的需求和界面	1.4 识别维护功能运行的后勤保障服务	1.5 识别技术对可用性、可靠性、维修性和维修保障性能的影响	1.6 识别特定应用的安全性、安保、监管限制可遗留问题
人机界面	2.1 识别与功能相关的人机界面	2.2 识别人执行功能所需的技能	2.3 识别功能中人操作的难度等级	2.4 识别用于保障功能的人力资源	2.5 确定人为干预对可信性的影响	2.6 识别特定应用功能中人的因素
过程	3.1 识别操作这些功能的程序和方法	3.2 识别功能在运行过程中的精确性、一致性和可重复性	3.3 识别功能运行是否易于使用和接入	3.4 识别保持功能运行需要多少维修和后勤保障	3.5 识别在功能运行中的可用性和可靠性	3.6 识别任何特定功能的特殊运行过程
环境	4.1 识别设计和运行功能的显著环境影响	4.2 识别执行功能所处环境的限制和约束	4.3 识别功能在所处环境中访问和使用的限制	4.4 识别功能所处环境中保障或服务的限制	4.5 识别所处环境对功能可信性的影响	4.6 识别任何在极端或恶劣环境中操作时的特殊预防措施
保障服务	5.1 识别维持运行功能所需的保障服务	5.2 识别维持性能功能准确运行所需的保障服务的效果	5.3 识别强化系统可操作性保障服务的效果	5.4 识别系统优化、升级或处置的特殊保障服务	5.5 识别用于维持性功能的可信性保障服务的效果	5.6 识别特定应用所需的任何特别保障服务
公共事业	6.1 识别运行功能的基础设施	6.2 识别执行功能的公共事业是否足够	6.3 识别可操作性功能的公共事业效果	6.4 识别任何保障系统运行的能源	6.5 识别维持可信性公共事业的需要或效果	6.6 识别应用所需的特殊工具或智能系统
外部交互系统	7.1 识别交互系统功能的影响	7.2 识别交互系统功能执行的效果	7.3 识别交互性功能的可信度	7.4 识别交互系统保障性的边界和权限	7.5 识别交互系统可信性的效果	7.6 识别特定应用的交互系统

特定项目的需求分析为构建满足系统目标的配置基线提供了基本信息。系统架构确定了必需的系统功能，以及系统功能的层次结构和关系，可作为进一步评估系统功能的起点。需求分析所识别的功能表示系统的功能要求，尽管此时实现该系统功能的技术途径尚未确定。在系统功能的实现过程中，应进一步考虑硬件、软件要素及人为干预的有关选择。系统的性能要求只有在系统实现后才能得到验证。

3.2.3 建立运行场景

建立运行场景的目的如下。
- 识别系统在运行中所涉及的事件流或任务序列。
- 描述系统功能的具体任务要求，并确定系统运行的能力。
- 设定在正常运行或紧急情况下持续执行任务的准则。

系统运行场景描述了系统应用中关于运行和事件序列的任务要求。图3-6为项目运行剖面和系统运行场景的关系，其中运行场景（正常情况任务）展示了飞机从起飞、平飞到着陆的运行过程，运行剖面描述了系统为实现项目目标而执行的特定任务流。运行剖面表示系统的特定运行场景。

在飞机运行场景中，将起飞（任务1）、平飞（任务2）和着陆（任务3）视为正常运行中的任务。飞机也可能在非正常情况下运行，如由于空气湍流而改变飞行高度（任务4），由于恶劣天气条件而备降（任务5），由于机械故障而迫降（任务6）。在非正常情况下，需要进行特定的操作。

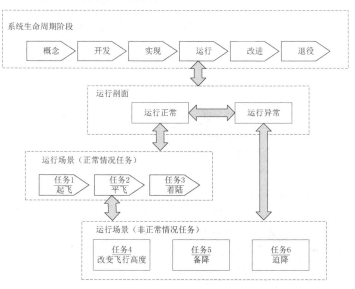

图3-6 项目运行剖面和系统运行场景的关系

指定任务所需的关键系统功能是由能够实现任务系统功能相关的技术知识和架构决定的。在飞机运行场景中，关键的系统功能包括发动机推进，利用起落架在跑道上滑行，仪表导航，在空中交通管制员的指示下驾驶飞机。

将关键系统功能与每项具体任务相关联，根据飞行计划完成任务，为飞机提供特定的活动和条件。在每项任务完成或开始时确定准则，以决定继续执行操作或中止操作。

3.2.4　确定可信性要求

可信性要求是系统要求的一部分。项目活动提倡尽早确定与运行中的系统目标相关的可信性要求。系统由一组执行预期任务的系统功能组成，必须包含与系统功能和适当时间相关的可信性特性。在确定系统可信性要求时，需要应用领域的专业知识和技术信息[2]。在设计和实现一个合理的系统功能时，需要考虑应用领域和可能影响系统功能实现结果的因素，包括系统运行过程中功能相关的可信性特性。

可信性的经典定义是，在需要时执行任务的能力。从系统的角度来看，可信性可以解释为系统在给定条件下按需执行的能力。可信性还意味着系统能够完成其目标或分配的任务。可信性是一个集合术语，表示系统性能，以及功能与时间相关的特性。

例如，飞机的可信性可以解释为其执行起飞、平飞和着陆操作的能力，飞行任务隐含安全性需求。对于飞机起飞操作，关键系统功能应包括发动机推进，利用起落架在跑道上滑行，仪表导航，在空中交通管制员的指示下驾驶飞机。这些关键系统功能中的每一个都可以由具有特定特性的子功能组成，如作为起落架制动组件的耐久性。在适用的情况下，飞机的安全性需求可以延伸至最低级别的子功能，设计或选择这些子功能是为了实现特定的特性。例如，制动组件的螺母和螺栓在工作时，具有承受振动和冲击的耐久性。

下面总结了飞机起飞阶段的可信性要求，为了传达可信性应用的概念，而不阐述飞机设计和运行的技术细节，这些描述进行了简化。

（1）发动机。发动机的可用性和可靠性，提供将飞机从静止推进到空中巡航速度的动力；维修性，方便发动机大修和维修服务。

（2）起落架。着陆设备和机轮的可靠性和健壮性，用于维持飞机在起跑跑道上的持续滑行；起落架组件（如制动器）的耐久性。

（3）导航仪器。仪器和显示器的可靠性，用于导航和执行飞行程序；飞行数据和通信信息的完整性。

（4）驾驶。飞行员在与空中交通管制员沟通指示和信息后，驾驶指定飞机的能力和经验的可靠性和可信任性。

　　具有多种功能和复杂运行场景的系统通常需要利用外部交互系统来实现其目标。飞行员在驾驶飞机起飞时是否能成功完成任务取决于空中交通管制员提供信息的完整性。塔台是空中交通管制员的操作站，在移动操作中，它可以看作飞机系统的外部交互系统。塔台具有不同的操作要求，如使用严格的安全操作规则和空中交通规则指挥多架飞机起飞和降落。起飞操作必须考虑各种环境因素和跑道条件，如能见度、飞机大小、跑道长度和障碍物等。

　　飞机起飞和着陆操作共享关键系统功能和子功能，起飞和着陆之间的差异体现在飞行员的操作程序。着陆操作可能面临特定的条件，如进场着陆、交通拥堵、燃料限制和飞行航路。出于着陆操作可能面临特定条件的原因，飞机性能场景明确了用于正常着陆、备降和迫降的单独任务操作，如图3-6所示。原飞行任务隐含的安全性需求将随着异常着陆作业任务的变更而发生相应的变化。必须将特定的可信性要求和性能属性结合到相应的系统功能中，以反映变化的情况，如紧急任务操作。

　　根据飞机起飞所需功能和子功能的系统层次结构和事件序列，通过与特定子功能相关的一组可信性要求给出起飞操作的可信性特性。

　　图3-7为飞机运行的可信性特性。应当注意的是，飞机操作中的许多功能和子功能在指定任务之间共享，如飞机起飞、平飞和着陆所需的发动机推动子功能。其他未包括在图 3-7 中的飞机功能如机身/飞机稳定性控制和机载通信，这就需要额外的可信性要求作为开发一整套飞机系统可信性规范的基础。

　　每个系统功能都有其独特的可信性要求，包括特定的特性。系统功能协同工作有助于成功完成指定的任务，实现系统目标。每个系统功能或子功能都有其特定的特性，可指定各自的可信性量值或可信度。可信度不一定是定量的，因为测量值是通过多种特性的组合来实现的。主要的可信性属性（如可靠性）可以用成功的概率来量化和量度。其他特定应用程序的可信性属性（如数据完整性）可以用信息吞吐量的可信任性来定性地表示。没有一个单一、统一、可测量的单位能够基于已建立的可信性概念覆盖所有可信性特性的测量，在这方面，可信性量值只能用一组可信度来表达，不同的可信度按照贡献度分配了权值。可信性概念不同于安全性概念，安全性概念是基于安全性评估可容忍的风险水平的。

　　可信性评估是基于观察者和使用者的经验，根据从不同角度感知到的主观价值进行的，在这种情况下，可信性的解释是基于可信性的定义、相关特性[3]和实践经验的。

　　应该注意的是，系统可信性取决于其应用。由于系统可信性影响因素也随系统应用的不同而不同，因此，要强调可信性的不同特性。有些应用可能包括完整性、安全性和安保等特性，而其他应用可能只包括单一的可信性特性，如可靠性。虽然有些应用仅将可用性作为可信性的单一量度，但其他应用不会使用可用性，这样来看，采用标准化的通用方式显然不可行。可信性在技术系统项目中的应用，应参照 IEC 推荐的可信性管理标准和技术过程[4]，这样有利于促进国际贸易和全球标准的协调。可信性的价值是通过其贡献的特性来衡量的，可以反映系统应用中特定标准的一致性。IEC 专家认为可信性水平的标准化将简化关于标准规范中的可信性要求，但到目前为止，在已发表的文献中尚未有这一主题的研究，也没有提出供技术讨论的建议。评审过程是必要的，可用于对当前可信性概念和验收方法现有准则的变更进行判断。合同规范和业务协议中可信性水平的影响有待进一步确定和评价。

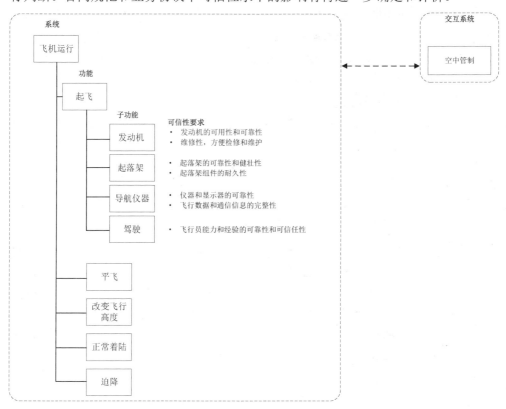

图 3-7　飞机运行的可信性特性

 3.3　制定可信性规范的框架

3.3.1　可信性规范的基本依据

规范是一组明确的要求，用于为所关注的系统在开发或确认等过程中提供详细描述。可信性规范用于描述相应系统的功能要求、性能要求、约束条件和设计特性，同时可能包括每个规定要求的鉴定条件和程序。

可信性规范根据可信性特性来表征系统的功能或子功能，并提供用于验证或测量的相关单位或范围。以服务水平协议[5]为例，可信性规范规定的范围（如可用度和不可用时间）定义了在提供公用事业服务时，服务质量[5]合同应遵守的可接受标准。可信性特性通常会采取量化的单位或范围，以对可验证的系统性能参数进行表述，具体如下。

- 可用度：系统运行过程中的正常运行时间百分比，99.99%。
- 失效率：每 1 000 000 000 小时失效 1 次或 $1/10^9$。
- 期望寿命：25 年。
- 不可用时间频率：1 次/年。
- 失能时间<1 分钟。
- 恢复时间<30 分钟。

可信性规范通常会被引述到产品声明信息中，在制定合同时使用，并在复杂系统项目的验收协议中规定。对于关键性能参数的可信性要求，应合理考虑相关的条件并进行充分评价，把风险降至最低。需要审慎的工程判断，以确保在技术规范中声明的相关保证/验收条件切实可行。需要进行合理性分析的典型示例如下。

- 终身保修。
- 可靠度表示为 99.99999%。
- 保证系统在 40 年内不可用时间仅为 4 分钟。

可见，在涉及技术系统的项目中，可信性要求的成功因素之一是对合同协议所约定的重要可信性特性进行审慎的确认和保证，这可能包括合同规范中规定的系统可靠性要求。

以某个技术系统开发项目为例，开发合同规定了在系统最终验收前保修期内的第一年现场运行期间的系统可靠性确认，在这种情况下，利用固有失效率来估算可靠性，并在无意中将其作为验收的准则。这种看似微不足道的疏忽，在证明可靠性目标的实现过程中产生了严重的问题：在整年的试验中没有发现任何可信的结果，这种可靠性确认方式导致在验收过程中产生了巨额的成本。事实上，这种可靠性确认方式造成了对系统可靠性的负面认知，使得原本应该事先得到妥善解决的问题反而需要花费数月时间来解决。商务协议的通常做法是扣留合同全部款项的一定比例，直到最后验收。这个案例的关键问题是对不切实际的要求做出了承诺，将固有失效率作为可靠性验证的基础，事实上这很难使所有利益相关方都接受合同。应该注意到的是，根据手册中的元器件失效率计算的固有可靠度，通常意味着理想的设计目标，这种通过预计而不是基于外场运行真实经验所获得的结果，往往呈现出过于乐观的预期。因此，预计的可靠性与外场实际的可靠性之间通常存在很大的差异，在实际使用时需要认真考虑。

3.3.2　可信性特性的评价

可信性特性的评价是必要的过程，用于决定相关条件对系统性能表现的影响程度。以需求分析矩阵模板（见表3-2）为指南进行需求分析，旨在为所有的系统建立一个通用的要求，通过为技术系统选择矩阵单元中恰当的单元格，表达技术系统可信性应用及相关的内涵。下面结合实践经验，介绍一些技术系统评价的相关影响因素及其意义，对矩阵单元的引用在括号中加以标识。

1．经济约束（矩阵单元：1.1 任务需求-功能）

经济约束通常取决于预算限制、支出限制或市场时机，以及新系统开发和老旧系统改进的权衡。经济约束会影响项目管理的决策，并通常会影响可信性的实现。成本设计、供应链管理及生命周期费用分析的早期规划有助于识别潜在的问题点，提供解决成本规避的见解，并确定潜在的益处和改进机会。项目风险分析通常用于确定情况的重要性，以便在项目管理中制定合适的行动方案。

2．监管约束（矩阵单元：1.6 任务需求-特定应用；1.2 任务需求-性能）

对于某些系统，如公共事业服务、管道系统等，必须考虑相关的监管约束，这是因为安全性和环境影响因素非常重要，并日益受到公众的广泛关注。适用的法规一般规定了解决或缓解问题的限制、约束和建议方法，因此，监管约束对可信性可能造成的影响包括限制技术应用的选择、影响系统性能的效率等。

3．系统应用类型（矩阵单元：1.2 任务需求-性能；3.5 过程-可信性）

系统应用类型决定了系统设计所采用的技术和架构，以及给定条件的系统运行。对于采用了技术协同，以自动化方式促进运行使用的场景，在可信性设计中应进行考虑并体现。例如，自动化生产线设计是为了尽量减少人对制造过程的干预，从而减少对装配人员的需求。自动化过程还可以将传感设备集成到生产线中，用于检测不合格产品，并进行验收测试，以加强质量控制和产品保证，这样的系统有利于提高可信性。应该指出的是，任何新产品或新技术的引入都需要一个学习过程，以便适应和固化。

4．运行危害性（矩阵单元：3.5 过程-可信性）

危害性是系统失效事件可能产生后果的严重程度。运行危害性意指系统运行的关键功能必须设计成能规避风险，并在发生失效时可减轻后果。必须考虑系统运行过程中所需的备份支持、冗余配置和及时的人为干预，并在运行过程中贯彻实施。对于重要的系统，其可信性设计和运行必须考虑采用适当的方法和工具进行故障预防、容错和故障预测，以促进失效的解决。能够有效地恢复是用于描述系统运行危害性的另一个可信性特性。

5. 交互系统的依赖性（矩阵单元：7.3 外部交互系统–可操作性）

交互系统之间的依赖关系对于大多数技术系统的应用都是至关重要的。对于完成系统任务所需的外部交互系统的类型和性质，应该在需求定义和需求分析过程中进行明确。为实现系统互操作性，可信性必须考虑合适的协议、互连的兼容性、访问的顺序与同步性、交互作用的保持和分离，通常需要对交互系统的连接进行授权和身份验证。

6. 系统架构与结构（矩阵单元：3.5 过程–可信性；2.5 人机界面–可信性）

系统架构将结构中错综复杂的系统功能、实体要素等进行综合考虑，以便该系统具体地实施。基于已建立的系统架构，将归属于系统功能的可信性特性（如可靠性）进行分配。系统的实体架构取决于硬件和软件要素的划分，以便在可信性评估和评价时进行综合考虑。同时，人因工程在系统接口的设计和实现中起着重要作用，可以根据用户体验来评估整体系统可信性。

7. 维修和后勤保障（矩阵单元：3.4 过程–保障性）

维修和后勤保障对于维持系统的成功运行至关重要。相应的系统功能需要进行维修性设计。维修等级应能反映出维修策略，例如，现场替换可更换单元，站点维修或返厂大修和翻新等。后勤保障需要具备在运行期间支撑系统的能力，用于管理替换产品及进行系统运行期间的备件供应等。第三方维修合同中要有依靠和保证供应链管理的内容。维修和后勤保障的效率和效果是可信性评价的重要指标。

8. 应用环境（矩阵单元：4.6 环境–特定应用）

系统通常暴露在应用环境中，这些环境可能包括气候、机械和电磁辐射。系统设计必须包含关于环境条件的适当要求。系统运行的可信性受环境条件的影响[6]，这些条件可根据不同环境标准进行分类。例如，气候条件包括气候可控的洁净室，室内或户外使用，以及贮存等；机械条件可随系统类型（如固定的、便携的、移动的、运输的或易受地震影响的）而变化；电磁条件包括暴露在客户场所、室外场所、实验室，以及便携式和移动应用中，如手机在各种气候条件下使用，并因为便携和移动应用而受到机械振动和冲击的影响，在使用中也会受到电磁干扰的影响。另外，工业设备还有可能在极地、近海、岛礁或多尘等环境中使用。

9. 公共事业服务（矩阵单元：6.5 公共事业–可信性；5.6 保障服务–特定应用）

技术系统在投入使用期间，并非总能够自给自足，某些系统在运行期间就是使用所在地的公共事业服务的，这些服务包括电力、燃料、水和第三方维修保障服务。

在与公共事业提供者达成长期协议之前，必须全面评估当地公共事业服务的质量和可信性。须明确清晰界定系统的所有权和持续的长期运维责任。由于一些专门为偏远地区提供特定应用的系统没有相应的公共事业供应商，因此需要考虑提供一种能够自力更生的替代方式。例如，使用可再生能源发电，如太阳能、风能、带有备用电池或其他电源的水力发电机。应进行定期例行的现场维护检查，确保系统能正常运行。

10．老旧问题（矩阵单元：1.6 任务需求–特定应用）

新系统有时不得不与现存的老旧系统（可能是采用前几代技术的系统）一起工作或交替使用。系统的业务目标是保持用于服务的基础设施的连续性和完整性，不会对客户服务造成严重影响或中断。新旧系统的融合一旦生效，可信性的作用应该让客户或用户清晰地感受到。从旧系统到新系统的过渡，替换已经废弃的旧功能和服务，需要时间来适应新特性和新服务。采取维护老旧资产的方式，而不是开发新系统来完全取代旧系统，这主要是由于受到经济或其他资源限制，并且新项目的开发和实施也需要时间。在一段时间内，逐步引入新服务来取代旧服务的改进方式是进行长期改进的一个有效途径。

3.3.3 规定系统可信性的过程

以下过程可作为明确规定系统可信性的指南[7]。

步骤 1：识别系统。

应识别正在考虑的系统。系统识别应包括名称、预期的用途、使用或运行条件。

步骤 2：描述系统目标。

应说明系统在主要应用方面的目的，描述要实现的系统性能目标或分配的要完成的任务。

步骤 3：识别满足系统目标的功能。

应确定实现系统性能所需的关键功能。应从系统要求的角度说明每个功能的目的。在适当的情况下，应理清这些功能的关系。

步骤 4：描述功能。

应描述完成系统任务运行所需的每个已识别的功能，提供关于功能的范围和目标，用于评价功能实现的可行性。

步骤 5：识别影响条件。

应确定每项功能的影响因素，以评估其对系统的影响。需求分析矩阵模板（见表 3-2）可作为指南，用于评估与完成系统任务相关的可信性特性。

步骤 6：评价实现功能的技术方法。

应评价实现功能的技术方法。这是为了评估在既定技术应用限制内所实现功能的可行性和实用方法。应解决与维持系统运行功能相关的维修和后勤保障需求。

步骤7：描述功能中涉及的系统要素。

在系统功能的实现过程中，系统由硬件、软件和人员等要素构成。对系统功能的可行性设计和设计方案进行评估，确定实现要求功能的实用方法、合理的成本和效益手段。

步骤8：确定系统运行场景。

应从可信性角度确定系统运行场景。运行场景描述了系统功能的特定任务要求，并确定了系统运行所需的性能、能力及在规定条件下的任务顺序。

步骤9：描述系统架构。

系统架构设计应清晰描述与项目运行剖面场景相关的系统架构。应建立特定架构中各功能之间的关系，以便系统设计进行权衡和评估。如果交互系统涉及特定运行，则应进行识别，并为系统评估建立边界和接口。

步骤10：明确可信性要求。

应通过建立系统运行场景，并结合评估过程中所确定的特定功能要求，来明确建立关于系统功能的可信性要求。每个关键功能中与可信性相关的特性，都应该在项目运行剖面的特定事件序列中转换为定性的评价。在可能和适当的情况下，应定量表示并给出可信性具体数值。

步骤11：文档化系统可信性规范。

系统可信性规范和获取的相关数据应形成文档。应记录可信性信息，供将来参考。还应提供适用功能的设计规格说明，以满足整体系统要求。系统可信性规范文档还可以作为支撑数据，以便进行设计评审、系统验证和改进。

系统可信性规范文档应包含以下数据，可作为系统规范的一部分。

• 系统识别。
• 系统目标。
• 系统功能。
• 系统运行剖面。
• 系统架构。
• 可信性要求。
• 关于系统可信性的声明。

附录C给出了系统可信性规范示例。

参 考 文 献

[1] IEC 61069-1，Industrial-process measurement and control - Evaluation of system

properties for the purpose ofsystem assessment - Part 1： General considerations and methodology.

[2]   IEC 60300-3-4，Dependability management - Part 3-4：Application guide - Guide to the specification of dependability requirements.

[3]   IEC 60050-191，International electotechnical vocabulary - Part 191：Dependability.

[4]   IEC 60300-1，Dependability management - Part 1：Dependability management and application.

[5]   ITU-T Recommendation E.800，Definitions of terms related to quality of service.

[6]   IEC 60721（all parts），Classification of environmental conditions.

[7]   IEC 62347，Guidance on system dependability specifications.

第 4 章

系统设计和实现的可信性工程

 ## 4.1 系统设计和开发的可信性工程

4.1.1 概述

在详细设计工程时，应基于明确定义的系统规格说明进行系统设计和开发。大多数系统由设计功能的结构框架组成，该结构框架结合了现有能力的新设计特性、附加的 COTS 产品和构成制造或建造基础的材料。例如，泵站包括由原始设备制造商（OEM）制造的诸如泵、驱动器、阀门和仪器之类的设备，同时辅以诸如管道总成和控制系统软件之类的产品，这些产品都被组装并放入建筑物内以满足特定需求。

设计和开发活动分为以下两个层次进行。
- 产品开发和制造：以便在系统配置中选择和合并可用的 OEM 和 COTS 产品。
- 特定的应用设计和构建：以便建立系统架构和服务功能。

COTS 产品具有固有的可靠性和维修性，以及规定的使用和维护条件，最终设计必须考虑这些条件。通常，可信性最重要的特性是可用性，因为该特性通常与提供的服务直接相关。可以考虑设计选项，比如，选择停机时间最短的 COTS 产品进行维修，以满足最终的系统目标。

作为供应商，OEM 在很大程度上依赖于其产品的可靠性和维修性。OEM 的长期成功依赖于可信的产品性能。OEM 作为首选供应商，其声誉在很大程度上影响了客户对他们产品的选择。系统的整体可信性完全依赖于整个系统设计和其部件的具体选择。与 OEM 相比，运营公司承包的工程/采购/施工（EPC）的关键成功因素是成本和进度，可信性通常是次要的。对运营公司来说，将可信性纳入设计合同的要求是非常重要的。应在确定购置成本和所有权成本时进行适当的平衡，这将优化总生命周期费用，提高性能，并从长远角度为企业运营提供至关重要的好处。

4.1.2 架构设计

架构设计是定义系统要素及其相互关系以建立系统开发框架的过程。系统要素可以包括硬件、软件及二者的组合，以获得满足系统规格说明所需的系统功能。系统架构可以用多种形式表示，如系统分解结构、功能框图、逻辑流程图、物理模型和工程原型等，这些架构代表了适用于不同目的的不同应用。架构设计旨在使系统结构和功能合理化，为系统级分析和评价提供足够的数据和信息。架构设计是迭代和递归的，设计取舍必须具备灵活性，以实现系统目标，优化性能预期值。可信性作为价值创造的一种使能机制，最有利于确保结构完整的充分性和功能架构的能力，以满足系统目标。在架构设计和系统要求之间保持相互可追溯是非常重要的。

可信性对系统架构设计的重要作用可归结为以下几个方面。

（1）用于系统架构设计评价的可信性规划。这将允许建立可行的架构设计基线，其可信性集中于系统配置和系统功能的集成。功能接口需求已合并到架构设计解决方案中。

（2）确定技术选择和设计选项的充分性，以最大限度地减少故障和风险暴露。这将允许选择所需的系统功能，以设置用于系统可用性分配的可信性优先级。

（3）建立系统功能的失效准则。这将允许选择与硬件和软件要素相关的恰当技术，以用于系统功能的开发。

（4）确定系统可用性是否合适。检查架构设计配置和选项的边界，为评估提供定量值。可靠性框图（RDB）[1]和马尔可夫分析技术[2]通常应用于功能层面的系统可用性确定。支持可信性计算的相关数据是基于类似的应用经验和系统功能的失效率估计得到的。

（5）关键系统功能的识别和评估。系统可用性取决于组成系统功能的性能。需要缓解可能导致整个系统停运的关键功能失效。故障树分析（FTA）[3]是一种自顶向下识别系统功能关键性的方法。可靠性预计方法[4, 5, 6]用于功能的失效率估计。失效缓解的方法可以包括冗余设计、备份功能和激活功能降级过程，合理利用失效缓解方法以最大程度上降低运行期间的系统突然变化或停运导致的风险暴露。

（6）建立系统功能设计的维修性准则。有助于对系统失效和故障的诊断，以及为测试性制定维修保障策略。

架构设计将预期系统应用的设计概念转换为符合系统规格且可实现的解决方案。架构设计识别并探究与系统的技术、业务需求及风险相一致的实现策略。架构设计解决方案是根据系统配置的一组系统功能集的需求来定义的。架构设计产生的特定需求构成了功能设计和评价的基础。

4.1.3 功能的设计和评价

1. 建立功能设计准则

功能旨在执行某一系统任务或一系列相关任务。在确定功能设计准则时，因为可能对实际功能的实现和评价产生影响，所以应考虑技术和业务需求。可信性工程活动涉及分析和评价，它们是可信性评估的一般方法。功能设计准则应考虑以下方面。

- 功能需求和应用环境。
- 功能开发或获取的时间和预算。
- 自行设计的能力/适于外包。
- 功能所需的技术选择。
- 所设计功能的可重用性。
- 功能实现的方法。
- 功能接口、互操作性和对其他功能的依赖性。
- 功能应用中的人机界面。
- 功能的关键性。
- 功能的测试性。
- 功能的维修保障。

2. 可信性设计方法

可信性设计方法依赖于应用，并且通常是唯一的，以适应特定的项目实施场景。可信性设计可包括以下方法的组合。

- 分析方法：包括设计分析和评价，功能仿真，对已建立标准的符合性评估，设计与需求规格的一致性分析等活动。
- 实验方法：包括性能测试和设计功能的技术评价，工程原型建模和物理装配实体模型，OEM 产品集成和演示，产品验收前的质量保证测试和评估等活动。
- 咨询方法：包括专家评审，行业最佳实践应用，供应商的产品信息咨询，客户调查和用户反馈，供应链的参与和协作，基础设施的开发和改进咨询等活动。
- 协商方法：包括为系统运行所在环境建立可接受的风险范围，产品在特定区域的部署条件，回收副产品和废物处置，合同协议中的经济效益和社会效益，符合不断变化的规则等协商活动。

3. 可信性设计策略

可信性设计策略应关注系统可信性工程的以下两个主要方面。

（1）应用方面的重点是满足项目的特定用途，以符合合同要求。基本评估活动的重点是分析和评价适用于系统生命周期主要决策点的系统可信性，评估的方法和工具通常用于产品验证和系统或子系统确认。

（2）技术方面的重点是评价系统设计和功能开发所选择的技术，以实现可信性性能。基本评估活动的重点是评价可用于保障系统服务运营的技术杠杆作用，技术演进和过时问题应成为评估策略的一部分。

4．系统应用环境设计

系统及系统要素在运行期间暴露于应用环境。系统要素可能暴露于不同的环境条件。例如，某工业控制系统包含的中央处理计算机，设计运行于标准办公环境，不需要额外的预防措施。由计算机控制的操作设备安装在暴露于腐蚀性或多尘环境的工厂中，这是因为工厂中会产生流体和气体，需要采取额外的预防措施来保护设备。同时，在办公室和工厂环境中使用的手持式仪器应设计成能够承受最恶劣的环境条件，以满足实际应用。计算机和设备为固定应用而设计，而手持式仪器则为便携式应用而设计。

环境暴露包括电磁[7]、气候和力学[8]条件。系统应用环境包括各种应用场所。例如，气候可控的办公室，室内和室外场所，以及移动、存储和运输环境。图 4-1 为系统应用环境与暴露条件的映射。在图 4.1 中，确定了特定的环境特性，这些特性用于提供应用环境和相关暴露条件的分类，以便确定特定产品应用的设计范围。应考虑暴露条件与产品功能和物理设计相关的性能特性之间的联系。

电磁辐射和抗扰度暴露在以下应用环境中。

- E1 受控环境场所。
- E2 户外场所（有遮挡，无遮挡）。
- E3 客户场所（工业，客户端商务办公，住宅）。
- E4 便携式和移动应用。

系统应用环境								
暴露	特性（参数）	受控环境场所	工业	客户端商务办公	住宅	户外	移动	运输	贮存
电磁	传导抗扰度（静电放电，电气快速瞬变） 辐射抗扰度（辐射 E 场） 辐射发射（辐射 H 场，辐射 E 场） 传导发射（直流/交流电源）	E1	E3	E3	E3	E2	E4		

图 4-1　系统应用环境与暴露条件的映射

气候	气温（高/低、变化） 空气（气压、风速） 空气纯度（含硫、氯、氮、臭氧） 湿度（相对高/低） 水（降雨、水雾） 颗粒（灰尘、沙子、气雾剂） 生物（霉菌、真菌） 化学品（盐、酸、洗涤剂、溶剂） 辐射（阳光、热）	C1	C3	C2	C2	C4 C5	C4	C6
力学	振动（位移、加速度） 冲击（加速、持续时间） 碰撞（加速度、持续时间、重复频率） 跌落/倾斜（高度、角度） 自由落体（重量、高度）	M1 M2 M5	M1	M1 M2	M1 M2	M1	M3	M4

图 4-1 系统应用环境与暴露条件的映射（续）

温度和湿度等气候条件暴露在以下应用环境中。

- C1 受控气候。
- C2 室内温度受控。
- C3 室内温度不受控。
- C4 户外有防护。
- C5 户外无防护。
- C6 贮存。

振动和冲击等力学条件暴露在以下应用环境中。

- M1 固定。
- M2 便携。
- M3 移动。
- M4 运输。
- M5 地震监测。

图 4-1 中显示的信息仅限于地面应用的系统、产品和设备。还应考虑特定的使用环境和暴露条件，如海洋、水下、地下、开采、航空和空间，这些使用环境中可能存在不同的环境条件和暴露条件。

5．人机交互设计

可信性设计[9]提供了将人机交互合并到服务运行系统设计中的过程。在系统运行期间，人可作为系统的一部分，如操作员。引入人机交互的系统在运行过程中具有人的直观反应优势、适应环境的灵活性，以及执行人的功能和任务的能力。人在执行任务时的认知和身体能力也存在局限性。人参与系统运行的固有特性可用于权衡系统硬件和软件要素的设计，其目的是在运行中最大限度地提高系统整体能力。

在初始设计阶段，开展人因工程活动对最大化投资回报和优化整体系统性能具有深远的影响。人因工程介入系统设计和运行的关键影响领域，可在以下方面实现可信性价值。

- 通过对系统运行场景的分析，可在早期识别出适合并有利于人机交互的关键系统功能。
- 对时序和任务操作序列进行面向用户的任务设计，以简化和方便进行人机操作。
- 在对成本效益好的应用和培训需求做出功能分配决策时，了解人的能力和局限性。
- 识别关于决策、信息显示要求、访问、特定技能，以及其他物理、认知、组织或社会约束的人的需求。
- 将人的要求集成到系统设计过程中，以优化人机界面、互操作性的系统兼容性。
- 定位人在诊断和维修中的作用。
- 人在系统中的工程化过程，包括系统工程过程和人因工程过程，这两个过程在相关任务、决策和信息方面的共同点可用作识别人与系统之间交互区域的基础。

建立人因设计准则，以增强以下可信性价值。

（1）适用性。

- 使系统耐用、可靠，并适用于预期用途。
- 恰当地分配功能。
- 适应用户的物理特性。
- 用户参与测试。

（2）简化。

- 设计简化。
- 在可行的情况下，加入自我修正和自我修复的功能。
- 简化培训流程。
- 使功能显而易见。

（3）一致性。

- 使设计保持一致。
- 与现实对象和类似系统的用户体验保持一致。

（4）标准化。

• 在可行的情况下，将硬件和软件进行标准化。

• 为相同的功能提供相同的接口。

• 使控制、显示、标记、编码、标签和布局统一。

• 使外观鲜明。

• 将术语、外观和感觉进行标准化。

• 使功能类似的设备可互换。

（5）安全性和安保。

• 综合功能安全和信息安全的特点和特性。

• 提供失效-安全和入侵防护设计。

• 使系统具有防错和容错能力。

• 警告潜在不安全的行为。

• 提供紧急和恢复规程。

（6）以用户为中心的观点。

• 了解用户的角色、责任、决策和目标。

• 及时提供信息反馈。

• 使用熟悉的术语和图像。

• 在用户能力范围内进行设计。

• 最大化人的表现。

• 最小化培训需求。

• 促进技能转化。

• 适应个体差异。

（7）维修保障。

• 在需要时提供后勤保障。

• 设计通用的工具。

• 使系统易于维修和保养。

6. 设计功能的评价

对功能设计的评价包括以下可信性活动。

• 开展可靠性评估。通过可靠性预计、分析和功能评价来确定功能是否满足可靠性要求。在需要或保证的情况下，评价过程可能涉及额外的评估，比如，敏感性研究的仿真，以及耐久性和安全性要求的确认测试。

• 开展维修性评估。通过维修性分析来确定功能所需的易维修性。通过功能的测试性来识别和隔离故障。可以将内置测试或自愈程序作为启用机制（参见

第 8 章）。

- 开展功能级失效模式、影响和危害性分析（FMECA）[10]，确定影响系统性能的失效因果关系和危害性，识别导致功能设计失效的可能失效机理。目标是确定防止和缓解失效的实用方法，并建议恰当的恢复过程。
- 开展功能级设计权衡、容错和风险评价。识别需要权衡设计改进的区域，引入容错设计方案，并在系统性能降级时防止发生致命失效。在对关键功能进行风险评价时，为避免或减少可能的风险暴露，应确定恰当的风险应对。
- 建立维修保障和后勤计划[11]。为保障系统功能恢复确定恰当的维修保障策略和规程。
- 建立供应商评价过程，以使质量保证和可靠性满足要求。这是供应链管理过程的一部分，用于确保依据质量保证规程来评价外包的设计功能。
- 建立现货产品评价和验收过程[12]。这是供应链管理过程的一部分，用于确保依据质量保证规程来评价所购买的产品。

7．评估的价值和意义

评估工作应根据实际应用所获得的价值进行合理化。评估结果应在合理的时限内完成，以实现项目的预期价值和效益，这样也可以为支撑项目决策建立必要的信心。以下典型示例强调了它们对项目成果的主要影响。

（1）评估时机对于提供有意义的结果至关重要。当无法按时为重大决策提供评估结果时，评估的价值会大大降低。在系统设计期间开展可靠性预计，可为选择恰当的技术、架构设计、划分配置及选择 OEM 产品和系统组件提供有价值的见解，从而实现系统功能。当系统配置用于生产时，在系统设计完成后进行的可靠性预计对设计改进的影响有限。

（2）有效管理的项目规划需要在项目启动之前对相关的技术方法和成本效益进行合理化评估。质量管理体系（QMS）[13]中的持续改进过程通常用于规划评估活动。与特定项目需要相关的投资分析对于证明重大资本支出和新设施采购是否合理至关重要。

（3）基础设施的支撑应有利于项目实施。这可能涉及工艺流程的变化，新产品开发，以及工程实践调整的培训，既会影响时间又会影响效率。从现有开发工艺迁移到新工艺，基础设施的支撑有时可能会成为公司的主要工作。技术资源和管理文化都需要为达到最佳行业实践而进行调整。

（4）应急方案对于避免非预期的项目产出或计划外延误是必不可少的。这可能会影响资源分配和现有劳动力调配，需要将应急方案作为评估过程的一部分。例如，找到在供应中断时的替代供应商，部署专门人才开展关键设计，以满足严格的交付目标，并探索可行的资本投融资方式。

4.1.4 系统设计文档

文档记录是捕获和保留重要数据和相关信息的重要过程，用于服务各种应用目的。系统设计文档应符合项目要求，并遵循有关业务策略及分发和信息控制的规程。在适用的情况下，外部分发的相关文件应符合合同数据要求。应建立完整的系统规格说明和应用程序，并形成文件，以支撑项目实施。为了支持系统设计规格说明和技术应用的基本文件，系统设计文档应包含以下可信性信息和数据。

（1）可信性工程项目计划：提供关于项目任务和交付时间表的关键信息，以支撑系统设计。

（2）可信性保证计划：提供保证策略和有计划的可信性工程活动，以确保设计符合为满足系统需求而制定的规格和标准。

（3）配置管理系统[14]：提供关于系统结构基线，以及组成硬件和软件系统功能配置的持续更新，以便对已批准的设计变更记录进行文档管理和保存。

（4）系统可靠性分配：提供分配给系统功能的相关可靠性数据，反映系统可靠性估计的最新系统配置。

（5）系统可信性评估：提供分析和评价数据，记录 FTA、FMECA 的结果，以及其他影响系统设计和运行性能的相关风险评估信息。

（6）系统设计可信性规范：提供相关的可信性特性，以便进行定量评估和测量，验证系统设计的可信性要求是否得到满足。

（7）功能设计可信性规范：提供相关的可信性特性，以便进行定量评估和测量，验证功能设计的可信性要求是否得到满足。

（8）功能测试规范：提供用于系统性能验证的功能测试规程。

（9）系统测试规范：提供用于系统性能验证的集成测试规程。

（10）失效报告、分析和纠正措施系统：在功能测试、集成测试和验收测试期间，从事件报告中系统地捕获相关信息和故障数据，以保留系统可信性的历史记录（见第 6 章）。

这些可信性信息和数据构成了在系统设计和子系统开发中建立、引入可信性要求的基础。

4.1.5 系统设计和子系统开发

系统设计需要项目计划来启动特定子系统的开发。

开发工作需要对资本和资源投资做出重大承诺，商业决策需要确定以下内容。

• 关于项目开发条款和条件的合同协议。

- 资本和资源投资的商业计划及实施战略。
- 关于工作说明和目标交付时间表的项目计划。
- 为支持项目开发而进行的招聘和培训资源规划。
- 产品开发成果的可制造性和测试性。
- 具备生产和制造能力。
- 建立测试验证设施。
- 建立配置管理规程。
- 建立维修保障和后勤计划。
- 制定客户联络和供应商合作协议。
- 建立供应链管理规程。
- 建立外包和分包规程。
- 建立保证规程。

开发过程需要确保产品开发的产出。例如，硬件或软件可实现的系统功能能够在项目产品预算和时间约束内实现并通过测试验收。在技术系统的开发过程中，常常会有一些特殊的产品采用新技术设计，这些新技术在概念上具有一定的说服力，但在产品实现上缺乏实践。在这种情况下，通常需要专用设备和制造工艺来使产品正常工作，这就产生了额外的活动。这些额外活动为新产品在实现上缺乏实践问题提供了实用的解决方案，该方案可能比新产品设计所带来的效益更有价值。如果将新产品引入开发技术系统中，则项目管理需要接受所涉及的全部风险。如果在产品开发过程中产生了未知产物或过量废物，则可能存在类似情况。项目评审应解决新技术和环境影响问题，在问题产生之前解决问题可以避免误解。

4.2 可信性工程设计问题

4.2.1 安全性设计

几乎所有系统的工程和设计都与安全性有关。确保安全性的方法都高度依赖于应用，可以遵循以下四个主要原则进行安全性设计[15]。

- 通过排除潜在危险而不是控制它们来设计固有安全性。
- 通过对安全因子的裕度设计或增强设计进行安全储备。
- 应用"安全的失效"概念，系统失效但不造成伤害。
- 防护程序，如通用的安全性标准，员工行为的培训和管理。

这四个安全性原则只有与风险和安全性评估相结合，并使用概率风险分析（PRA）、概率安全分析（PSA）和其他可信性分析（如故障树分析和马尔可夫技术）

等方法才有效。可信性对安全性的帮助在于识别潜在的失效模式及失效模式对应的失效率降低。维修性对维修人员的安全性也是有益的。

用于电子系统的 IEC 61508 标准[16]和用于工业过程的 IEC 61511 标准[17]描述了安全仪表系统（SIS）的功能安全和安全完整性的关键概念。这些标准和其他相关标准定义了每个安全完整性等级（SIL）的按需失效概率（PFD）和风险降低因子（RF），分为四个等级。可信性工程和安全性生命周期的结合将在后面章节进一步阐述[18]。

安全隔离的概念正在得到广泛接受[19]。安全隔离的作用是防止、控制或缓解事件向不良事件或事故的蔓延。这些安全隔离可以是物理的，或者被动的（如防火墙），或者执行动作的主动机制（如控制系统）。通常在隔离图中描述安全隔离。化学工业中使用的类似安全隔离的方法是保护层分析（LOPA）[20]。

目前，已很好地建立了安全概率评估方法，但对人的可靠性评估（HR）方法知之甚少。安全隔离领域仍受到相当多的关注[21]，特别是在核工业等应用中[22]。

冗余的组件和子系统是用于一些工业应用的可靠复杂工程系统（如发电设施）的一部分，这种工程系统可以在不同时间处于一个或多个中间运行状态。例如，这些系统可以在失效组件的维修期间和维修间隔继续运行。这种工程系统不能有效利用传统的可靠性建模技术，因为这些技术不能考虑系统在不同中间状态的变化。

使用传统可靠性建模技术，可能会导致对需要高可靠性的复杂系统的性能估计出现明显差异。例如，一个需要连续运行的系统在大型工业应用中可能会非常复杂，这就选择一个假定的供暖、通风和空调（HVAC）系统，用于概念化和建模[23]。HVAC系统将用于过滤可能被有害微粒污染的空气，并可能需要维持负压差以将危险排放物控制在设施内（如核设施内），估计的失效率及其不确定相关性将成为设计的重要方面。应用传统 FTA 的问题在于它不能很好地分析具有修复可能性的系统的可靠性和可用性，因为具有修复可能性的系统由可以呈现多种状态（如正常、失效和备用）的若干组件组成。马尔可夫技术可用于估计可能具有不同运行模式系统的失效率，以及评价系统的脆弱性级别和特定维修方法的效果。马尔可夫技术被应用于超高压HVAC 系统中，如图 4-2 所示。

在超高压 HVAC 系统中，对于任一区段，一个机组（功能回路）在运行时，另一个机组在同一时刻处于备用状态。当运行机组失效时，如果备用机组可用，则控制器会自动将备用机组联机；否则，系统失效。系统失效被定义为任一区段的两个机组都不可运行。当一个机组由于维修或组件的失效而无法运行时，若另一个运行机组中的组件失效，则会导致后续的系统失效。此外，若超高压 HVAC 系统仅使用单个控制器，则不管控制器失效之前的系统状态如何，控制器的失效都会导致系统失效。

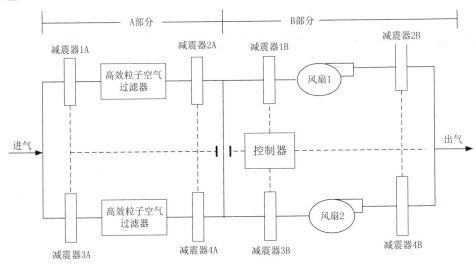

图 4-2　超高压 HVAC 系统示意图

为了开发马尔可夫模型，我们定义了一组离散的系统状态，并确定了从一个状态到另一个状态的一组状态转移率。转移率源于组件失效率和组件修理/维修恢复率。图 4-3 为超高压 HVAC 系统在马尔可夫模型中所识别的系统状态[23]，其中包括一个正常运行状态（标识为 N），三个中间运行状态（标识为 I1、I2 和 I3），此时一个或多个机组为不可运行状态，五个系统失效状态（标识为 F1、F2、F3、F4 和 F5）。

基于修理失效组件或通过维修活动恢复机组运行的平均时间是从 4 小时到 48 小时任意变化的假设数据源，以此来估计所有方法共同的组件失效率和修理/恢复率。使用故障树和基于解析和仿真的马尔可夫分析来估计平均修理/恢复时间内的失效率。

图 4-4 为故障树模型和马尔可夫模型的失效率比较和不确定性分析[23]。对解析的马尔可夫技术进行不确定性分析。不确定性用估计的失效率的平均值、15th 百分位数和 85th 百分位数来表示。

超高压 HVAC 系统的失效率与基于解析和仿真的马尔可夫模型和随机仿真的平均修理/恢复时间所有值进行了很好的比较，比较结果是符合预期的。然而由于平均修理/恢复时间的增加，FTA 在更长的时间上变得保守，因此根据故障树模型估算的失效率与基于解析和仿真的马尔可夫模型得到的失效率存在分歧。

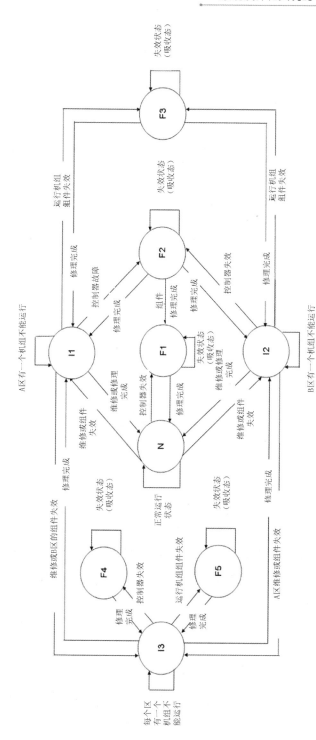

图 4-3 超高压 HVAC 系统在马尔可夫可信性模型中所识别的系统状态

产生这种分歧的主要原因是，基于解析和仿真的马尔可夫模型考虑了系统从正常运行状态转移到系统仍在运行的中间状态时情况，而故障树模型仅考虑了系统从正常运行状态直接到一个或多个失效状态的情况。根据故障树模型估算得到的失效率与平均修理/恢复时间基本上为线性关系，而基于解析和仿真的马尔可夫模型得到的失效率随着平均修理/恢复时间的增加而缓慢增加。这些结果表明，当对经受了持续数小时维修或修理活动的系统进行失效率估计时，这些中间运行状态起着重要的作用。在这个意义上，马尔可夫模型可以对复杂系统的失效率进行更真实的估计，而故障树模型可能会对这些系统进行更保守的估计。此外，考虑到已公布的组件失效率可能表现出可变性，马尔可夫模型中包含的不确定性分析还允许量化估计结果的置信度，类似 FTA。但是，由于系统状态被明确地建模为随机过程，因此不确定性分析能直接得益于处理冗余的马尔可夫建模能力。

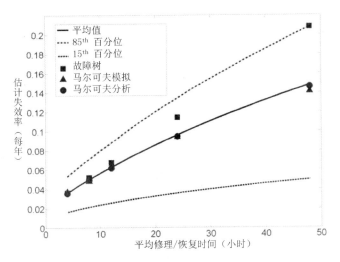

图 4-4　故障树模型和马尔可夫模型的失效率比较和不确定性分析

以上内容表明，故障树模型可能无法充分捕获处于多种中间运行状态的复杂工程系统的性能，而马尔可夫模型可用于这些系统。对不确定性的考虑有利于量化失效率的估计结果，以评价对复杂系统已建立的维修和修理方针的置信度。这对于需要高可靠性来满足客户和/或法规确定的特定需求的情况格外有用。

4.2.2　以可信性为中心的设计

燃气轮机等主要设备的制造商非常重视自身产品的可信性。例如，当前大型燃气轮机（西门子 SGT5-8000H）的设计和确认是联合循环动力装置的主要驱动设备[24]。

西门子燃气轮机功率为 340MW，总输出功率超过 530MW，运行效率为 60%，可靠性和可用性对它来说具有更重要的意义。尽管需要新技术来实现可靠、低成本和环保发电，但六西格玛方法仍被用于达到健壮设计的目标。

以可信性为中心的设计以广泛的实际经验为基础进行了广泛的研发工作，通过一系列失效模式与影响分析（FMEA），缓解了在概念、初始和最终设计阶段的风险，对备选设计进行了可靠性评价和对照。

通过在不提起转子的情况下移除转子叶片来提高服务性，这也是提高可用性的重要方法。西门子燃气轮机利用先进的三维设计工具和抗异物损坏（FOD）的叶片设计，实现了叶片的健壮设计。

测试和确认工作非常紧张，需要在所有运行和负载条件下进行全面测试，并使用大量仪器来验证力学完整性和整体性能。

Engelbert 等人给出了在设计中如何考虑可信性的例子[25]。对于燃气轮机这种发电设备的开发，目标在项目初期就已经明确。由于燃气轮机组件的开发可能是一项需要耗时多年的任务，因此目标包含未来客户期望的要素是至关重要的，这最终促使设计团队挑战技术的边界：在当今的市场环境中令人满意的燃气轮机参数可能在未来不断变化的环境中不再令人满意。这不仅适用于发动机的热性能，也适用于其可靠性和可用性。因此，西门子燃气轮机和组件的开发宗旨为：以可靠性为中心的设计。相关报告描述了可靠性工程预计方法在新型燃气轮机组件开发中的应用，以及它如何影响设计团队的决策[25]。基于预计的故障树模型的可靠性分析和预测，可用于支持马尔可夫模型处理备用设备的连续失效或失效概率，实际数据验证了该方法的有效性。虽然从运行引擎中获取的观测数据被用于直接改进现有的涡轮设计，但是基于模型的方法通过考虑设计或系统备选方案在支撑新设计方面有其优点。此外，基于模型的方法还提供了燃气轮机关于组件可靠性的灵敏度。故障树模型不仅包括核心引擎，还包括在封装内的辅助系统。

燃气轮机及其成套设备的总可靠性结构是串联系统和并联系统的复杂组合，而故障树和马尔可夫模型是描述这种结构的最好工具。在使用故障树时，建议使用纯数值来表示可靠性，如平均失效间隔时间（MTBF）和平均不可用时间（MDT）。这些数值是可量度的，修理后设备的 MTBF 或 MDT 的单位可以是小时。

故障树可用于对组件的独立失效和修理进行建模。有时设备虽然是冗余的，但若不关闭系统则无法对设备进行修理，备用设备失效也可能无法被检测到，直到需要时才会被修复。在这种情况下，故障树模型不再适用，可以使用马尔可夫模型对连续失效进行建模和评价，马尔可夫模型考虑了相关的失效场景和修理策略。应用马尔可夫模型的一个难题是，即使很小的子系统也会出现状态的指数爆炸。对于由更多设备组成的系统，利用手动方法创建马尔可夫模型，其状态数量将变得过于庞大，此时可构建一个包含失效事件和修理时间的系统行为模型。图4-5为三种润滑油泵及其相关阀门的TOM3PIN模型[25]。

TOMSPIN是由西门子开发的用于性能和可信性分析的广义随机Petri网[27]工具，可以对计算系统的行为进行初始建模[26]。对每个失效事件或修理事件及其对组件状态的影响进行建模，这种建模的主要优点是，可以为另一部件（如泵）的修理事件制定诸如工作组件（如隔离阀）之类的前提条件。三种润滑油泵及其相关阀门的TOMSPIN模型根据失效率和修理率，计算模型中所有状态的概率，特别是系统状态中的关闭和崩溃。通过对关闭之间和崩溃之间平均时间的比较，表明使用马尔可夫模型是保守的。在马尔可夫模型中，止回阀和隔离阀的失效被建模为泵无法识别的失效，这种失效忽略了在阀门卡住时泵仍然可以继续工作的时间，这导致马尔可夫模型的MTBF由19.3年缩短为18.7年。

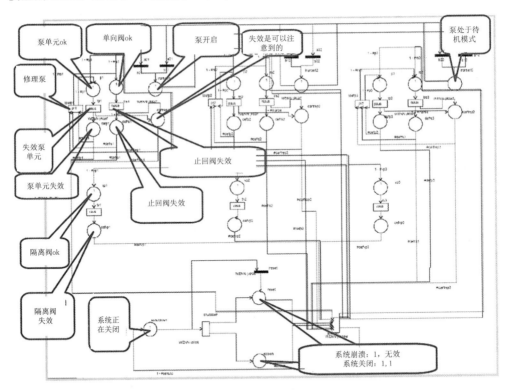

图4-5　三种润滑油泵及其相关阀门的TOMSPIN模型

可靠性计算模型在系统或组件仍处于设计阶段时，描述了对未来系统的预测。为了使计算结果可信，将现有引擎的模型场景与实际数据进行比较是很有价值的。如果子系统的计算可靠性与组件失效建模的现场数据之间存在良好的相关性，则可以高度肯定地得出结论，即考虑了新设计增量变化的模型将为系统未来的可靠性提供可信赖的估计。将考虑了新设计增量变化的模型推广并应用到新设计中，可为MTBF 和 MDT 提供相当好的预计，这些预计值显示了相比于基线模型，新设计的MTBF 和 MDT 预计是否有所改进。理论也回答了设计团队是否有机会达到其可靠性目标的问题。

可靠性计算模型不仅提供了燃气轮机的 MTBF 和 MDT，还提供了系统可靠性相对于组件可靠性的敏感性。可靠性计算模型表明了哪些组件的可靠性应该提高，因为它的改进将对系统层面产生较大的影响。

以可信性为中心的设计过程在重要成套设备再设计实践中的应用表明，在迭代最终提出的设计更改后，包括核心引擎在内的整个装置的理论 MTBF 有超过 10%的提升。以可信性为中心的设计的真正好处在于可将它应用于重大的设计变更、再设计或新开发。

系统复杂性的增加和交互系统复杂网络的出现，增加了开展准确可信性分析的难度。许多应用构成的所谓多状态系统，必须用马尔可夫分析、Petri 网和蒙特卡罗仿真等技术进行建模。例如，发电厂必须处理不同的日常和季节性负荷；输气管道的输送需求同样随时间而变化；此外，可使用统计方法对卫星及其子系统进行失效分析[28]。

4.2.3　结构设计

基于可靠性的设计和评估（RBDA）方法已经在不同的应用中得到发展，可用于优化包括船舶、管道和桥梁在内的结构设计。陆上管道通常采用确定性的基于应力的方法进行设计[29]。然而，不断变化的运行环境给管道行业带来了许多挑战，包括提高公众对风险的认识、更具挑战性的自然灾害和更高的经济竞争力。为了满足社会对管道安全的期望并提高管道行业的竞争力，我们在推动 RBDA 方法的发展方面付出了巨大的努力。

自管道长距离输送碳氢化合物以来，设计就采用了基于应力的方法。在这样的方法中，为了进行特定的设计检查，应力被限制在通常情况下能够承受的参考应力的几分之一，其在理论上代表材料的强度。最大容许应力与参考应力之间的差异被认为代表着预防结构失效的安全范围边界。对于预期会因过载而失效的结构要素，基于应力的方法直观且易于应用。然而，基于应力的方法仍存在一些基本缺陷，这些缺陷在寻求进一步发展方面似乎受到了限制，最重要的是，设计过程仅与历史上已观察到的失效机理有轻微关系，并且必须在未来的长距离管道中加以解决。仅仅使用基于应力的方法无法有效解决某些失效问题。尽管管道的完整性在很大程度上依赖于设计和运行维修过程，但它们之间的集成很少。

基于应力方法存在的缺陷可能会严重限制未来长距离管道系统的开发，可以通过采用基于可靠性的极限状态方法来解决这些缺陷，该方法既可以应用于新管道的设计，也可以应用于对现有管道的评价，这种方法被称为 RBDA。RBDA 可以看作极限状态设计的子集，这个子集中所有适用于特定管道的失效模式和失效机理都得到了解决，设计决策的基础是确保适当程度的稳健原则；所需的稳健原则取决于失效后果的严重性。RBDA 方法采用的是可靠性理论，该理论考虑了所有影响特定极限状态（失效模式）和失效机理参数的统计可变性，以此来确定失效概率（这种意义上的"可靠性"仅为 1 减去失效概率）。相关评估包括将所有失效机制的计算可靠性与目标（最小）值之间进行比较，该目标（最小）值经过校准，用于说明超过该极限状态的后果的严重程度。

　　人们开展了初步工作，为 RBDA 提供了稳健的一般准则，以及一些有价值的分析工具。在一个由 PRCI[30, 31, 32]资助的项目中，RBDA 方法得到了进一步开发和完善。人们开展初步工作的结果是，提供了更加详细和全面的指导方针，并显著改善了所提出的目标可靠性水平。人们开展初步工作的目的是，促进管道从业者应用RBDA 方法。同时，人们还对 RBDA 方法的经济影响进行了详细的分析，分析表明，RBDA 方法在优化生命周期费用方面可以找到设计和维修措施之间最佳权衡的潜力。

　　指导文件[31, 32]列出了 RBDA 应用中的六个技术步骤，如图 4-6 所示。

　　制定目标可靠性水平的过程是至关重要的，通过大量的改善和改进，该可靠性水平已经得到了维持。在随后的工作中，需要在标准中采用 RBDA 方法。目标可靠性水平的建立过程得到了很好的发展和完善。为了校准最终的极限状态目标，我们分析了 240 个设计案例的矩阵，包括 5 个不同直径、3 个工作压力、4 个强度等级和4 个地区等级。加权因子来源于对北美大约 90000 km 输气管道的调查，而代表性的人口密度来源于对 19000 多 km 道路权的调查。主要的可靠性目标基于加权平均社会风险（表示为平均预期死亡人数），另外一项要求基于个人风险，仅对低安全后果水平有效。陆上天然气输送管道极限状态的目标可靠性水平如图 4-7 所示，用于校准的三个风险准则清晰反映在目标可靠性曲线的三个直线段中。

　　上面描述的目标可靠性是用每 km/年来定义的。对管道的完整性威胁通常位于特定位置，并且可靠度不均匀分布，为此，我们开发了一种基于典型长度平均可靠度的可靠性评价体系。建议将特性评价长度最大值设为 1600km，以反映确定当前位置类别的过程，并在此基础上采集目标可靠性校准过程中使用的大量数据。此外，我们还进行了补充研究，合理结合分布式失效概率（如由机械损伤造成的）和特定位置失效概率（如由地面移动造成的），以确定总失效概率。输气管道的评估（RBDA）现已纳入 CSA 标准 ASME B31.8[33]和 Z662[34]。

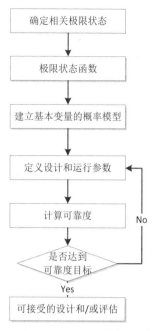

图 4-6　RDBA 流程[31, 32]

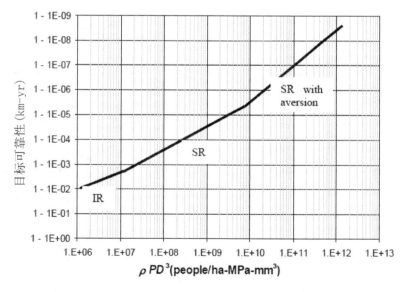

图 4-7　陆上天然气输送管道极限状态的目标可靠性水平[35]

　　类似基于可靠性的设计过程也被应用于近海塔，如用于钻井和超级油轮码头的塔[36]。这种设计称为基于可靠性的优化设计（RBDO），其规程包括结构分析、可靠性分析、针对优化与可靠性的灵敏度分析。

4.2.4 生命周期费用

从生命周期的角度来看，仅根据购置成本来选择设备很可能会导致错误的决策。生命周期费用（LCC，也称为 TCO 或总拥有成本）研究最好在设备购置期间进行，并与备选方案进行比较。LCC 分析的主要包括以下步骤。

- 准备适用成本的细分结构。
- 确定每个细分要素的成本。
- 从行业来源或实际经验中收集失效数据和修理数据（如 MTBF、MTTR 和 Weibull）。
- 分析系统的可用性和可靠性。
- 选择 LCC 模型。例如，LCC =购置成本+运营成本+失效成本+保障成本−净处置价值。
- 估算 LCC 模型每个组件的成本。
- 在研究期间使用折扣。
- 基于净现值（NPV）确定最终 LCC。
- 与备选方案进行比较。

图 4-8 为各种泵的成本概况示例[3]。泵的主要成本是运营成本，其中能源成本是最大的组成部分。智能泵系统采用了变速驱动和更好的控制，以保持在最佳运行范围，这是智能泵有较低 LCC 的主要原因。

泵的类型	成本构成	成本		LCC 百分比
传统的泵	初始投资成本	$	20600	3.0%
	运营成本	$	636900	92.5%
	维修成本	$	31000	4.5%
	生命周期费用	$	688500	100%
智能泵	初始投资成本	$	19800	4.40%
	运营成本	$	410700	91.44%
	维修成本	$	18600	4.16%
	生命周期费用	$	449100	100%
并联 ANSI 泵	初始投资成本	$	13500	8.5%
	运营成本	$	110715	70.19%
	维修成本	$	33503	21.31%
	生命周期费用	$	157718	100%

图 4-8 各种泵的成本概况示例

多级离心泵 （本研究）	初始投资成本	$	31000	3.5%
	运营成本	$	838750	94%
	维修成本	$	21346	2.5%
	生命周期费用	$	890265	100%

图 4-8　各种泵的成本概况示例（续）

系统实现和实施的可信性工程

4.3.1　系统实现

系统实现过程根据所选技术实践来创建具有相应组成要素的系统。系统实现过程从系统架构开始，其中每个系统要素都被标识为用于构建系统所需要实现的产品。系统实现过程将指定的功能设计特性和接口转换为制造活动来创建产品。系统实现过程的结果是满足指定系统功能设计需求的硬件和/或软件组成的产品。对所得到的产品进行测试，以验证其是否符合设计规格说明要求。系统由一组系统功能组成，这些功能可以被实现为适合集成到系统的各种指定产品。所实现的产品根据各自的设计规格说明可以是任何的形式、样式或功能。这些产品根据各自特定的用途而有各种名称，如系统、子系统、功能模块或单元。应该指出的是，系统提供的服务也可以看作一种可销售的产品，其实现过程为向客户提供创建服务的各项方法、规程和机制。系统提供的相关服务包括维修和后勤保障服务、软件工程服务和第三方实验室检测服务。

根据系统应用中涉及的业务类型和技术，系统有以下几种实现过程的方法。

（1）该系统由一个纵向一体化的总体机构来进行设计、开发、制造。例如，软件机构开发用于提供软件系统应用服务的软件程序，可交付的软件系统包括一组在现有主机上运行的软件程序，用于提供客户端相关应用服务。又如，专用仪器和测量产品的 OEM 机构，这些仪器和产品是为交付 OEM 产品而设计、制造、组成和建造的，OEM 机构还从事 OEM 产品的维修和校准服务。

（2）该系统是由一个总体机构设计和开发的，其中系统功能由多个支撑机构供给和建造外包服务。例如，公共事业服务机构向多个客户提供服务，并依赖其他支撑机构提供特定的运行子系统和功能服务，以维持公共事业服务运行的连续性。

（3）该系统是由一个总体机构设计和开发的，并且主要使用外包的系统功能进行建造，同时保留自己的专有产品制造。例如，大多数技术机构，以及从事新颖技术设计和技术系统开发的初创企业。

（4）该系统是由多个联合协同服务运营的机构设计、开发和运行的。每个机构在其业务管辖范围内贡献其特定功能服务，系统为多个客户提供集成网络服务。例如，电信网络由多个电信机构组成，这些电信机构按照合作协议在各个区域开展业务，以建立全球电信系统为客户提供服务。

（5）该系统是由一个机构指定外包给从事工程/采购/施工（EPC）业务的合格承包商的。实现过程将项目授予一个主承包商或几个单独的承包商，以开发不同的子系统，从而逐步完成系统项目。例如，外包公共事业服务，如工程、建设和安装一个管道分配系统等。为了外包大型开发项目，需要多个工程和建造承包商承揽，其中承包机构担任大型项目经理，负责协调多个工程承包商的活动。在系统就绪并开始服务运营之前，该系统项目可能需要花费几年的时间才能完成。

应该注意的是，系统实现过程不仅仅是组件的组装过程。在技术系统的背景下，实现过程由制作零件扩展到将这些零件作为一个系统。实现过程中实施的可信性过程确定了系统功能应用架构内系统功能的兼容性和互操作性。需要建立和验证连通性和接口协议，以确保集成系统性能。从商业经济学的角度来看，应考虑以下实现过程面临的问题。

- 对特定系统功能的自购或外包决策。应充分研究和评价成本效益、内部设计能力、满足特定需求的外包产品的可用性、项目完工的时间和预算，以支持自购或外包决策。
- 特定系统功能的外包开发。有一些定制设计公司，可以根据客户需求提供各种产品和服务。例如，电子产品制造，硬件和软件产品开发，以及材料制造代工厂，它们可以满足各种定制产品需求。外包的主要优势包括：推迟对组织核心能力和资源之外重要设备购置和计划外产能增长的投资，克服时间和成本限制以满足项目交付进度目标，以及最优化机构内可用资源的短期项目解决方案。
- 外部服务外包。存在广泛的外部服务，如测试和校准服务，现场施工和安装服务，以及工厂授权的第三方维护支持服务，这些服务都有助于系统实现。

4.3.2　产品验证

验证过程在功能级、子系统级和系统级是递归的。验证的目标是确认产品在不同级别上的特定设计要求都已经符合已发布的保证标准[38]。验证和确认基于产品测量时所建立的系统配置。为了实现控制的目的，必须进行配置管理来维护更新的系统配置。

渐进系统配置的项目管理对可信性工程来说至关重要，它可为系统验证、维修保障和后勤规划提供最新的评估结果。配置变更是由不同变更版本产生的接口变化、日益增长软硬件组件的互换性及对系统功能互操作性的保证引起的。配置变更对于使用了较短寿命软硬件组件进行替换的演进系统尤其重要，因为在更长的系统寿命里，配置变更技术可能会频繁地发生变化。在系统开发过程中，完善的配置管理对系统可信性实现有显著影响。配置管理对系统变更控制和可信性评估工作来说具有至关重要的意义。

对验证、集成、安装、迁移、确认和验收过程中发生的所有事件记录的维护是非常重要的，这将允许对问题进行后续事件分析，以便采取预防和纠正措施。

4.3.3　系统集成

系统集成过程按照架构设计对系统进行总成，该过程将系统要素组合成完整或局部的系统配置，以便根据系统要求创建指定的系统。对于诸如电信网络等复杂技术系统，可能在项目阶段或计划的渐进工作目标序列中执行集成过程。例如，先提供核心基本服务，然后添加应用特性和服务扩展。因此，需要使用集成策略来标识部分渐进集成的序列，直至在一个确定的时间段内完成网络配置的全部服务。

集成策略允许随着时间的推移对系统逐步完备的要素配置进行验证。系统配置取决于系统要素的可用性，并且与故障隔离和诊断状态一致。在验证的任何时间点上的系统配置包括在适用的情况下操作员之间的交互，表示实际的系统操作。对于渐进配置的系统，将进行集成过程、验证过程，以及需要时的确认过程的反复和连续的应用，直至系统完全实现。对于演进系统，由于系统是持续更新的，因此系统配置是随时间而更新的。在适用的情况下，可使用诸如集成设施、夹具、调节设施和装配设备等使能机制来促进集成过程。

4.3.4　系统安装/迁移

系统安装/迁移过程是在现场建立系统能力，以提供客户所指定的服务。系统安装/迁移过程在客户指定的场所和运行环境中安装经过验证的系统。在适用的情况下，系统由维持系统性能和服务运行的维修和后勤保障服务、使能设备/工具及培训设备支持。

安装过程可以是简单地将更新版本的软件操作系统下载到计算机硬盘驱动器中，或者装配一套即插即用的家庭娱乐系统。在大型系统安装项目中，如建造一个大型石化工厂，迁移过程可能包含设备和库存资产的部署、运输、建造、检查、装配、测试、验证、确认、培训和保障服务。向本地系统运营商迁移能力需要所有相关方的协作，该项目可能会在预定的时间内进行。可信性保证实践需要一个实施计划和关于共同战略的协议来指导迁移过程，这是为了保证顺利完成技术知识能力转移到新业务中去。

在系统安装/迁移过程中，最重要的 步是项目调试，这需要用工程技术和规程来检查和测试每个组件、子系统和系统要求的功能。一部分功能和性能检查先由 OEM 作为其质量计划的一部分进行，而性能和力学试验的验证可能需要满负荷场内进行，如通常对燃气轮机和离心压气机所进行的测试。

对原油管道泄漏检测系统的调试，传统上是在运营开始时进行的，除了有严格的环境要求的情况，应在管道装满[39]时进行。在运营开始时进行调试对统计泄漏检测系统来说是可行的，但对基于水力模型的系统来说就不可行了，因为该系统只有在管线充满时才能进行调试。

在某些行政辖区，环境研究和影响评估是系统安装的先决条件，因为在服务运行中可能存在健康和安全性问题。

4.3.5 系统确认/验收

系统确认过程为确认满足客户需求的系统成功实施提供了相应的客观证据。对于技术系统，确认是通过逐步演示各个功能和子系统级别的一致性结果来实现的，并准备好最终已安装的系统以供客户验收。

在适用的系统生命周期阶段，支持系统和产品验收所需的客观证据应包括以下可信性信息。

（1）有证据证实相关的系统可信性特性和运行环境反映了商品规格说明或提案信息中的客户期望。这为项目规划和开发系统可信性规范提供了信息。

（2）有证据证实已在系统可信性规范中规定了系统性能特性。这为建立可信性设计目标和系统架构提供了信息。

（3）有证据证实功能设计规格说明中规定了每个系统功能的可靠性和维修性特性。这为技术选择、自研-外购决策和制定采购要求提供了信息。

（4）有证据证实可靠性和维修性特性在系统在役运行和维修过程中已有要求。这为后勤保障规划、合同维护和特殊培训需求提供了信息。

（5）有证据证实为产品验收、合规性验证和系统结果确认展示了相关的可信性特性。这构成了履行可交付合同项目协议的基础。

（6）有证据证实所有可信性项目报告都包含了可信性分析数据、测试状态和演示结果。这为项目评审、设计变更、程序更新、逐步改进的纠正和预防措施提供了信息。

所有客观证据都应记录在案并进行验证，以便用于审核和签订合同。

从系统可信性演示的角度来看，系统可能需要按照客户合同要求进行产品加速试验[40]和系统可靠性增长试验[41]。在这种情况下，应规定保修期的持续时间，并在客户正式批准和验收系统之前对确认结果进行评估。

 ## 4.4 可信性工程清单

可信性工程清单应设计为可支持工程项目的主要决策点，以方便管理评审。可信性工程清单应确定需要解决的关键问题，以确定与项目任务实现相关的关键系统可信性活动的状态。为了通过渐进式评审确定可信性已实现的程度，建议在主要决策点之间进行定期项目评审。项目评审的目标是确保在目标时间内评估并解决所有关键问题。评审记录可用作支持可信性保证和项目审核过程的客观证据。附录 D 中提供了针对特定应用的相关可信性工程清单[42]。

（1）系统生命周期项目应用清单。该清单反映了在整个系统生命周期中，项目职责转移，以及设计权限和系统所有权转移的过程。系统生命周期项目应用为系统生命周期的每个阶段都提供了用于指导项目评审的清单，以支持管理决策。

（2）技术设计应用清单。硬件、软件和人因工程设计应用的清单可用于系统的可信性工程。这些清单有助于为设计所需的系统功能选择硬件和软件，并为设计权衡提供机会。人因在最大化系统可信性方面发挥着重要作用。

（3）系统外包产品的应用。外包产品包括系统应用中广泛使用的 COTS 产品。COTS 产品通常以市场为导向，其适用性已经被广泛的商业应用证实。COTS 产品为商业购买提供了现成的套装。COTS 产品的购买者不影响产品特性及产品运行规格说明。为系统集成选择合适的 COTS 产品，对于系统可信性工程至关重要。选择 COTS 产品存在一定的风险，并且确认该产品对特定系统应用的适用性是必不可少的。为保险起见，在关键系统应用中使用 COTS 产品需要添加额外的评价工作。系统外包产品的应用提供的清单有助于对 COTS 产品进行需求识别、性能评价和保证，以便将该产品适当地整合到系统应用中。

参 考 文 献

[1] IEC 61078，Analysis techniques for dependability - Reliability block diagram and Boolean methods.

[2] IEC 61165，Application of Markov techniques.

[3] IEC 61025，Fault tree analysis.

[4] IEC 61709，Electonic components - Reliability - Reference conditions for failure rates and stress models for conversion.

[5] Mil-HDBK-217F，Military Handbook，Reliability prediction of electronic equipment.

[6] Italtel：IRPH，Italtel Reliability Prediction Handook.

[7] IEC 61000（all parts），Electromagnetic compatibility（EMC）.

[8] IEC 60721（all parts），Classification of environmental conditions.

[9] IEC 62508，Guidance on human aspects of dependability.

[10] IEC 60812，Analysis techniques for system reliability - Procedure for failure mode and effects analysis.

[11] IEC 60300-3-12，Dependability management - Part 3-12：Application guide - Integrated logistic support.

[12] IEEE Std 1062，IEEE Recommended practice for software acquisition.

[13] ISO 9000，Quality management systems - Fundamentals and vocabulary.

[14] ISO 10007，Quality management systems - Guidelines for configuration management.

[15] Moller，N. and Hansson，S.O.，2007. "Principles of engineering safety：Risk and uncertainty reduction," Reliability Engineering and System Safety 93（2008）pp. 776-783.

[16] IEC 61508，Functional safety of electrical/electronic/programmable electronic safety-related systems.

[17] IEC 61511，Functional safety-safety instrumented systems for the process industry.

[18] Lundteigen，M.A.，Rausand，M. and Utne，LB.，2009. "Integrating RAMS engineering and management with the safety life cycle of IEC 61508," Reliability Engineering and System Safety 94（2009）pp. 1894-1903.

[19] Duijm，N.J.，2009. "Safety-Barrier Diagrams as a Safety Management Tool," Reliability Engineering & System Safety，Vol. 94，No. 2，pp. 332-341，2009.

[20] Center for Chemical Process Safety. "Layers of protection analysis - simplified process risk assessment," New York：American Institute of Chemical Engineers，2001.

[21] Colombo，S. and Demichela，M. 2008. "The systematic integration of human factors into safety analyses- An integrated engineering approach," Reliability Engineering and System Safety 93（2008）pp. 1911-1921.

[22] Kim，M.C. and Seong，P.H.，2006. "A computational method for probabilistic safety assessment of l&C systems and human operators in nuclear power plants," Reliability Engineering and System Safety 91（2006）pp. 580-593.

[23] Adams，G. and Farrante，F，2007. "Markov Modeling Application to a Redudant Safety System," Proceedings of POWER2007 ASME Power 2007 July 17-19，2007，San Antonio，Txas.

[24] Eulitz et al，2007. "Design and Validation of a Compressor for a New Generation of Heavy-duty Gas Turbines," Proceedings of POWER2007 ASME Power 2007 July 17-19，2007，San Antonio，Texas.

[25] Engelbert，C.，Nilsson，M.，Sutor，A. and Montrone，F，2008. "Application of a Reliability Model to Gas Turbine Design," Proceedings of POWER008 ASME Power 2008 July 22-24，2007，Orlando，Florida，USA.

[26] Klas，G. and Lepold，R.，1992. "TOMSPIN-a tool for modeling with stochastic Petri nets," CompEuro '92 . 'Computer Systems and Software Engineering', Proceedings，Ma 4-8，1992，pp. 618-623.

[27] Sachdeva A，Kmar D，Kmar P，2007. "Reliability modeling of an industrial system with Peti nets," Proceedings of ESREL 2007，Stavanger，Norway，vol. 2，25-27 June 2007. p. 1087-94.

[28] Castet，J-F and Saleh，J.H.，2010. "Beyond reliability，multi-state failure analysis of satellite subsystems: A statistical approach," Reliability Engineering and System Safety 95（2010）pp. 311-322.

[29] Zhou，J.，Rothwell，B.，Messim，M. and Zhou，W，2006. "Development of Reliability-Based Design and Assessment Standards for Onshore Natual Gas Transmission Pipelines，" Proceedings of IPC2006 6th Interational Pipeline Conference September 25-29，2006，Calgary，Alberta，Canada.

[30] Nessim，M.，Zhou，W，Zhou，J.，Rothwell，B.，and McLamb，M.，2004. "Target Reliability Levels for Design and Assessment of Onshore Natural Gas Pipelines," Proceeding of International Pipeline Conference，Calgary，Alberta，October 4-8，2004.

[31] Nessim，M. and Zhou，W 2005. "Guidelines for Reliability-Based Design and Assessment of Onshore Natural Gas Pipelines"，A report prepared for Gas Research Institute（GRI），GRI-04/0229.

[32] Nessim，M. and Zhou，W 2005. "Target Reliability Levels for Design and Assessment of Onshore Natural Gas Pipelines"，A report prepared for Gas Research Institute（GRI），GRI-04/0230.

[33] ASME，2010. "ASME B31.8-2010 - Gas Transmission and Distribution Systems". American Society of Mechanical Engineers，New York，New York.

[34] CSA. 2007. "CSA-Z662（2007），Oil and Gas Pipeline Systems." Canadian Standards Association，Mississauga，Ontario.

[35] Nessim，M.，Zhou，W，Zhou，J. Rothwell，B.，2006，"Reliability Based Design and Assessment for Location-Specific Failure Threats"，Proceeding of International Pipeline Conference，Calgary，Alberta，Sept. 25 - 29.

[36] Karadeniz，H.，Tgan，V and Trouwenelder，T.，2009. "An integrated reliability-based design optimization of offshore towers，" Reliability Engineering and System Safety 94（2009）pp. 1510-1516.

[37] Waghode，L.Y，Birajdar，R.S. and Joshi，S.G.，2006. "A Life Cycle Cost Analysis Approach for Selection of a Tyical Heavy Usage Multistage Centrifugal Pump，" Proceedings of ESDA2006，8th Biennial ASME Conference on Engineering Systems Design and Analysis，July 4-7，2006，Trino，Italy.

[38] ISO/IEC 15026-4，Assurance in the life cycle.

[39] Mabe，J.，Murphy，K.，Williams，G. and Wlsh，A.，2006. "Commissioning a real-time leak Detection System on a Large Scale Crude Oil Pipeline during Startup，" Proceedings of IPC2006 6th Interational Pipeline Conference September 25-29，2006，Calgary，Alberta，Canada.

[40] IEC 62506，Methods for product accelerated testing.

[41] IEC 61014，Programmes for reliability growth.

[42] IEC 60300-3-15，Dependability management，Part 3-15：Guidance to engineering of system dependability.

第 5 章

软件可信性

 ## 5.1 软件可信性的挑战

5.1.1 软件可信性启示

软件有着广泛的应用，比如，用于用户通信的智能手机应用和用于监控管道传输的监控控制系统的部署。从用户的角度来看，可信性意味着对智能手机应用软件的信心和信任。从服务提供者的角度来看，可信性决定了监控控制系统执行指定任务的能力，以及软件应用程序监视系统的可靠性。商业和工业软件应用程序、互联网服务和 Web 开发的迅速增长引起了社会经济格局的巨大变化。数字技术已经彻底改变了通信手段。标准化的接口和协议使得第三方软件功能的使用成为可能，允许跨平台、跨供应商和跨领域应用程序。软件已经成为实现复杂系统运行的驱动机制，它可以实现可行的电子商务，以及无缝集成和企业流程管理。软件设计承担了网络服务中数据处理、安全监控、安全保护和通信链路的主要功能。目前，全球商业社区业务运营的维持严重依赖软件系统。软件在影响系统性能和保证数据完整性方面起着主导作用。本章的软件可信性焦点试图提供当前行业的最佳实践，并提出相关的方法来促进软件可信性的实现。本章的软件可信性焦点还确定了管理对软件设计和实现的影响，并提供了相关的技术流程，以便将软件可信性设计到系统中。

硬件可信性和软件可信性之间是通过识别和比较它们各自的失效特性来进行区分的，如表 5-1 所示。

从可信性的角度来看，系统失效显示了系统执行所需功能的丧失。失效是系统用户所经历的事件。系统中的硬件失效可能导致系统逐渐退化。软件故障是指软件不能按照规定执行其功能。故障是软件无法正常工作的状态。当系统发生故障时，系统可能会突然失效，而没有任何预先警告，这种情况经常发生。缺陷（bug）是由软件设计错误导致的潜在软件问题。包含缺陷的软件仍然可以在用户不注意的情况下完成其预期功能。缺陷是能够引发系统失效的软件问题。

表 5-1　软件失效特征和硬件失效特征的比较

硬件失效是由材料变质、缺乏维修、超出设计限制或在极端环境压力下的暴露造成的	软件故障是由错误的逻辑、编码错误、不完整的输入数据或过程遗漏造成的
使用时硬件会磨损	软件不会磨损
硬件失效原因显而易见	软件失效的原因通常很难追踪
硬件可以广泛测试	软件测试永无止境
硬件维修可以是预防性或改善性的	软件维护总是通过更新版本来完善

5.1.2　理解软件和软件系统

软件是指系统控制和信息处理的过程、程序、代码、数据和指令。软件系统通过软件程序、指令程序和可执行代码集成到物理计算机主机中执行和处理，实现系统运行和提供性能功能。软件系统是代表系统架构的结构，由子系统软件程序和较低级别的软件单元组成。软件单元被设计成一组可执行代码或指定功能的程序。在某些应用程序中，构建复杂的软件功能需要多个软件单元。系统应结合硬件和软件的相互作用，以提供执行服务所需的功能。

在一个组合的硬件/软件系统中，系统的软件要素有两个主要作用：操作软件持续运行，以维持系统中硬件要素的运行；应用软件根据用户要求运行，以提供特定的用户服务。软件子系统的可信性分析必须考虑系统运行剖面中的软件应用时间因素。有必要确定全时系统操作所需的软件单元或按需部署时间的软件单元。软件系统的可信性评估需要软件建模。

在燃气轮机、发电机和压气机等设备的控制中，软件无处不在，通常可通过由软件驱动的工业 PLC（可编程逻辑控制器）设备来实现对这些设备的控制。在更高层次上使用的控制系统通常使用专门的软件，如在基于标准 PC 的网络上运行的分布式控制系统（DCS）。为了克服标准控制系统的一些局限性，即负载和设定值的变化可能导致的不稳定性，传统的软件工具可通过遗传算法、神经网络和模糊逻辑等软计算技术得到增强[1]。

在可信性方面，人发挥了有效指导软件设计和实现的重要作用[2]。人机接口极大地影响着系统运行过程中系统访问和交互的效率，并影响着系统可信性的结果。优化软件生命周期过程需要软件可信性设计策略和改善性维护工作[3]。

程序员编写的软件代码容易出现人为错误。软件设计环境和组织文化对软件产品的质量影响很大。软件工程学科和实践影响着应用软件的可靠性。软件升级也会在不知不觉的维护支持过程中引入新的错误。在系统运行中，软件故障的性质及其因果关系的可追溯性并不容易确定。在大多数情况下，导致系统失效的软件故障不总是能够复现。软件故障导致的可跟踪系统失效的纠正措施并不能保证完全消除软件问题。

5.2 软件可信性工程

5.2.1 系统生命周期框架

从系统配置的角度来看，软件作为系统要素、子系统、产品或组件，适合使用系统生命周期框架。软件创建、硬件制造和用户培训是系统实现/实施过程的子集。系统生命周期框架中的软件如图 5-1 所示，它参考了为技术系统（图 2-1）建立的系统生命周期模型。

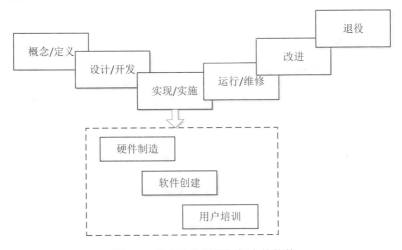

图 5-1　系统生命周期框架中的软件

从生命周期的角度来看，软件在开发和应用过程中有其特有的生命周期。软件本身可以是一个独立的软件应用程序产品或一个集成的软件密集型系统，如金融交易、航空公司和酒店的预订及数据处理和传播的专用系统，其中涵盖特定应用的软件对整个系统的设计、构建、部署和演变有至关重要的影响[4]。软件密集型的计算机系统主要是由软件驱动的，它使用标准的计算机硬件主机。

5.2.2 软件可信性项目管理

项目管理应该适应软件工程中生命周期过程的原理和实践[3]。应将可信性活动结合到项目计划中，并将其纳入系统工程任务中，以便有效地设计、实现、实施和应用，满足项目目标。对系统工程可信性的指导影响可信性实现的程度[5]，这种指导用于开发项目中硬件设计和软件创建的优化。本章提供了建议的流程和相关方法，以解决与软件可信性相关的管理问题和技术问题[6]。在项目实施过程中，软件可信性的实现需要遵循以下步骤。

（1）识别与特定软件生命周期阶段和应用环境有关的软件应用目标和要求。

（2）识别与软件项目有关的适用软件可信性特性。

（3）评审可信性管理过程和可用资源的充分性，以支持软件项目的开发和实施。

（4）建立软件需求和可信性目标。

（5）为软件可信性战略的实施确定软件故障分类和相关的软件量度。

（6）采用有关的可信性方法进行软件设计和实现。

（7）在切实可行的情况下进行可信性改进，同时考虑项目剪裁的各种约束和限制。

（8）监控开发、实施过程、控制和反馈，以维持软件的可操作性，并确保系统运行的可信性。

随着软件开发变得越来越复杂和多样化，快速交付高质量软件的压力也越来越大。因此，更重要的是管理和控制软件的生产过程，通过项目进度的统计来衡量质量、成本和交付[7]。

5.2.3 软件生命周期活动

软件生命周期包括以下活动[6]。

（1）需求定义：确定结合硬件要素和软件要素的系统需求，以响应用户的需要和系统应用程序的约束。

（2）需求分析：确定可行的设计方案，并将服务应用的系统要求转变为硬件与软件子系统设计和系统开发的技术视图。

（3）架构设计：通过将系统要素分配到子系统构建模块中，建立软件子系统分解的基线结构，并确定相关的软件功能，以满足指定的需求，从而提供满足系统需求的解决方案。

（4）详细设计：为系统架构中每一个已确定的功能提供设计，并为这些功能创建所需的软件单元和接口，这些单元和接口可以分配给软件、硬件或同时分配给二者。应将分配给软件的功能定义得足够详细，以便进行编码和测试。软件功能可以标记为软件子系统，识别用于设计控制的软件配置项。

（5）实现：产生符合验收准则和设计要求的可执行软件单元，包括以下较低层次的活动。

• 软件单元的编码。

- 进行单元测试，以验证软件单元是否满足设计要求。
- 进行子系统测试，以验证软件程序功能是否满足设计要求。

（6）集成：组成符合体系结构设计架构的软件单元和子系统，并在主机硬件系统中对安装完整的软件系统进行测试。

（7）验收：确定系统能力并验证软件应用程序，为目标环境中特定系统的运行提供所需的性能。软件验收测试可包括如下内容。

- 可靠性增长测试：软件系统完全集成后，在代表目标环境的模拟现场运行条件下执行，用于提高软件系统的可靠性。
- 鉴定测试：用于验证客户对所发布软件系统的接受程度。

（8）软件运维：使软件参与系统运行，维持系统运行能力，响应应用服务需求，提供具体的运行服务。

（9）软件升级/改进：增加功能以提高软件性能。

（10）软件退役：终止对特定软件服务的支持。

为项目实施所确定的软件生命周期内重要的关键可信性活动如图 5-2 所示。

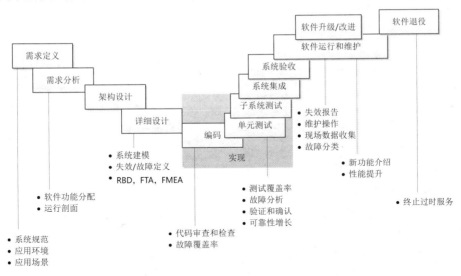

图 5-2　为项目实施所确定的软件生命周期内重要的关键可信性活动

5.2.4　软件可信性特性

软件可信性特性[6]是软件系统在设计和构建过程中所固有的特定可信性相关特征和性能特性。系统选择合适的可信性特性，以实现硬件/软件系统可信性的组合目标。主要的软件可信性特性包括如下。

- 可用性：软件操作准备就绪。
- 可靠性：软件服务的连续性。
- 维修性：易于软件修改、升级和改进。
- 恢复性：软件的恢复，即发生失效后，无论是否有外部动作，软件都可以恢复。
- 完整性：确保软件数据信息的正确性。

其他软件可信性特性是特定于应用程序的，包括但不限于以下内容。

- 安保：软件应用和使用中防止入侵。
- 安全性：在软件应用和使用中预防危害。
- 可操作性：健壮性、容错性和非破坏性操作。
- 可重用性：现有软件用于其他应用程序。
- 保障性：提供和管理资源，以支持软件维护任务。
- 可移植性：用于跨平台应用程序。

这些软件可信性特性构成了软件系统设计和应用的基础。

5.2.5　软件设计环境

软件设计环境依赖于一个有组织的过程，以此来促进好的设计实践。这是为了确保没有错误的代码生成，最小化在需求定义时的错误，避免软件验证结果的歧义或误读，并确保在软件发布之前测试确认的正确性。软件工程方法中的文化方面通常采用能力成熟度模型（CMM）来进行软件管理过程的基础结构开发[8]。软件设计环境和实践原理应该包含在组织的方针中，以建立可信性实现的程序指南。

可信性管理目标应在项目预算资源、时间进度和交付目标范围内为创造性提供一个良好平衡的设计环境。与软件开发和软件服务相关的组织都是面向用户应用程序的。通过对项目剪裁过程的选择和采用，将工程可信性应用到特定的软件系统中，以实现有效的可信性管理。应该探索将设计构造、软件重用和 COTS 软件产品应用于系统集成。

软件设计经常采用的是计算机辅助软件工程（CASE）工具[9]。有效的自动化系统提供了自动化模型的方法，涵盖计算的准确性、数据的可追溯性、配置管理和收集所需的测量或量度输入等。用于现场失效报告、分析和纠正措施的数据收集系统通常是自动化的，用于获取和处理软件产品和服务的历史和经验数据，这些信息都是必不可少的，以便改善系统的运行。

5.2.6　软件需求和影响因素

软件需求和可信性目标应该构成软件产品总体规范的一部分。与软件需求相关的可信性活动是特定于应用程序的，这些活动反映了软件设计准则和服务应用程序特性，这些特性是满足特定软件性能要求所必需的。具体的可信性目标是通过选择关键的可信性特性及其用于评估和测试验证的相关量化量度指标实现的。实施相关可信性活动的时间很重要，可信性应用程序依赖于时间，并且对系统生命周期费用有广泛的影响[10]。项目裁剪对于设计的权衡和约束的解决至关重要。

在系统可信性规范中给出了硬件/软件系统可信性组合规范的影响条件[11]。第 3 章描述了可信性要求的一般规范过程。建议考虑以下影响软件开发过程中可信性实现的因素。

（1）组织在软件设计和执行方面的设计义化和经验。

（2）了解新平台或特性开发的应用环境和不断变化的市场动态，以便实际实施。

（3）文档编制过程。例如，管理失效报告、数据收集、软件配置，以控制软件版本和维护经验数据记录。

（4）通过控制设计过程，优化软件复杂性、程序复杂性和功能复杂性方面的软件性能。应用软件设计规则，以避免故障。

（5）有效使用适用的软件方法和工具，如结构化设计、容错、设计审查和软件故障管理，以促进可靠性增长。

（6）选择更适合特定软件结构开发的高级编程语言。

（7）建立软件可信性特性的鉴定和测量要求。

5.2.7　软件故障分类

软件故障可分为规范故障、设计故障、编程故障、编译器插入故障和软件维护过程中引入的故障。软件故障分类为获取和分组相关软件故障信息提供了一种手段。分类过程帮助软件设计人员发现用于纠正措施的异常故障模式，目标是消除类似故障。

正交缺陷分类（ODC）[12]是软件工程中的一种分类方法，用于软件故障（缺陷）数据分析和反馈，反映软件设计中的质量问题和程序语言环境中的代码质量问题。术语"故障"用来表示软件无法执行的内部状态。此处所提到的软件故障被解释为 ODC 过程中的软件缺陷。缺陷是指与软件的预期或指定用途相关的需求未实现。ODC 中解释的缺陷概念可能具有与产品责任问题相关的法律内涵。在这种情况下，软件无法执行要求的功能导致的故障显示了 ODC 方案中缺陷属性的特性。缺陷属性是缺陷的特征，包含与软件故障相关的信息。ODC 可以捕获缺陷属性的软件故障信息，用于分析和建模。ODC 数据分析为评估软件产品在软件生命周期的各个阶段的成熟度提供了一种有价值的诊断方法。ODC 可以通过分析触发的类型来评价过程，也可以通过识别特定的技术需求来刺激缺失的触发。故障（缺陷）数据的因果分析为软件故障的减少和可靠性的提高提供了一种手段。

 软件可信性策略

5.3.1 软件故障避免

编写软件代码，以生成软件产品。在编码设计过程中所犯的错误可以表现为导致系统失效的软件故障。防止在设计和维护过程中引入故障是减少软件应用中出现故障问题的常见方法。软件故障规避策略可包括故障预防和故障排除[6]。

1．故障预防

- 在软件工程学科中建立故障预防目标。
- 开展早期的用户交互并改进软件需求。
- 建立软件标准和规范。
- 在适用和可行的情况下引入正式的软件开发方法。
- 为软件重用和应用程序的保证实施系统性的技术。

2．故障排除

- 启动软件代码审查。
- 通过测试检测并消除软件故障的存在。
- 对故障的发现、纠错、校正开展正式检查。
- 软件在役运行期间执行修复性和改善性的维护活动。

5.3.2 软件故障控制

软件故障很难检测。故障识别和排除可以通过各种方法实现，包括严格的软件测试和检查。软件测试在项目管理中也可以被认为是穷举事件，并且通常成本高昂，不能保证完全消除故障。软件故障控制采用容错和预测方法，最大限度地减少软件发布使用后可能存在的潜在软件故障或缺陷的出现。建议的软件故障控制策略[6]包括容错和故障/失效预测。

1．容错

- 开发故障约束、故障检测和故障恢复的方法。
- 实施软件设计多样性和回退方案。

- 引入多版本编程技术。
- 实施自检编程技术。

2．故障/失效预测

- 确定运行环境中的故障/失效关系。
- 建立数据收集系统，获取相关数据。
- 在适用的情况下开展可靠性增长测试。
- 为故障/失效评估开发和实施相关的可靠性模型。
- 改进软件版本发布时间的预测技术。

 软件可信性应用

5.4.1　实现可信性的软件开发实践

组织具有开发一致性软件的能力和为预期应用程序交付可信产品的能力反映了软件业务运行的成熟度。以下是用于可信性实现[6]的建议的技术方法和管理实践，以便在适用的软件开发中纳入。

（1）标准化高级架构设计、详细设计、编码和构造及文件编制的方法，以促进通信和故障规避。

（2）对具有明确软件功能和接口的软件单元和子系统采用模块化设计方法。

（3）建立简单、独立的软件单元，以促进设计交互、维护、错误可追溯、故障缓解和缺陷删除。

（4）在经过充分测试的软件中，使用经过验证、可重用的解决方案的设计样式作为解决软件设计问题的模板，以加速开发过程。

（5）在适当情况下，使用正式的方法来控制和记录软件设计和开发过程。

（6）使用软件可靠性工程[13]技术进行软件可靠性评估和改进[14]。

（7）考虑重新将经过充分测试的软件单元和子系统软件库中的软件用于类似的应用程序和运行剖面，以减少开发成本和时间，并尽量减少新设计的故障。

（8）开发回归测试方法，在引入新功能或执行故障排除时，确保现有软件的功能。

（9）测试软件单元和子系统，以验证低级别的设计功能，并验证集成的高级别设计体系架构性能，从而逐步消除缺陷，防止故障传播。

（10）检查和审查软件要求、设计规格说明、软件代码、用户手册、培训材料和测试文件，以尽可能发现和消除意外错误；在可行的情况下，利用不同的评审小组

对结果进行比较。

（11）建立软件过程变更控制和软件版本发布控制的软件配置管理，以减少故障发生。

（12）识别和分析软件持续改进问题的根本原因。

（13）建立数据收集系统，以便建立基于故障和历史性能数据的知识库。

5.4.2 软件可信性量度和数据收集

软件可信性量度是对软件系统可信性特性的量度。量度的测量提供了一个定量的尺度和方法来确定与软件系统性能相关的特定特性的值。量度标准可以通过直接测量或演绎得到，用于确定软件可信性特性的不同目的。以下软件量度是实际应用的行业标准[6]。

（1）可用度：系统运行期间可用时间的量度。

（2）失效频率：系统运行期间失效次数的量度。

（3）失效时间：无失效时间段的量度。

（4）恢复时间：系统从失效状态（不可用状态）恢复到正常运行状态（可用状态）的时间量度。

（5）故障密度：每千行源代码（KSLOC）包含的故障数量的量度，用于软件可靠性评估。

（6）功能点：利用功能点分析法[15]对软件项目规划中应用软件的功能大小进行量度。

（7）代码覆盖率：衡量软件程序的源代码和逻辑分支系统性测试的量度。代码覆盖率是软件测试充分性的一项指标，用于表示故障覆盖率，表示在代码执行测试过程中检测到的故障的百分比。

（8）故障排除率：对软件产品在确定的时间或软件执行期间内检测和纠正的故障数量的量度。在可靠性增长中采用故障排除率来确定可靠性改进趋势。

（9）软件中的残余故障：软件产品在测试移除缺陷后残留缺陷的估计数量的量度。

（10）软件发布时间：根据软件中仍然存在的可接受缺陷级别的既定准则，对软件发布估计时间的量度。

（11）软件复杂度：设计和执行软件功能或软件系统的困难程度的量度。

（12）功能复杂性：根据功能大小测量方法[15]，对特定软件数据或执行功能类型提供低、中或高的复杂度等级值。

软件可信性数据用于软件系统性能评估，为便于收集数据，软件量度可分为以下三类。

- 故障数据量度：旨在获取软件问题报告数据，量度故障的影响和报告过程的效率，以促进软件维护。
- 产品数据量度：旨在通过对大小、功能、复杂性、使用位置和其他特性进行分类来获取软件产品信息，以便将用户体验数据用作有益于新产品开发的输入。该量度提供了各种软件产品组的性能历史和数据信息。
- 过程数据量度：旨在获取作为可靠性预测中可靠性模型输入的故障检测和移除时的软件恢复过程信息和条件。

数据收集过程是衡量软件性能和相关可信性特性的关键。一个有效的数据收集系统应该是切实可行的。数据的数量和类型应该容易收集且便于数据分析解释，这样有助于可信性评估和增强。收集的数据用于确定系统可靠性变化趋势，软件维护所需的频率和持续时间，服务调用的响应时间和恢复退化系统性能的维修保障策略。

5.4.3 软件可信性评估

可信性评估的目的是在软件生命周期的任何阶段评估可信性实现的程度。一次性评估通常用于确定有关特定可信性问题的项目状态。长期评估的目标是通过渐进式可信性改进来确保软件工程过程的成熟度。可信性评估过程[6]包括以下任务。

1．识别系统性能目标，制定相关的可信性规范

系统性能目标在客户需求中提供，这些需求被转换为具体项目的技术规格说明。相关技术信息如下。

- 系统性能场景及应用环境。
- 影响因素的相关表现。
- 与外部交互系统的系统边界和接口。
- 相关系统性能属性。
- 系统架构、硬件/软件配置。
- 系统架构的硬件和软件的交互功能。
- 相关硬件和软件功能的可信性特性。例如，与维修保障准则相关的可用性、可靠性和恢复性。

2．建立软件运行剖面

运行剖面表示系统为完成其任务或服务目标而需要执行的任务序列。系统的性能在很大程度上取决于系统所处的环境。预期的应用环境会影响物理的系统结构，并影响任务性能中的系统功能。软件运行剖面的开发是从系统应用的角度定量描述软件是如何被使用的。软件运行剖面用于开发测试用例，以模拟软件功能特性的实

际操作和特定用法。以下是开发软件运行剖面的推荐过程。

- 确定使用剖面：通过确定用于软件应用程序的用户需求和服务类型来确定使用剖面。
- 建立用户剖面：针对特定应用建立不同类型用户与软件交互的用户剖面。
- 定义系统模式剖面：定义关于系统如何操作的系统模式剖面，以及在执行软件应用程序时用运行模式表示的序列或顺序。
- 确定功能剖面：通过评估系统功能和服务特性来确定功能剖面，以满足各自的功能要求。
- 确定运行剖面：根据为系统功能建立的功能剖面确定运行剖面。
- 确定信息剖面：通过在软件开发生命周期中输入软件应用程序数据来确定信息剖面。

3．分配适用的可信性特性

软件系统可信性特性及其量度的量度是基于对系统体系结构功能的建模，以反映系统可信性目标的要求。根据各种软件子系统和功能单元的复杂性、关键性，估计可实现的可靠性或可用性目标，以及与分配过程相关的其他影响因素，以此来分配可靠性值和可信性值。

由于软件系统具有固有的运行特性，因此它的建模明显不同于硬件。对于系统运行过程中涉及软件程序功能配置项的每种模式，都要执行相关配置项的不同组成软件单元。在系统运行过程中，每种系统模式都有一个与软件单元按需执行时间相关联的应用的唯一时间，表示每种系统模式的持续时间。软件系统建模包括每个软件单元中的源代码行数、代码复杂度，以及与软件开发资源有关的其他信息，如编程语言和设计环境，这些信息用于确定软件配置项的可靠性或可用性预测的初始失效率。当系统已经收集到与所识别软件配置项相关的失效率的足够数据时，应该使用这些实际的经验数据。

4．进行可信性分析和评价

分析和评估过程是迭代的，该过程用于优化可信性设计的要求，以满足系统性能目标。功能块建模技术［如可靠性框图（RBD）和故障树分析（FTA）］通常用于执行可信性分析和时间相关功能的评价。

使用软件单元作为构建块来构造软件子系统功能模型，以提供软件程序功能。软件单元是可配置软件项的最低级别。与硬件组件一样，软件单元不会单独失效。软件代码是虚体，不受物理变化的影响。软件单元失效与系统运行剖面有关，这决定了软件可靠性模型结构的构建方案。软件系统受系统运行剖面使用时间因素的影响。软件可靠性建模必须在开发软件配置结构时包含运行剖面信息。软件子系统程序可以由一个或多个软件单元构成，以交付要求的功能。软件配置项为驻留在主机硬件子系统中的软件子系统程序。软件子系统与其指定的硬件主机之间存在互操作性和依赖性，以便为系统运行提供特定子系统的软件功能。可以存在一个或多个组合的软件和硬件子系统，用于在整个系统配置中服务不同的功能。

图 5-3 为软硬件综合系统的功能关系，其中包括由硬件和软件功能组成的配置项。在操作子系统连续运行的情况下，软件子系统的应用软件功能受到使用时间因素的影响，而这些因素又反映了系统运行剖面相关的用户服务需求。

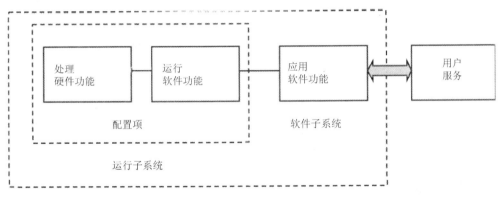

图 5-3　软硬件综合系统的功能关系

软件通常用于关键系统的控制，这些系统的故障可能导致灾难性后果，从而造成严重影响。应在系统概念定义的早期识别软件功能的关键程度，并在系统的软件架构设计期间进行评价。功能失效的危害性应在系统规范中基于已建立的准则进行分类，可分为关键、重要或轻微，并通过系统可靠性分析进行验证。

可以利用风险评估技术确定和评价与关键软件功能相关的风险等级。项目风险管理应侧重于故障的预防和容错[16]，这样可以减轻失效影响的程度。基于风险驱动的方法也可用于软件可靠性测试，同时考虑消费者和生产者的风险。消费者和生产者对软件失败的可容忍风险有不同的看法[17]。

5.4.4　软件测试和量度

1. 软件测试考虑因素

软件测试是执行程序或一组编码指令的过程，目的是验证软件功能和发现错误。软件测试的目标因项目需求、软件产品可用性、软件成熟度状态及软件生命周期中的测试计划而异。规划软件测试应考虑以下特定软件的条件。

- 软件测试是一门需要良好测试实践的艺术。良好的测试技术只有在测试人员具备丰富的技能、经验和创造力的情况下才能获得可信的结果。保留测试记录对提供测试数据的准确性和可追溯性来说非常重要。

- 测试不仅用于调试软件程序来定位故障和纠正错误，还用于软件验证、确认及可靠性测量。

- 测试效率和过程有效性是基于覆盖率测试技术的标准。测试自动化可以加快软件测试时间并降低项目成本。在将适当的测试工具用于软件测试之前，应该对它们的可接受性进行评价。

- 除非采取适当的后续活动，否则测试不一定是提高软件质量的最有效手段。应考虑替代方法，如代码检查和代码审查。

- 软件测试只是软件可靠性增长和改进过程的一部分，其他保证工作应与软件测试结合使用，以实现可信性目标。

- 软件复杂性会影响测试完整性的程度。在时间和成本的约束下，复杂性问题通常会限制测试人员在测试过程中检测和移除缺陷的能力。

- 软件发布之后，在服务运行时还存在潜在的软件故障或缺陷。软件可靠性预测提供了一种方法，用于估计在下一个版本的软件发布之前将残留软件缺陷减少到可接受数量所需的测试时间。

- 单元测试之外的软件测试应由独立于软件开发的测试团队执行。

2. 软件测试的类型

软件生命周期中执行的软件测试类型如下[6]。

- 单元测试：在将一个软件单元集成到软件程序或子系统之前，对该软件单元进行的测试。测试软件单元，以验证单元的详细设计是否已正确实施。

- 子系统测试：对由一个或多个软件单元组成的子系统软件程序进行测试，作为软件配置项来验证功能性能要求。

- 集成测试：在硬件主机上对软件系统（包括集成的子系统）进行整体测试，以验证软件的功能运行，暴露软件接口、硬件接口和软硬件之间的交互问题，并确认软件的可靠性。

- 可靠性增长测试：在迭代过程中测试软件，直至发现故障；分析故障，对现有软件实施纠正措施以便升级，并对新升级的软件进行测试来提高可靠性。可靠性增长测试的终止基于何时满足已建立的软件可靠性目标。

- 鉴定测试：用于证明软件在集成到其主机硬件系统中时符合规范，并且可以在目标环境中使用。在最终版本的软件发布之前，通常会进行 Alpha 测试和 Beta 测试，以达到质量保证目的。Alpha 测试是软件开发人员在软件发布之前进行的内部测试。Beta 测试是由有限数量的用户在其预期应用中执行的现场测试，以收集用户体验信息。

- 验收测试：测试软件系统，以验证客户的要求是否得到满足。对于在类似系统上不存在先验信息的复杂软硬件系统的验收测试，应将可靠性增长和压力测试视为验收测试要求的一部分[18]。
- 回归测试：测试前期已测试过的软件，以发现引入的任何维护错误、新开发的代码、不正确的配置或不充分的源代码控制。

3．软件的测试性

软件的测试性是指有利于建立测试准则并实施测试的程度。测试性设计是一种设计/开发方法，用于构建开发，以实现测试。软件测试过程用于分析软件特性，并预测软件中可通过测试发现所有缺陷的可能性。软件的测试性分析可用于优化测试过程，以确定测试的充分性。软件的测试性提供了一种管理测试资源和确定特定测试方法的价值或优点的方法。

4．测试用例

开发测试用例是为了模拟实际的软件现场运行条件，在这种情况下可能会遇到特别关注的领域或潜在的问题。开发测试用例规范以规定输入，确定预期的测试结果，并建立测试项的执行条件。有效的测试过程包括手动和自动生成的测试用例。手动测试反映了开发人员对问题域和数据结构的理解，用于覆盖软件故障发现的深度。自动测试通过执行整个测试值范围（包括测试人员可能遗漏的极端值）覆盖故障调查的广度。自动测试使用测试用例生成器来接受源代码、测试准则、测试规范或数据结构定义作为输入，以生成测试数据并确定预期结果。故障注入测试可以看作一种测试用例：在软件系统的一部分中引入故意的故障以验证另一部分是否适当地做出反应。测试结果用于确定可能的故障条件并促进软件容错设计。故障注入技术还可以通过计算已发现注入故障的比例来测试相关测试程序的覆盖率。

软件测试用例的执行为现场运行过程中软件可靠性的评估提供了有价值的信息和数据。测试用例的结果可以用来确认维护功能是否有效提供，并确认维护保障性的有效性。

5．软件验证和确认

软件验证过程用于确定软件的要求是完整和正确的，如适用于软件生命周期阶段。软件确认过程用于确定系统性能和服务符合客户/用户要求。需要提供适当的使能系统，如测试工具、设备、设施和附加资源，以支持软件验证和确认过程的实施。这些使能系统在运行期间不直接影响软件或被测系统的功能。

软件验证过程旨在证实软件系统满足指定的设计要求。软件验证过程包括以下活动。

- 定义软件验证策略。
- 根据软件系统要求制订验证计划。
- 确定与设计决策相关的约束和限制。
- 确保提供验证的使能系统，并准备相关的设施和测试资源。
- 进行验证，以证明符合规定的设计要求。
- 记录验证结果和数据。
- 分析验证数据，以启动纠正措施。

软件确认过程提供客观证据，证明软件系统性能符合客户/用户要求。软件确认过程包括以下活动。

- 为确认运行环境中的服务及确保客户/用户满意而制定的策略。
- 准备确认计划。
- 确保提供确认的使能系统，并准备相关的设施和测试资源。
- 进行确认，以证明服务符合客户/用户要求。
- 记录确认结果和数据。
- 根据确认计划中定义的准则，分析、记录和报告确认数据。
- 与客户一起评审确认数据的结果，以进行软件系统的验收。

 软件可信性改进

5.5.1 软件可信性改进方法

软件可信性改进的目标是在系统操作中维持可信性性能。软件可信性改进过程为实现软件项目的改进建立了准则和方法。改进过程主张软件设计的改进，可通过可靠性增长测试、软件改善性维护和软件改进升级，以及客户支持服务的改进等进行改进。临时修复的短期软件补丁通常会对软件运行造成长期影响。软件可信性改进过程应被视为软件设计和行业最佳实践实施的战略方法。根据软件项目中遇到软件问题的严重程度，改进活动可以是相对简单的软件升级，也可以是完全重新设计整个软件系统配置。例如，在过时的软件操作系统中，若在一段持续时间内具有太多的附加组件，那么系统会变得十分低效并频繁出现应用程序故障。下面介绍软件可信性改进的方法和行业最佳实践。

5.5.2　软件复杂性简化

通过以下简化设计可以提高软件可信性。

- 结构复杂性描述了软件设计中软件单元连接的逻辑路径。可以对每个软件单元进行编程或编码，以在软件结构中提供软件功能的可执行单元。由于结构复杂性与影响故障检测的程序代码的测试性有关，因此结构复杂性影响软件体系结构的可靠性和维修性。软件结构越复杂，测试软件就越困难。软件设计规则应该建立复杂程度的级别，以便设计可信性。

- 功能复杂性描述了设备中软件单元或代码段必须执行的所需功能。在理想的设计理念中，一个软件单元应设计为执行一个功能以实现简单性，同时具有一组内聚输入和输出，以便软件故障的隔离和移除。在实践中，软件设计评估应考虑结构复杂性和功能复杂性。复杂性的软件设计策略与完整软件验证所需的测试用例数量直接相关。

5.5.3　软件容错

软件容错设计的目的是防止软件故障在系统运行期间导致系统失效。容错设计允许软件在出现某些故障时继续工作，并保持数据的完整性。具有容错功能的软件具有良好的系统降级性能，并且在系统出现失效时可以继续正常运行一段时间。在出现故障或在不利条件下运行时，依赖于高可用性系统性能的安全关键系统，容错对它来说特别重要。软件容错被构造为利用多个不同系统设计呈现低概率共模失效，包括以下推荐实践。

- 故障限制：软件编写，将故障限制在本区域，避免影响其他软件域。
- 故障检测：软件编写，在出现故障时响应测试。
- 故障恢复：软件编写，以便在检测到故障后，采取足够的步骤使软件继续成功运行。
- 差异设计：创建软件及软件数据，以便提供后备版本。

冗余是提高系统可靠性和可用性的常用方法。多版本编程用于安全关键系统的容错设计，该方法使用多个功能等效的程序，这些程序是由相同的初始软件规格说明独立生成的。单独编程工作的独立性将大大降低在两个或更多版本的程序中发生相同软件故障的可能性，这些程序的实现使用不同的算法和编程语言。软件内置特殊的机制，允许单独的程序由决策算法中的表决方案控制，以便在应用程序中执行程序。来自多个独立版本的输出比单个版本的输出更加准确，这种概念基于冗余观点的假设。在实践中，多版本编程工作的改进优势将需要证明额外的时间和资源要求是划算的。

5.5.4 软件的互操作性

软件互操作性是指各种软件系统协同工作交换信息和使用已交换信息的能力。在诸如因特网的协议网络开放系统中，重要的是实现各种软件系统的互操作性，以便建立通信链路。通信链路的失效将影响网络性能操作中的可靠性和中断服务。增强通信网络互操作性的一种实用方法是在软件系统设计中加入特定特性，这样可以监控已建立连接的状态。在设计中结合信号处理和同步方案，以便在通信节点之间来回发送信号，从而监视建立的通信链路。如果链路因操作环境的变化而断开或中断，则软件系统将自动尝试重新建立链路，以保持网络通信的连续性，从而不降低可信性。软件互操作性依赖于一组标准化的通用交换格式，以读取和写入相同的文件格式，并使用相同的协议。标准化可确保软件接口的兼容性，从而实现互操作性，提高系统的可信性。

5.5.5 软件重用

软件重用是使用现有软件构建新软件。从简单的软件功能到完整的软件应用系统，软件可以在不同的级别重用。重用软件具有以下好处。
- 通过在操作系统中使用经过验证的软件提高可信性。
- 与新软件开发相比，减少了重用现有软件成本的不确定性，降低了过程风险。
- 选择使用软件资源，重用现有的软件，同时允许软件设计师开发可重用的软件，以保留和获取他们的特殊知识。
- 符合已嵌入可重用软件中的标准。
- 加速软件开发。

软件设计模式是软件设计中常见问题的通用可重用解决方案。设计模式充当解决不同情况下应用问题的模板。设计模式存在于软件模块和互连的领域中。设计模式的应用可以通过提供经过验证和测试的解决方案来加速软件开发过程。软件设计人员可以使用重用设计模式提高代码可读性，并防止出现在软件实现后期才可见的问题。

在工程、采购、建筑合同中，重用现有的应用软件是常见的。在这些合同中，可以将可用的 COTS 产品或系统用于系统设计和实现。通过为特定的项目应用程序环境配置一个系统，或者集成几个 COTS 产品和系统，为项目创建一个新的应用程序，这样可以实现整个 COTS 应用系统的重用。

可重用软件是可重用资产。最著名的可重用资产是代码。一次编写的程序代码可以用于以后编写的另一个程序中。重用编程代码是一种常见的技术，其目的是通过减少重复工作量来节省时间和精力。软件可重用性是指软件资产可以在不同的软件系统中使用或构建其他资产的程度。

从可信性的角度来看，应控制软件重用在项目中的应用及其可重用性特性，以实现可靠性的提高。可重用性直接取决于软件结构和模块化设计。如果要使软件模块或软件单元可重用，那么它应该只执行一个完整的功能。这一限制是必要的，因为如果软件单元预期重用执行的功能少于一个，或者能够执行多个功能，那么就很难实现或维护其预期重用目的。偏离此限制将降低可重用软件的有效性。重用不完全执行一个功能的软件可能会对可信性产生不利影响，这是因为在实现或维护期间可能会引入错误。

只有在新软件集成环境的功能需求与可重用软件的功能需求存在非常相似的应用程序和操作环境时，才能实现软件的重用；否则，软件重用目标的成本效益会降低，软件重用实现时的可靠性也可能降低。可重用软件应该具有良好的可追溯性文档，以便进行软件资产的配置管理。

5.5.6　软件可靠性增长

软件可靠性增长是指软件系统可靠性量度随着时间推移逐步提高。通过设计实现了软件可靠性的提高，通过可靠性增长测试验证了可靠性的渐进式提高。需要执行一个软件程序来发现缺陷并暴露软件失效。软件失效会发现故障，而这些故障的消除会使可靠性得到提高。软件可靠性增长的趋势基于相对于累积软件执行时间的故障排除率。

出于时间安排的目的，可以将执行时间转换为日历时间，以确定软件失效率，进而进行可靠性评估。综合软硬件系统，建立可靠性增长程序[19]。可靠性增长的统计方法中描述了基于可靠性增长程序获取失效数据的可靠性增长模型和评估的估计方法[20]。

软件可靠性增长的本质是系统地进行软件缺陷清除，随着时间的推移，软件可靠性提高。可靠性增长的速度取决于发现和移除缺陷的速度。适用于增长条件的软件可靠性模型允许项目管理人员通过统计信息跟踪软件可靠性进展，以确定可靠性增长趋势并确定未来的可靠性目标。如果显示出负可靠性模式，则应采取适当的管理措施。

如果要测量和预测软件可靠性增长，那么就需要使用合适的软件可靠性模型来描述软件可靠性随时间的变化[21]。可靠性模型的输入来自基于预测的经验数据或对系统测试收集的测试数据进行的估计。应该确认用于增长估计的软件可靠性模型的选择和使用。评估过程基于故障发生的时间，同时应有足够的数据样本来进行重要的执行时间积累，这是为了建立一个合理的统计信心，以确认可靠性增长趋势，重新预测软件的成熟度和发布目标。

必须认识到可靠性增长在测试阶段和运行阶段有所不同，为测试阶段开发的软件可靠性增长模型（SRGM）可能不适用于运行阶段，我们可以用一种广义的 SRGM 来理解这两个阶段在故障移除效率方面的差异[22]。

5.5.7　软件维护和改进

软件维护是软件产品交付后的修改，用于纠正错误，提高性能或其他软件性能特性，或者使产品适应修改后的环境。有以下四个主要类别的软件维护。

- 修复性维护：对交付后执行的软件产品进行反应式修改，以纠正发现的问题。
- 适应性维护：对交付后执行的软件产品进行修改，以保持软件产品在更改后或变化的环境中可用。
- 改善性维护：对软件产品交付后的修改，以提高性能或维修性。
- 预防性维护：对软件产品交付后的修改，以检测和纠正软件产品中的缺陷，避免缺陷进一步传播而引起真正的失效。

与软件维护相关的管理问题包括根据客户优先级进行的调整、维护资源规划和分配、维护人员的技能培训、合同维护工作和客户满意度调查反馈。软件维护中的技术问题包括事件报告、技术问题解决、影响分析、应用程序和测试实践的标准化、软件可维护性评估和测试效率测量。

软件改进是软件演进过程的一部分。现场操作中的软件系统随运行时间的增加而变得越来越复杂，这是由于该系统为满足客户需求进行了修改和改进。软件系统变得越来越复杂是不可避免的，因为维护支持策略不断变化才能响应竞争性的服务提供，并且需要开发技能和技术以适应不断变化的业务环境。软件系统不断增加的复杂性最终会影响服务操作中的互操作性，导致软件维护支持的效率低下。软件维护和改进工作的范围和成果应定期监测、核实、验证和记录。软件维护的成本应该属于可信性保证策略的一部分。软件可信性数据收集活动对实地跟踪评估客户方软件运行的可信性来说至关重要。软件可信性数据收集是为了确保并确认在操作中可接受的可信性性能水平对软件部署来说是可持续的。现场可信性信息与相关客户反馈信息一起被收集，这些信息用于证明对新软件需求的更改是合理的，以及开发新版本的软件。

由于应用程序环境和技术演进具有动态特性，因此对新版本软件的决策常常受到市场竞争的影响，并受到业务策略的驱动。

5.5.8 技术支持和用户培训

技术支持提供一系列服务，以帮助用户进行软件操作或使用软件产品，解决产品操作或应用中的具体问题。技术支持的形式多种多样，包括电话咨询、在线服务、电子邮件、远程访问修复和现场访问。受到商业、经济和地理的影响，技术产品开发组织越来越多地使用外包呼叫中心，以促进对技术支持服务需求的实时响应。这些呼叫中心为广泛的技术产品提供集中的技术支持，如计算机系统和软件需要全天候的技术支持，以在全球范围内免费供用户访问。技术支持服务是维护保障的一部分，以维持产品的可操作性和可靠性。技术支持有助于提高可信性。

软件用户培训是软件可信性的一个重要方面，目的是帮助用户熟悉软件产品应用程序并提高相关技能水平。软件用户培训以各种形式存在，包括在线访问产品供应商的教程数据库、呼叫中心协助或专门的技术专家服务，用于解决各种异常问题。

许多培训机构和学术机构配备了培训专家和实验室示范设施，以培训专业系统和产品（包括软件系统）应用的用户、操作人员和维护者。用户经常参与实践，并直接从专家、培训师或教师那里学习从系统基础到具体技术和技能的一系列培训项目。也有技术支持和开放技术论坛供用户参与。持续学习过程促进了知识的提高，对可信性提升产生了积极影响。

参 考 文 献

[1] Balamuragan，S.，Xavier，R.J. and Jeyakmar，A.E.，Contrl o Heavy-dut Gas Trbine Plant for Prllel Operation Using Soft Computing Tchniques，Electric Power Components and Systems，37：1275-1287，2009.

[2] IEC 62508，Guidnce on human aspect odependability.

[3] ISO/IEC 12207，Systems and software engineering- Softwar life cycle processes.

[4] ISO/IEC 42010，Systems and softwar engineering - Recommendd practice for architecturl dscription of software-intensive systems.

[5] IEC 60300-3-15，Dependbilit management - Part 3-15：Guidnce to engineering of system dependabilit.

[6] IEC 62628，Guidnce on software aspect of deendbilit.

[7] Ymada，S. and Kawahara，A.，Statistical Analysis oProcess Mnitoring Data fr Softwar Prcess Irvement，International Joural ofReliability，Quality and Safty Engineering Vl. 16，No. 5（2009）435-451.

[8] CDEV（rion 1.3，Nvember 2010），Carnegie Mellon University Sofware Engineering

Institute. 2010.

[9] Kuhn，D.L.，Selecting and effectively using a computer aided software engineering tool，Annual Wstinghouse computer symposium；6-7 Nov 1989；Pittsburgh，P（US.）；DOE Project.

[10] IEC 60300-3-3，Dependabilit management-Prt 3-3：Application guide - Lie cycle costing.

[11] IEC 62347，Guidnce on system deendbilit specications.

[12] Ram Chillarege，Orthonal Dect Classication -A concept for in prcess Measurments，IEEE Transactions on Sofware Engineering，1992.

[13] Lyu，M. R.（Ed.）：Te Handbook oSoftwar Reliabilit Engineering，IEEE Computer Society Press and McGraw-Hill Book Company，1996.

[14] IEEE-1633：Recommended Practice on Software Reliabilit，2009.

[15] ISO/IEC 20926，Inormation technology - Unadjustedfnctional sie measurment method.

[16] IEC 62198，Prect risk management -Application guidlines.

[17] Schneidewind，N.P.F，Risk-Driven Softwar Testing and Reliabilit，International Journal of Reliability，Quality and Safty Engineering Vl. 14，No. 2（2007）99-132.

[18] IEC 62429，Reliabilit growth - Stss testing for earlyfilures in unique comple systems.

[19] IEC 61014，Programmesfr reliabilit grwth.

[20] IEC 61164，Reliabilit growth - Statistical test and estimation method.

[21] Kapur，PK.，Aggarwal，AG，Shatnai，0. and Kmar，R.，On the Development of Unied Sheme for Discrte Software Reliabilit Grwth Mdeling，Interational Journal of Reliability，Quality and Safty Engineering Vol. 17，No. 3（2010）245-260.

[22] Kapur，P.K.，Gupta A. and Jha，P.C.，Reliabilit Analysis o Prect and Prodct Tpe Sre in Opertional Phase Icorporating te Effect of Fult Removal Efciency，International Joural of Reliability，Quality and Safty Engineering Vl. 14，No. 3（2007）219-240.

第6章

可信性信息管理

6.1 理解可信性信息

信息具有智慧性，这种智慧性能够为满足特定需求进行学习和启蒙。特定的可信性信息需求取决于信息的关联性和环境的使用情况。时效性和可用性是实现信息有效性的关键。在某些情况下，信息量输入不充分或输入过大会导致结果输出受到影响，进而造成不必要的混淆。可信性信息来自各种可信数据源收集的数据，特别是在生产中使用的产品或有系统参与的信息。数据分类在可信性数据库管理中扮演重要角色，健全决策机制有助于实现组织的目标和获取可信性价值。

在可信性应用中，数据是具有代表性的测量结果。原始数据是指未经加工的数字或被观测的某产品的情况。产品既可以是单个元器件、系统，也可以是某事件。信息是数据处理的结果，可能包含某些特殊的智能化搜索。可以从原始数据集合中抽取的有用信息的程度取决于数据分析过程中信息处理方法与数据分析目标的关联度。

知识是对事实和数据的一种理解，这些事实与数据是通过信息呈现出来的。能够解释和应用信息的智慧是建立在特定的诀窍和相关的专业技术基础之上的。知识是通过不断研究与学习，从实际经验中获得的。数据、信息和涉及智慧的知识的区别主要体现在细节的不同：数据展示了最少价值；而知识提供了最大价值；信息则介于二者之间。例如，在一个计算机程序中发现了错误，该错误通过数据展示出来；运行一个账户的收费应用程序是一种信息；设计一个容错的计算机程序提供了知识。又如，拥有一千个客户是一个数据；服务一千个满意的客户是一种信息；而如何每年都能够保留一千个有价值的客户则是一种知识。

信息管理是面向用户的。信息系统是一种使能机制或系统，用于传递处理后的数据并输出，以满足不同的用户需求。使能系统在生命周期阶段补充了所关注的系统，但不一定有助于增强其在运行期间的功能。使能系统的目标和运行架构是用于可信性数据收集和处理的，以获取相关信息并进行知识的传播，建立可信性信息管理的框架。

6.2 可信性信息管理框架

可信性信息管理提供了一个管理控制和数据处理的系统化方法。数据处理过程包括可信性信息的采集、分析、保存、检索和分发。可信性信息管理框架的重点在于建立一个可信的系统及相关数据库，以获取和处理可信性数据及传播相关信息，满足系统化和工程的特定需求。信息处理系统简化了可信性数据处理过程，但是不能与信息管理系统混淆。信息管理系统具有更广泛的应用范围，涉及技术、信息、人力资源等，能够提供战略性和可行性的信息，满足对组织业务的有效管理需求。

可信性管理信息系统的建立应该与现有的信息管理系统框架、实施和使用方法兼容，这样可以简化信息和数据的转换过程，并促进通用术语、交叉引用识别、资产跟踪和记录管理的共享。对管理查询、访问和检索的及时响应，能够确保文档和报告的结构层次符合已建立的质量保证程序。信息系统数据库应能够填充足够的当前可信性数据和历史记录，以支持内部项目及协助服务运营过程中的产品部署。

业务和组织活动的管理：采用可用资源达到所需目的和实现业务的目标。在可信性管理的背景下，有效利用信息管理过程创造价值是主要目标。可信性信息系统所采用的技术和工具已经变得越来越复杂和成熟，甚至能够模拟人类做出决策。例如，当面对困难复杂的问题时，各种形式的专家系统和人工智能系统能够提供令人信服的现成解决方案。需要注意的是，任何由人创造的机器都不能提供工程类的意见，在推翻冲突决议的过程中，基于现实生活实际经验的谨慎判断和人的直觉是非常必要的。

图 6-1 为可信性信息管理框架的流程图。

图 6-1 展示了从初始数据源提取信息到可信性知识库开发和应用的完整过程，这种框架一个理想状态的综合信息系统框架。不同的组织有不同的信息管理流程，不同的业务具有不同的带有行业性质的专业需求。因此，在应用与实践过程中，可信性信息处理相关过程可能被选定适用于某些特定需求，在适当情况下应进行调整以满足组织和业务特定的信息需求。

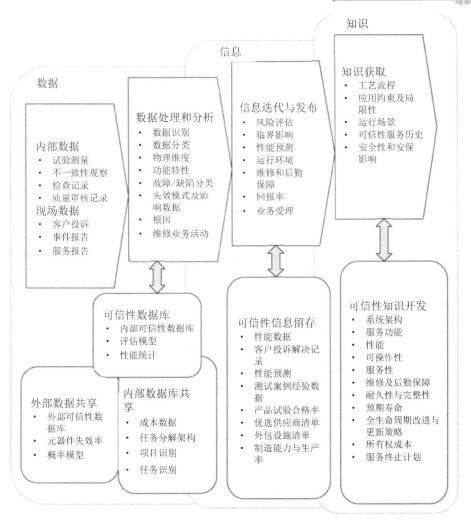

图 6-1　可信性信息管理框架的流程图

6.3　建立可信性信息系统

6.3.1　可信性信息系统要求

对技术系统而言，可信性信息系统应包括以下方面。

（1）失效报告、分析和纠正措施系统（FRACAS）（通常指硬件）失效记录；针对项目基本的可信性应用建立组织的程序和数据库。

（2）维修和后勤保障系统：支持系统服务操作。

（3）故障管理系统：获取系统错误和故障，尤其是与网络及软件相关的系统错误和故障，以便进行故障预防、缓解计划的实现和容错性的替代设计开发。

（4）可信性评估方法和技术：在系统可信性预测、分析和评估方面获取性能优化设计特性。

（5）信息保留：检索和传播可信性相关的记录和数据。

（6）知识的获取和捕捉：促进可信性知识开发。

综合的可信性信息系统开发是建立在获得的经验和知识的基础之上的。在组织的产品研发过程中，需要考虑业务变化、技术更新和持续的数据收集等过程。中心式数据库已经成为支持信息存储和知识库的基本需求。在可信性应用中，采集的数据大部分来自产品测试和现场服务记录，这些数据作为可信性信息系统数据库的输入部分。信息处理过程来源于数据分析与评价、各种功能设置、系统配置的可信性评估及测试用例实验验证等，它有助于决策判断。

可信性信息系统的建立来自三个独立系统的信息和数据的合作，这三个系统分别是 FRACAS、故障管理系统、维修和后勤保障系统。这三个系统输出的信息和数据融合，有力支持成本效益中心式数据库。随着通信技术的发展，电子信息和数据的访问、检索和分配已经成为实时处理过程，并且数据传输的准确性、简化的数据采集过程及从各种可用的数据源中查找可信性知识等得到了显著改进。独立的信息流和数据流的路径可以通过它们对中心式数据库的汇聚性识别促进可信性知识开发的进展。图 6-2 为可信性信息系统的信息流和活动流的总体框架。

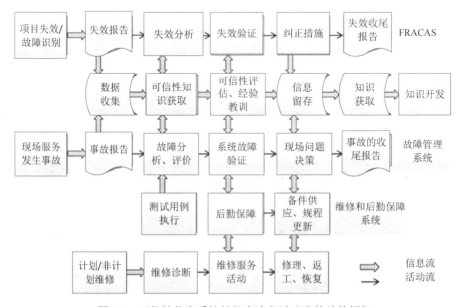

图 6-2　可信性信息系统的信息流和活动流的总体框架

6.3.2 FRACAS

FRACAS 的开发和实现是构建可信性信息系统的基础。美国军用标准
MIL-STD-2155[1]中提到，FRACAS 最早用于美国国防工业领域。FRACAS 框架已经
适应了工业领域可靠性数据库系统的研发[2]。为了方便，一些组织选择从外包供应商
获得与 FRACAS 类似的系统，这种系统在许可协议的支持下能够提供现成的信息系
统。当涉及的产品主要是电子元器件和系统时，这种方法在初创企业中是很常见的，
可以添加有用的特定内部数据填充数据库。这种方法可以节省大量时间，并且不需
要初始开发工作，但是在收集自身产品的组织数据时，缺乏特定的程序和实践经验，
不能提供对业务最重要的相关先验信息。

表 6-1 为 FRACAS 数据收集实例。

FRACAS 提供管理的可见性，对硬件的可靠性和维修性进行控制使其得到改善，
利用失效和维修数据及时调整相关软件，目的是生成和执行有效的纠正措施，防止
失效重现，简化和减少维修任务。FRACAS 是一个闭环系统，通过失效分析报告确
定失效原因。在分析过程中，对失效问题进行识别和验证，提出进一步的纠正措施，
防止失效事件的再次发生。在实践中，首先根据失效现象对失效进行诊断，以确定
常见的失效原因。根据失效问题的严重性进一步分析失效的根本原因，从而确定正
确的纠正措施。需要注意的是，并不是每一个故障都需要立即采取纠正措施，针对
实际情况，一些纠正措施可以等到后续设计修正之后执行。

并不是每个失效产品都可以被修复。例如，在对现场返回产品进行分析时未发
现故障（NFF），失效报告显示这些产品作为失效产品返回，但是在测试和分析之后，
属于 NFF 情况。在一段时间内，现场返回产品中 NFF 产品的百分比会提示一些可能
出现的问题迹象：较低的 NFF（<10%），表示正常的系统服务操作；较高的 NFF
（>50%），预示着系统存在严重的设计问题；100%的 NFF，可能预示着保修期内的退
货政策存在问题，客户已经决定退回所有可替换的新产品。NFF 的处理是在新产品
引进过程中经常遇到的一个重要可信性问题，在一些情况下，NFF 被视为业务成本。
NFF 信息和因果诊断应保留在数据库中作为经验进行学习。历史经常重演，要从过
去的错误中吸取教训，在出现真正的问题之前采取适当的行动才是明智的。

表 6-1 FRACAS 数据收集实例

问题报告数据	失效产品识别	数据收集用于报告失效识别和发生的问题
	失效检测的日期和时间	
	在设计、生产、运行或维修过程中发现的失效	
	检测到失效的描述	

续表

问题报告数据	检测到失效发生的具体位置	数据收集用于报告失效识别和发生的问题
	检测到失效的人员	
	失效征兆与状态	
	严重性和优先性	
纠正措施数据	失效纠正日期	收集采取纠正措施的数据并将其用于报告问题的决策
	失效纠正人员	
	采取的维修活动	
	修改的说明	
	修改模块识别	
	版本控制信息	
	纠正失效所需的时间	
	失效纠正的验证日期	
	验证纠正措施的人员	

6.3.3　维修和后勤保障系统

维修和后勤保障系统支持系统运行，并与 FRACAS 应用程序一起作为客户服务的前端。维修诊断和服务的活动信息是完成计划维修或非计划维修的必要信息。系统的维修性和测试性设计通常能够缩减完成维修任务所需的时间。维修等级为测试诊断设备（如内置测试设备）的维修性设计和开发提供指导。一般来说，技术系统需要具备以下三个维修等级。

（1）现场组织维修：也称一线维修，在操作现场进行维修。诊断任务通过使用组织者自己的测试设备进行。例如，飞机在进行着陆时，机载仪器（如测高仪）出现了故障，但是不影响飞行操作，飞行员在目视检查中发现由飞机内置的中央计算机检测出的故障，飞行员在飞机着陆时使用备用测高仪，飞机着陆后，将备用测高仪替换，转为停机坪上的一线维修操作，以便为下次飞行做好准备。这里所获取的信息指出了该维修活动和当时被替换的失效测高仪的诊断条件。

（2）中级维修：也称二线维修，维修活动由附近的设施执行，如接近作业现场的飞机库车间。检测发生失效的测高仪以确定它是否可以被修复。在某种情况下，对失效的测高仪进行修理、测试并校准，以便重新使用；如果失效的测高仪不能被修复，那么它将被返回工厂或废弃。这里所获取的信息表明所采取的维修活动，对失效的测高仪的处理过程，以及该测高仪的型号标识和序列号记录。

（3）站点维修：通常利用制造商的设施对现场返回的失效产品进行维修，以确定失效原因。根据失效条件和高消耗产品恢复的准则，决定是否修理或丢弃。这里所获取的信息表明失效产品的处理，以及恢复产品重新使用的修复和返工活动细节。

不是每一个系统都需要具备三个维修等级。一些维修系统仅需要两个等级就能工作得很好，如组织维修和站点维修。维修标准取决于需要服务系统的意向。例如，许多软件密集型系统包含了自诊断算法，并且在系统中编写健康检查程序以定期执行。软件更新可以在不中断常规业务服务的情况下自动在线完成。在有重大变化且需要特殊的现场安装时才进行服务调用，在这种情况下，维修服务信息可以被自动捕获并传输到数据中心以供信息留存。

后勤保障系统在保障所需的系统维修服务方面起着重要的作用。后勤保障主要涉及用于更换需要维修服务的系统运行过程中使用产品的供需过程。后勤保障准则取决于现场备件库存中可替换物品的携带成本以及备件补充的运输和网络分配效率。后勤保障系统所获取的信息包括跟踪库存资产的移动、将替换物品运输和分配到各个站点等。备件补充的周转时间是影响维修和保障系统库存控制过程和整个网络配置优化的重要因素。

6.3.4 故障管理系统

对于技术系统应用，故障管理系统与 FRACAS 的功能相辅相成。故障管理系统主要针对的是软件密集型系统运行和网络性能问题，而 FRACAS 主要针对的是与硬件产品故障相关的活动。故障管理系统与 FRACAS 的主要区别在于系统恢复的时间，该时间是由对技术权宜之计的期望和对客户社会容忍度的有限耐心驱动的。虽然对硬件修理或返工是常规的纠正措施（如对汽车发动机进行大修，更换零件可能耗费数天甚至数周的时间），但是一个网络通信系统可在几秒之内从故障恢复，从而使用户牢固树立对可信性的感知和认识。例如，根据 e.Week.com, Mobile News 2011-10-16 报告显示：在 2011 年 10 月 10 日, RIM(通信网络)的基础设施在英国数据中心 Slough 陷入了混乱，结果该混乱蔓延到了欧洲、中东、非洲和亚洲，包括巴西、智利、阿根廷、加拿大和美国，直至 2011 年 10 月 14 日所有国家才全面恢复服务，核心交换机（基础设施）的故障使 7000 万黑莓用户电子邮件速度迟滞，或者无法访问服务长达 3 天。据美国有线电视新闻网科技 2011 年 10 月 14 日的报道，对非专业客户而言，提供服务的可信性并没有引起太多关注；而对黑莓用户来说，RIM 是"削弱我们的信念"。

故障是技术系统自身固有的弱点。故障可能导致系统崩溃或网络性能下降。故障管理是提高系统可信性的关键。在一些关键情况下，开发测试用例用于验证故障隔离和排除的有效性。例如，故障注入测试方法用于验证系统故障的影响，通过故意的故障注入来测试结果的因果关系。故障注入测试方法的目的是验证系统的冗余设计、保护机制和总体故障管理能力的有效性。故障管理系统使用设计分析和审查过程来确定故障预防、故障减轻或容错性替代设计的实现方法。

故障分类、故障发生情况和适当的纠正措施为故障管理提供了数据库和框架。收集的故障数据与其他系统信息一起被处理，这些信息包括客户提供的特定现场运行服务信息，以及由供应商或销售商提供的系统功能设计更改通知或替换产品的重新安装过程。表 6-2 为故障数据处理后的留存信息示例。

故障管理技术直接提供了获取系统或网络可信性特性的方法，可分为以下几种类型[3]。

（1）故障检测：检查节点和链路的运行状态，设置各种性能阈值，监测性能的变化，及时检测故障。

（2）故障定位与诊断：定位故障，根据收集到的信息识别故障原因。对于不能直接定位的故障，可根据故障信息之间的关系进行分析，确定故障的具体位置和故障原因。

（3）故障隔离：隔离故障单元并防止与其他工作单元的干扰。

（4）故障恢复：在故障的情况下，通过重置单元或重新启动部分单元来恢复服务功能。对于冗余设计单元，采用保护切换或资源重置方法以避免服务失效。

（5）故障排除：使用维修保障系统替换故障单元或纠正软件故障，包括进一步深入分析，以及针对改进措施和解决方案的后续建议。

（6）故障告警：设置警报，以便在发生故障时向系统控制或网络管理系统发出告警，可以立即采取纠正措施。可以设置不同的警报来指示优先级动作的不同故障级别。管理系统收集相关故障报警信息，进行故障定位，准备进一步分析。

（7）故障预测：利用趋势分析等方法分析和评价故障的概率和可能后果。

（8）故障监测：观察和检查故障状况以提醒维修活动。

表 6-2　故障数据处理后的留存信息示例

累积的故障检测	累积的故障检测数据用于确定在一定时间内失效率和可靠性变化的趋势
累积的故障修复	累积的故障修复数据用于确定需要修复的已知故障及跟踪维修活动的有效性
故障检测率	故障检测率用于预测维修策略和资源管理的规划趋势
故障修复率	故障修复率用于预测维修策略和资源管理的规划趋势。维修活动的优先级设置基于故障的严重程度
每个位置的故障	根据系统功能进行故障跟踪以确定问题的具体区域
故障的危害性	根据故障影响等级分类为维修活动设置优先级
故障数量和百分比	维修策略规划的指示

6.3.5　可信性评估信息

与可信性评估相关的信息集中于获取和保留通过应用可信性方法得到的结果，

以分析和评价在系统生命周期中遇到的特定可信性问题。评估是一个提供具体可信性情况的知情状态的过程。表 6-3 为可信性评估的常用方法。

表 6-3　可信性评估的常用方法

方　　法	分析技术描述	输　　入	输　　出	方法使用时间
失效率预计[4]	使用给定应用条件下的预测模型估计系统元素的失效率贡献	数据库的系统元素失效率或已使用的类似元素的先验数据	系统可靠性评估提供 MTBF 或整个系统失效率	系统定义与设计
可靠性框图分析（RBD）[5]	基于系统配置的逻辑块确定成功概率、系统可用度或可靠度	指定模块的失效率	系统可用度或可靠度	系统定义与设计
故障树分析（FTA）[6]	利用自顶向下的分析方法，基于在系统级构建的故障树，分析由已识别的非预期故障导致的系统失效条件	指定的基于 FTA 方框图识别的不良故障失效率	根据已确认的可能性原因预估的系统停运或宕机时间	系统定义与设计
失效模式、影响和危害性分析（FMECA）[7]	采用自底向上的分析方法，针对失效模式和影响分析更高一级的系统元素配置	系统失效模式和系统每个模块可能导致失效的原因	由已确认的失效模式导致的系统停运或宕机时间的危害性	系统定义与设计
软件可靠性模型[8]	分析软件的可靠性，通过基于软件投入运行时的初始失效率估计来评价软件中可接受存在的残留故障数	软件运行中某一时间点检测到的故障数	软件中残留的故障数	软件版本发布和验收

　　对项目控制和保证目的的实际原因来说，可信性评估结果的信息留存是必要的。设计更新及可重用标准系统设计功能的集成避免了重新设计工作，评估过程和应用方法通常是迭代的。评估结果和后续的更新提供了一系列评估记录，用于验证设计进度和系统性能改进效果。可信性评估基于特定的系统设计配置，该配置要求维修设计更改记录。

6.3.6 信息留存、检索和传播

建立可信性信息系统，以便相关可信性记录和数据的留存、检索和传播。有组织的数据库结构对于实现有效的服务应用至关重要。信息处理对于识别服务需求、控制授权/非授权访问、检索和公开专利信息至关重要。在当今的竞争环境中，信息和数据安全保护，以及信息相关资产的实物保护对于开展业务越来越重要，在这种环境中，一切都可能面临风险，并且容易受到黑客和网络入侵。用于信息处理的物理资产包括建筑设施、控制室、计算机系统、服务器、数据存储装置、计算机、手机和其他个人通信设备，所有这些设备都携带可能被误导或误用的重要信息和数据。在保密性和安保方面，数据完整性至关重要，它用来确保数据的传输和接收在信息传递过程中不被中断、破坏、拦截、篡改或更改。

当采用可信性信息系统为客户提供分布式网络服务时，数据管理是必不可少的。网络失效或停运事故会中断信息业务流或导致数据损坏。关键数据的丢失可能导致无法恢复网络服务功能或造成网络运营商的经济损失。例如，2011 年 10 月 14 日，JPMorgan Chase 发布新闻报道称"黑莓停运可能使 RIM 损失超过 1 亿美元"，这反映了关键数据的丢失可能造成的巨大损失。

为了提高网络可信性，通常使用以下方法来管理数据。

（1）将重复数据存储在不同的位置，保护数据存储介质免受故障或损坏。

（2）定期备份以保护密钥信息和数据。重要数据应该通过多个备份和远程备份来进行保护。正确使用备份和恢复机制可以减少不可用时间并提高性能。

（3）加密、确认和再传输机制，以及可用于通过网络传输重要业务数据的冗余传输机制。例如，在银行业务的金融数据传输过程中，为避免丢失数据包而采取的保护和保障措施。

（4）使用不同的介质存储程序数据和信息数据。例如，云计算就是一种经济的信息存储和有效备份方法。

（5）重要计算机程序数据的冗余可以用来确保系统的正常运行，即使运行中的软件程序被错误地修改。

（6）冗余系统活动单元和备用单元之间的信息同步可用于避免保护切换期间的数据丢失或异常行为。

（7）在加载或传输期间保护、检测和验证程序数据，以确保数据的正确记录。

表 6-4 为知识开发所需故障信息的示例。

表 6-4　知识开发所需故障信息的示例

生命周期内引入故障	在什么时间及阶段引入故障并采取适当的措施
生命周期内发现故障	在什么时间及阶段检测到故障，以及延迟故障排除的纠正措施的理由
分析消耗的总时间	用于分析问题、识别和隔离纠正措施所需的时间和相关资源
系统测试消耗总时间	系统测试所需的时间和相关资源
总维修时间	维修活动所需的时间和相关资源
均维修管理时间	维修管理所需的时间和相关资源。维修管理范围包括故障纠正之前和之后。例如，分配维修人员所花费的时间，系统程序更新及更正后新版本的发布
纠正活动平均消耗时间	纠正措施所需的时间和相关资源，反映了维修活动的成本效益
纠正活动的原因	用于确定故障的来源。纠正活动的典型原因包括： • 以往的维修活动； • 新需求； • 需求变化； • 误解需求； • 遗漏需求； • 不明确的需求； • 软件环境的改变； • 硬件环境的改变； • 代码/逻辑错误； • 性能错误
纠正活动的成本	纠正措施的总成本，包括故障隔离、问题解决和有效维修活动的管理
测试和验证的功能百分比	测试覆盖率、测试效率和完整性
系统失效分类	不同类型的失效及其各自的原因，以便计划和优先采取适当的纠正活动。
系统失效发生频率	故障导致系统停机或性能下降的每年或每月的事件总数
系统恢复时间	从第一次检测到事件发生到系统恢复正常操作时用户服务完全恢复的总运行时间
每个事件受影响的用户总数	在提供系统服务时影响用户数量的事件的大小
历史数据	提供与设计、工艺和产品相关的问题区域的历史数据

6.3.7　知识开发

　　知识是一种智力资产，可以包括通过经验或教育获得的信息、事实、论述和技能。知识既可以是理论的，也可以是对某一学科的实际理解。知识开发着重于获取、创造和分享知识，以及研究支持技术实践和文化基础的概念和原理等。知识管理是通过充分利用知识来实现组织目标的一种多学科方法。知识管理涉及利用现有资源通过知识开发推动技术和应用的发展。成功的知识开发受到鼓舞人心的个人抱负、技术领导、长期战略和对变革时机商业愿景的积极影响，并能够预测组织推出的新产品对社会需要和客户需求的切实可行性。一个有配套设施的创造性工作环境是滋养人才资源、培养创新精神的重要条件，在这种情况下，技术已经成为驾驭知识的关键推动者，而不是提供解决方案的手段。业务流程和组织架构应该有助于共享关于价值创造的知识、创新、发现、想法和启示。知识管理可以从以下多个方面对知识开发过程做出贡献。

（1）人：工作动机、鼓励创造力，以及创新的职业发展和领导力挑战。

（2）过程：跨职能发展、团队合作经验分享，以及加强内部和外部专门知识参与和贡献的指导方案。

（3）技术：合资研究、设计专利和奖励，参与会议和构建人际关系网，以开发下一代产品的技术平台。

（4）文化：变革管理，制定共同的目标，采用适应性和循序渐进的方式培养知识型组织，影响社会素质。

技术系统中可信性特性的设计将灌输客户信心和用户信任，并一直维持系统价值。接受可信性原理和实践的组织可以创造价值。成功的知识开发往往通过产业、政府和学术机构的合作来完成：许多协作工作已经完成，并且不时地被记录为特定学科的"知识之书"。这些合作努力代表了随着时间的流逝而获得的人类洞察力和智慧遗产，这些智慧旨在启迪人类的后代。

6.4 经验教训

6.4.1 从经验中学习

最有价值的经验教训是从实践中获得的。自电话首次被用于商业服务应用以来，电信业的技术创新历史已经十分悠久[9]。电信技术的发展为许多人的生活带来了巨大的技术进步，这种技术进步塑造了依赖于各种形式通信服务的人们的生活。技术变化的社会适应性及产生的影响已经在商业风险投资中快速扩散，并且改变了分歧的政治和文化格局。下面总结了精心选择的亮点信息，提供先行经验，帮助读者继续探寻与技术系统相关的可信性价值。

6.4.2 网络可信性案例研究

自 1992 年以来，通过分布式公共交换电话网络（PSTN）提供客户服务的美国电话公司被要求向美国联邦通信委员会（FCC）通报影响 3 万多名客户的服务停运情况。PSTN 由成千上万个运行在不同地区的交换机组成，服务于全国各地的家庭和企业。这些交换机采用 90 年代的前沿技术设计，包括冗余硬件，以及可扩展的自检和恢复软件。几十年来，美国电话电报公司（AT&T）一直期望其交换机在四十年内的失效时间不超过两小时。

这个案例研究是由美国国家标准与技术研究所（NIST）进行的，目的是研究 PSTN 中的故障来源[10]，从最早的 FCC 报告开始，收集 PSTN 从 1992 年 4 月至 1994 年 3 月的停运数据。PSTN 统计表明，在它提供服务期间，总共有 303 个网络失效导致停运。在持续两年的研究期间，服务停运影响了超过一百万个客户，总停运时长为 3196.5 分钟。服务停运是由电话服务中断的总和决定的，并根据不同的失效类别进行分组。服务影响取决于按类别在客户分钟数内测量的总不可用时间。

客户分钟数=某类型失效发生后影响的客户数量×该类型停运持续时间

表 6-5PTSN 失效数据总结。

表 6-5　PTSN 失效数据总结

PTSN 失效源	失效分类	停运次数	停运时长（分钟）	受影响用户数	服务受影响的客户分钟数（百万）
设施	硬件失效	56	159.8	95690	1210.8
	软件失效	44	119.3	118200	355.5
流量	过载	18	1123.7	276760	7527.2
灾害	天灾	32	828.2	159000	3124.0
安保因素	蓄意破坏	3	456.0	85930	110.5
计划因素	维修	0	0	0	0
人为因素	人为失误（程序）	77	149.4	182,060	2349.3
	人为失误（偶然）	73	360.1	83,936	2415.8
总计		303	3196.5	1001576	17093.1

图 6-3 为 PSTN 停运分布和不同失效对服务的影响。

对于大多数失效，其停运分布对服务影响的数据明显不同。例如，尽管负载只占总停运的 6%，但它们占系统总不可用时间的 44%；人为错误造成了 49% 的停运，但只占系统总不可用时间的 28%。PSTN 的复杂性在很大程度上依赖于它的硬件和软件要素。一个意想不到的发现是，软件错误仅导致了 2% 的系统不可用时间，而硬件失效则导致了 7% 的系统不可用时间。在研究的时间段，PSTN 提供了高于 99.999% 的平均可用性。

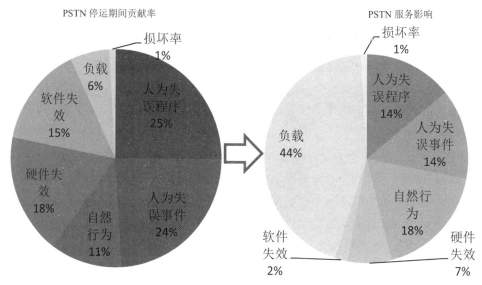

图 6-3　PSTN 停运分布和不同失效对服务的影响

6.4.3　超越数字看问题

可信性评估的主要任务之一是可靠性预计。其中，对硬件和软件要素进行合理的分析和评价的目的是获得适当的设计应用，这曾经是可靠性工程师的主要任务，他们在系统开发项目中投入了大量的时间。在 PSTN 案例研究中，硬件和软件的总失效仅占系统总不可用时间的 9%。通过观察数字来解决剩下的 91%的系统总不可用时间问题是明智的。

PSTN 是一个分布式网络，它作为一个复杂集成的系统（SoS）来执行和运行。网络的可信性受到多种因素的影响。PSTN 案例研究指出，应从技术设计的角度利用其他方面的网络特性来补偿可信性要求程度很高的 PSTN 的设计复杂性。PSTN 软件设计的方法主要是错误检测和纠正。在 PSTN 案例学习中，研究了一些与网络技术设计相关的可信性问题。

1. 动态重路由

高度分布式网络更容易存在局部故障。网络交换机可以绕过一个失败的网络节点动态调整路由。间歇性失效通常不是灾难性的。一个网络组件中的短暂故障对整个网络的可用性影响相对较小。然而，PSTN 重新路由请求必须在整个网络范围内保留大量的信息。维护分布式数据库的一致性可能需要系统组件之间的复杂交互，这是一种在网络操作中规避持续性风险的备份方法，用于维持可信性。

2．松耦合

PSTN 是一个松耦合网络，它可以动态请求多个路径的路由，以系统组件之间的一些复杂交互为代价实现松耦合。网络设计包括端到端确认、许多系统之间的交互及维护一些全局一致数据库的需要。主体交换中心存储可选路径信息，并交换业务模式数据和用于全天数据访问的切换状态。松耦合 PSTN 支持更灵活的失效恢复并提高可信性。失效恢复可包括自动机制和手动机制，利用 PSTN 的松耦合优势来实现集成度高的系统。

3．人为干预

PSTN 设计有内置的自测试和恢复机制，能够连续监测系统的服务运行。路由算法受益于自动化和手动操作。交换机状态和业务模式的信息允许交换机内的软件在首选路由变得过载或不可用时自动选择备选路由。如果交换机耗尽了所有备选路由，那么人工干预可以重新配置网络，有时可以在几分钟内解决问题。交换机之间定期交换的状态数据使得自动化和手动操作重新配置路由成为可能，这提高了可信性的服务性。

由 PSTN 案例研究得到的经验表明，软件不是 PSTN 可信性的薄弱环节。在主要系统组件（交换机）中广泛使用内置的自测试和恢复机制有助于提高软件的可信性，这是 PSTN 的重要设计特性。网络的高可信性表明通过内置的自测试和恢复机制引入的可信性增益和复杂性之间的权衡是有益的。再者，允许在大多数系统失效中进行快速人工干预可实现非常可信的系统，复杂的交互性和系统组件的松耦合之间的权衡也是有益的。

自 1997 年的 PSTN 案例研究以来，相关技术已经有了很大发展，许多新的可信性方法已经用于通信网络工程[3]。例如，网络路由优化、业务拥塞控制和容错设计已经成功地部署在系统中，用于提高可信性。

6.4.4 适应变化及变化的环境

信息和通信技术（Information and Communication Technologies，ICT）产业在过去的几十年中取得了很大的进步。技术的进化是由人类的需求和世界范围内不断变化的环境驱动的。随着通信服务的不断融合，有线、无线、电缆和卫星服务之间的界限变得越来越模糊。国际电信联盟（ITU）在 2009 年预计，到 2009 年年底，全世界有超过 40 亿的移动蜂窝网络用户；相比之下，全世界只有 13 亿条固定电话线路，几乎四分之一的世界人口（6.7 亿用户）在使用互联网[11]。在美国，超过 2.76 亿用户使用移动电话服务，超过 20% 的美国家庭只使用无线服务，美国的无线用户每年的通话时间超过 2 万亿分钟，每年发送的短信超过 1.3 万亿条[12]。信息社会对通信需求的增加和多样化推动了 ICT 产业的蓬勃发展，ICT 产业正遍布世界各国和地区。

网络可靠性指导委员会（NRSC）[13]成立于 1993 年，由电信工业解决方案联盟（ATIS）赞助，旨在持续监测美国的网络可靠性[14]。NRSC 通过美国电信公司、服务提供商和联邦通信委员会（FCC）之间的合作，报告美国各地的电信网络停运信息。在识别和明确上报的网络停运的根本原因方面所做的协调努力是确定网络停运趋势的基础。业界与政府的合作被公认为是学习过去经验并随着网络的发展而准备迎接未来挑战的重要部分。NRSC 已经建立了用于系统地审查网络要素的通信基础设施框架[15]，利用该框架来识别可能对国家网络停运趋势造成的影响。从技术演进和应用变化的影响方面来看，这些影响因素反映了与网络要素相关联的网络性能体验的能效。NRSC 以基本通信基础设施为标准方法来识别通信网络运行所必需的网络要素。由于每个网络要素都具有内在脆弱性，因此必须做出积极准备和应对措施。

表 6-6 为网络可靠性影响因子的系统评审，其中总结了各网络要素的影响因素实例[16]。

表 6-6　网络可靠性影响因子的系统评审

网 络 要 素	可能的能效影响因子及为网络要素带来的影响
电力	• 分布式远程设备对电力容量的依赖性越来越强； • 增加了对交流电的依赖，因为交流电有更多的元件； • 专家人数越来越少； • 增加了商业电力故障出现时冷却备用电源的需求
环境	• 硬件封装集中度的提高增加了对冷却的挑战； • 增加的分布式网状网络拓扑可能降低某个站点的重要性
硬件	• 增加在设备供应商之间通用硬件的使用频次； • 设备供应商外包的增加； • 单个组件容量的增加； • 技术周转率的增加
软件	• 设备供应商和网络运营商的外包的增加； • 人工智能运用的增加； • 面向服务架构部署的增加； • 蠕虫和病毒的增加
网络	• 减少对控制芯片的依赖（向软件转移）； • 降低确定的可用性，并且减少控制通路； • 与其他实体互连复杂性的增加； • 增加对无线接口的暴露

网　络　要　素	可能的能效影响因子及为网络要素带来的影响
有效载荷	• 增加网络上运行服务（视频、游戏等）的多样性； • 根据服务类型增加流量水平的变化； • 流程与控制信息隔离的减少； • "常开"会话使用的增加
方针	• 连接的网络实体和元素的数量的增加； • 相关标准数量的增加； • 全球差异性对监管预期作用的增加； • 减少新能力出现的准备工作
人	• 新技术学习曲线分配时间的减少； • 日益激烈的竞争环境增加了整体工作量； • 增加电子认证的依赖性以支持虚拟工作场所； • 虚拟团队的扩散降低了社会凝聚力

6.4.5　利用绿色技术

ICT 系统极具冲击力的全球部署之一是无线网络。下面介绍了利用绿色技术开发无线网络设计方法[17]的步骤。无线网络设计方法利用环境可持续性的网络设计流程[18]来减少能源消耗、热量产生和设备占用量，目的是提高网络性能效率，降低运营成本，实现可信性价值。

1. 网络设计对能效的影响

有效的无线网络设计应具备能够为不同的网络服务提供优化的性能和使网络操作能耗最小化的配置。在网络设计和无线网络运行过程中，应充分理解网络性能与能效之间的关系。

2. 网络流量建模

网络流量建模包括对语音、数据和视频服务、网络中的用户行为和用户移动性的分析。网络流量建模提供一种对各种通信业务模式和应用参数的估计方法。无线网络的能效可以表示为所有业务模型参数的函数。通过实施特定的网络资源管理方案，可以优化网络的能耗和性能。

3. 网络拓扑设计

网络拓扑设计对网络运行中的能效有影响。网络拓扑设计标识了网络要素体系结构、网络要素之间的关系，以及对端到端连接解决方案的基本假设。网络拓扑设计还包括网络的性能、分布、可扩展性和可靠性，这将对能耗和性能效率有重大影响。

4. 网络接入技术

网络接入技术对能效有影响。无线接入技术包括 GSM（全球移动通信系统）、W-CDMA（宽带码分多址）和 LTE（长期演进）等，它们是无线通信的接入标准。新型的无线接入技术（如 LTE）提供了大容量和优化配置，这使得每个系统配置能耗更低，并且能够提供更丰富的服务。

5. 系统参数优化

参数优化是一种优化网络能效的方法。优化过程包括对天线的高度、倾斜度、方向和发射功率等现场参数的调整，目的是以最小的干扰量实现最大覆盖率。在系统参数优化过程中，需要考虑无线特性的一些因素，如无线传播技术、频率和信道分配技术、编码方案和优先级方案。

6. 服务分发体系结构

能效需要具有建设性的服务分配和管理框架。服务分配和管理框架定义了应用服务器的分布，以集中用户服务，如语音、网络和流量服务。用户接入距离网络接入的边缘越近，通信量就越小，整个网络的能耗就越低。服务分配和管理框架可能需要通过网络和技术升级来优化能效，以及处理多个高级服务和内容传递。

7. 冗余机制的实现

在服务提供商的网络中实现冗余机制对网络的功耗有重大影响。冗余机制可以满足网络可靠性需求，实现最终用户服务质量（QoS）和遵守法规要求。服务提供者可以使用不同的冗余技术来实现其网络的高可用性，以满足监管要求。冗余技术可以是热备、温备或冷备。冗余的有效性通过备用组件投入使用提高能效的时间来衡量。与不同的备用模型相关联的能耗可能随系统实现和应用软件的变化而变化，其影响取决于所使用的接入网络、核心网络和骨干网络的特性。

8. 规划和优化

规划和优化固化了网络设计的所有前期步骤，以优化节能网络。设计权衡可以迭代进行，以减少所需的网络资源并优化相关的能耗。由于上行链路和下行链路的业务负载不相同，因此在规划和优化时，必须分别考虑上行链路和下行链路的业务负载。例如，上行链路的流量服务主要用于信令，以便与网络中的流量服务器进行通信，而下行链路的流量有效载荷需要更高的带宽，以用于传输。对于大多数电信业务，下行链路总是需要更高的无线电基站的发射功率。

上述步骤显示了如何利用绿色技术来实现能效，我们可以从中获取技术诀窍和实践经验。这些有价值的经验教训应该是信息留存的备选，以便进行行业最佳实践的进一步知识开发。应当注意的是，ICT 的应用在各种环境可持续性项目中发挥着重要作用。例如，在智能电网中监测和控制系统的应用能够有效地提供可靠、经济和可持续的电力服务。可信性注重执行能力，从这个角度来讲，在技术系统性能上的任何改进都意味着实现了可信性价值。

参 考 文 献

[1]   MIL-STD-2155，"Failure reporting，analysis and corrective action system，"24 July 1985.

[2]   Smith，R. and Keeter，B.，2010. "FRACAS; Failure Reporting，Analysis，Corrective Action System，" Reliabilityweb.com Press; 1st edition（December 14，2010），ISBN-13: 978-0982051764.

[3]   IEC 61907，Communication network dependability engineering.

[4]   Mil-HD BK-217F，"Military Handbook，Reliability prediction of electronic equipment，" 2 Dec 1991.

[5]   IEC 61078，"Analysis techniques for dependability- Reliability block diagram and Boolean methods".

[6]   IEC 61025，"Fault tree analysis".

[7]   IEC 60812，Analysis techniques for system reliability - Procedure for failure mode and effects analysis.

[8]   Lyu，M. R.（Ed.），1996. "The Handbook of Software Reliability Engineering，" IEEE Computer Society Press and McGraw-Hill Book Company，1996.

[9]   Coe，Lewis，1995. "The Telephone and Its Several Inventors: A History，" Jefferson，North Carolina，McFarland & Co.，Inc. ISBN 0-7864-0138-9.

[10]   Kuhn D.R.，1997. "Sources of Failure in the Public Switched Telephone Network，" IEEE Computer，Vol.30，No.4（April 1997），National Institute of Standards and Technology，Gaithersburg，Maryland 20899 USA.

[11]   International Telecommunication Union（ITU），Measuring the Information Society: The ICT Development Index 2009.

[12]   CTIA-The Wireless Association，Wireless Quick Facts -Mid-year Figures，Web 5 December 2009.

[13]   Network Reliability Council，Network Reliability: A Report to the Nation，June 1993.

[14]   ATIS-0100029，NRSC 2008-2009 Biennial Report.

[15] Rauscher，Karl. F.，Protecting Communications Infrastructure，Bell Labs Technical Journal Homeland Security Special Issue，Volume 9，Number 2，2004

[164] NSTAC NGN Task Force Report，Systematic Assessment ofNGN Vulnerabilities，Appendix G，March 2006.

[17] ATIS Report on Wireless Network Energy Efficiency，www.atis.org/Green/index.asp，January 2010.

[18] ATIS Report on Environmental Sustainability，www.atis.org/Green/index.asp，March 2009.

第 7 章

运行期间可信性保持

7.1 概述

运行阶段和维修阶段在系统生命周期过程中持续时间最长，在此期间，大多数公司需要为客户提供服务业务，而服务供应商构建了一种通过提供服务获取盈利的商业运行模式。服务供应商通过保持系统设备的长期运行和耐久性，提供令客户满意的高质量服务。妥善管理系统运行过程和充分发挥维修保障的作用能够控制系统失能时间，减少服务不可用时间，使系统在运行期间满足可信性，从而满足客户的需求，提高系统性能和效率。

为使系统在运行期间满足可信性，必须保证系统的可用性和可靠性。因此在系统设计阶段要考虑维修性对系统运行的影响，同时部署全局系统保障方案，提供实时有效的维修保障手段，从而避免产生不必要的系统运行问题。

从技术系统运行角度来看，应当考虑一些基本的量度方法对可行性的影响。本章给出了系统运行期间可信性量度的原理和实践，同时给出了在工业系统领域应用可信性量度来维持系统运行期间可信性的案例。

7.2 运行的考虑

有必要先对系统运行期间可信性的基本期望值进行定义。只要完全遵循系统运行和维修实践，那么所有的系统都能达到固有的可靠度，具体内容如下。

- 按照系统设计的功能、流程、设备运行条件进行相关操作，包括压力、温度、流体属性、污染物、电气特性（如电压、电流）。
- 按照规定条件（如温度、湿度、大气污染物、降水量）进行储存。
- 按照规定执行上电、下电操作。
- 进行日常维护，如清洁和润滑。

- 按照要求进行系统应用软件升级。
- 避免超负荷运转。

如果以上这些内容在系统运行期间被忽略或未被严格遵循，那么系统很难达到或维持令人满意的可靠性。而系统在实际运行过程中经常无法满足设计的要求，此时可以通过以下两种途径获得令人满意的可靠性：更换降级或故障的组件，以重新设计或修改系统；改变或限制运行，以接受降低的可靠性限制。

可用性取决于可靠性，同时受到维修保障和后勤水平的限制。系统可用性一般直接受控于用户。在不可用时间允许范围内，对系统性能指标进行调整，可以优化系统，降低系统运行费用。冗余设计可以改善系统可靠性，但是备份设备和组件会增加成本。冗余在系统运行期间可以更加灵活地规划维修工作。随着软件应用和成熟组件的成本降低，设计者有很多机会去优化系统架构，从而可以轻而易举地降低长期维修保障的费用。

人们必须了解操作规范，并认识到偶然的误操作对系统的影响。系统运行过程中收集的数据反映了已发布或已发现故障的因果关系，这些数据有助于获取系统运行剖面，并为解释可用性和可靠性数据提供必要的信息源，以进行系统改进。

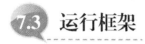 运行框架

7.3.1 可信性的系统运行目标

可用性和可靠性的测量与性能要求、公司目标和客户期望密切相关。可信性的系统运行目标如下。

- 确保达到服务水平，如物流。
- 满足客户对产品可信性的期望。
- 监控安全性，确保系统安全性满足期望。
- 监测产品可靠性增长，确保达到可靠性目标。
- 为运营成本分析和可信性价值评估收集信息。
- 最小化不可用时间，促进产品的可用性，提高工业制造的产能。
- 关注外部环境因素，确保符合法律法规，以及社会等的特殊使用要求。
- 识别运行服务改进的机会。

7.3.2 系统运行过程概述

为了实现以上系统运行目标，必须建立基于良好组织过程的基础设施，以保障

系统运行期间良好的可信性。系统运行过程中的活动因工业类型的不同而存在较大的差异。从管理的角度来看，系统运行过程包括技术支持和管理保障，可以促进基础设施的发展和持续改进，维持系统运行过程中的商业可行性。图 7-1 为系统运行过程概述图。该图阐述了过程活动和保障部门在维持系统可信性方面的相互关系。

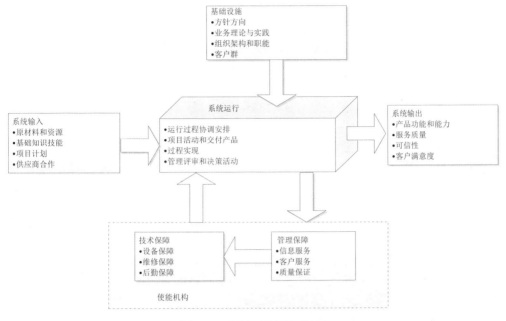

图 7-1 系统运行过程概述图

基础设施有助于企业运用良好的商业原理与实践运行系统。成熟的业务运营通常以客户为中心，拥有强大的人力资源，具备技术能力和业务知识，是系统运行的输入条件。系统运行过程需要遵循活动计划，围绕管理层评审和重大决策活动所通过的承诺目标开展各项工作，由此产生的系统运行结果满足了客户对产品质量和服务可信性的期望。系统运行高度依赖保障系统，即组织内共享的使能机构。需要注意的是，系统运行的有效性在很大程度上依赖于保障系统的可用性，以及执行任务的实时有效性。系统在运行过程中经常找不到失效产品的替换品，从而造成拖延。而更严重的问题是制造过程中使用未经校准的测量仪器，会记录错误的测量值，轻则须重新测量，重则须隔离、报废整个批次的产品，从而导致整个批次的全部损失。

为了在面向生产过程中维持可信性，信息化保障部门必须提供实时的反馈信息，以便维修保障部门获取即时需求进行过程调整，确保重新取得对系统运行的全面控制。因此，有必要投资购买合适的监控系统，以监控整个系统运行过程中关键节点的状态。监控系统应满足实际信息处理的基本需求。系统故障和失效的可信性量度对于系统运行的有效管理至关重要。从长远来看，投资购买合适的监控系统能够节省时间和成本，同时减少维修保障时间，避免系统停运或降级。

7.3.3　运行过程的实现

系统运行阶段的持续时间取决于运行过程的本质。对许多产品而言，在其业务生命周期中，系统的运行过程包括从新产品推出到市场增长、成熟、饱和、逐渐下降的所有阶段。对能源工业来说，其运行过程从能源的生产开始，到能源不再可用或不再经济的时候才结束。

即使按照正常流程运行的系统或设备，其性能也会随时间而退化。系统的保障部门在系统退化时开始发挥作用，以缓解系统退化，促使系统或设备最大程度上恢复到正常运行水平，同时，出现了资源重组的可能。保障部门是在突发情况下提供维修保障和服务恢复的使能机构。对运行的技术保障包括设备使用、维修和后勤支持功能，以及管理系统运行生产能力的管理保障。

当出现重大设备故障或市场突然下跌时，企业运营会遭遇挫折。受制于现有生产能力，企业无法交付超出预期的大规模采购订单。当存在资源约束时，企业无法投资可能盈利的新型风险项目。商业风险会带来正负两方面的影响，具体影响取决于企业管理层是否有能力做出明智正确的决定。系统运行的管理保障提供信息化服务，整合市场投入、客户反馈数据、质量保证过程等信息。系统运行过程中获取的可信性数据，以及随后的数据分析不仅为过程改进提供了有价值的见解，也为运行预算控制、保障成本降低提供了可行的方法。可信性信息管理既能引导系统有效运行，又能提供关键数据，帮助管理层对运行期间的问题（包括可信性影响等）做出正确决策。

7.3.4　维持可信性的过程方法

图 7-1 给出了系统运行过程的关键驱动因素。这些因素可以实现系统有效运行并维持系统可信性。关键驱动因素概念的应用代表了一种评估系统运行性能的过程方法。这些关键驱动因素是基本的过程功能，通过与促进性能评估的综合系统方法的内聚目标相结合而建立。描述系统运行的六个关键驱动因素如下。
- 开发保障系统运行框架的基础设施。
- 启动运行过程的系统输入。

- 提供计划产出的系统运行。
- 运行的系统输出。
- 运行的管理保障。
- 运行的技术保障。

每个关键驱动因素都代表一组特定的过程协作活动,具有促进过程实现的特定目的和作用。过程方法能够可靠地确定过程对系统运行的影响,以及评估对可信性的影响。

维持运行期间可信性是主要的过程目标之一。关键驱动因素中包含的过程活动可影响运行期间可信性,不同的关键驱动因素在系统运行过程中发挥着不同的作用。关键驱动因素中包含的过程活动是否能有效实施直接影响预期性能能否实现。

1. 开发保障系统运行框架的基础设施

关键驱动因素:基础设施。

目的:基础设施构建了系统运行框架,具备足够的资源和能力,能够保障基本部门的运转。在管理控制系统运行时,明确组织层次结构和报告制度,有助于促进过程实施、活动规划、项目协调和资源分配。

实施条件:基础设施为系统运行奠定基础,包括政策方向、商业原理与实践、客户服务基础、供应商联络、管理指南和日常运行技术规程。

运行影响:逐步发展系统运行的业务成熟度,获取经验知识,创造的价值能够保证运行效果和运行效率,以满足市场需求和客户需求。

可信性影响:在提供可信的产品和服务时,提高品牌价值和质量声誉。

2. 启动运行过程的系统输入

关键驱动因素:系统输入。

目的:启动系统运行功能所需要的资源,如原材料、零件、能源,还需要由具备一定知识技能的操作人员和维修人员执行系统运行的任务。

实施条件:系统输入依赖于设定好的过程、服务启动计划。在生产过程中,系统输入的原材料和资源转化成了已规划系统任务的一部分。在能源行业中,系统输入包括石油和天然气等资源。在某些情况下,需要设备和零件供应商的协作,以保证系统任务的及时完成。

运行影响:所需材料的可用性及资源的就绪情况对于维持系统任务运行的持续性至关重要。操作人员和维修人员所具备的知识技能可以提高系统运行的效率。

可信性影响:系统性地对系统输入进行管理能够促进系统持续运行和最终的成功。

3．提供计划产出的系统运行

关键驱动因素：系统运行。

目的：系统运行涉及的一系列相关过程活动将输入的原材料和资源转换为计划的产出。相关的过程活动通过基础设施进行协调保障，以实现过程任务执行的效率。

实施条件：根据已有资源、可利用设施、技术保障，过程活动完成特定的应用程序，以达到预期的结果。

运行影响：对运行状态和可交付产品的承诺目标进行定期管理评审，将有助于观察过程的效率和成效，并对过程进行持续改进。

可信性影响：过程效率和对运行过程的信心将影响生产能力，并取得运行期间的良好可信性。

4．运行的系统输出

关键驱动因素：系统输出。

目的：完成产品预期功能和能力，提供高质量的服务，保持运行期间的可信性，最终取得良好的客户的满意度。

实施条件：回访客户对服务质量的意见，有助于不断改善服务，更加满足客户需求。

运行影响：成功的系统输出高度依赖运行过程的优化协调工作。

可信性影响：可信性保证了运行过程所形成产品和服务的质量。

5．运行的管理保障

关键驱动因素：管理保障。

目的：管理保障能够完成系统任务，并为成功的运行过程结果做出贡献。

实施条件：信息服务、客户服务和质量保证等职能的协调一致。

运行影响：通过管理运行过程，获取管理保障的效率和有效性。

可信性影响：通过及时反馈组织价值的协同成效信息，获取员工信任和服务认可。

6．运行的技术保障

关键驱动因素：技术保障。

目的：技术保障能够完成系统任务，并为成功的运行过程结果做出贡献。

实施条件：设备保障维修和后勤保障的协调一致。

运行影响：通过管理运行过程任务的维修和恢复，获取技术保障的效率和有效性。

可信性影响．减少系统运行不可用时间，降低意外服务中断的频率。

在许多工业系统应用中，关键驱动因素的概念和综合的系统方法可用于系统运行过程有效性的评估。

 ## 7.4 运行期间的可信性量度

7.4.1 可信性量度概述

系统运行期间的可信性是通过系统失效引发的不可用时间和失能时间来量度的。失效发生在功能失效或降级时，功能损耗不易被系统用户和操作人员发现。隐藏的潜在故障通常无法被发现，如常见电子系统故障。故障是产品不能执行规定功能的状态。失效是指产品丧失完成功能的事件。识别失效的过程需要通过专门的测试，以触发潜在故障引发失效。过程中的不确定性直接影响失效的测量、记录和分析。部分行业开发使用高度结构化和形式化的系统，以保证可信性量度使用数据的质量和分析的有效性。

在完成了数据的收集之后，接下来要做的就是分析数据并得出有用的结论，以便有效地改进。在现有的数据分析方法中，一部分方法比较简单，如 MTBF 计算；而另一部分方法比较复杂，如马尔可夫分析，需要专业知识解释分析结果。大家都想使用最简单的方法，但是可信性分析本质上属于统计分析，简单的平均难以表明数据的真相。

可信性分析分为以下两类。

- 与组织或最终用户目标相关的顶层，如生产、服务水平和安全。
- 与资产可信性相关的支持层。

顶层是指可信性的应用，大致可以分为四类：产品、服务、生产/制造和安全性。

- 产品：量度是针对产品的，而且会随产品在资产分层结构中的级别而变化，包括简单组件到复杂系统。重点是用合适的方法监控产品失效率。
- 服务：量度是针对具体情况的，主要是未能及时提供预期服务的有关场景。
- 生产/制造：主要量度生产的可用性和可靠性，生产性能变化范围为 0~100%。
- 安全性：量度由意外事故引发人员、财产的损失。

图 7-2 为可信性分析应用概述。

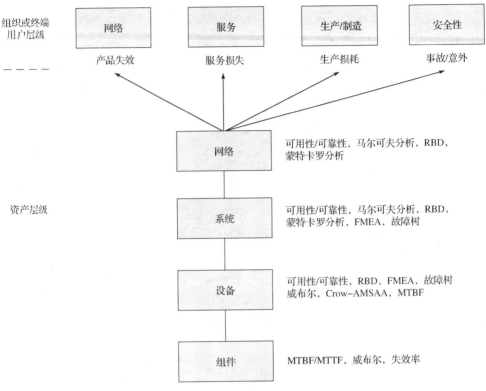

图 7-2　可信性分析应用概述

7.4.2　组织或终端用户的量度

终端用户只关心可信性对系统运行的影响，而组织管理层除了需要对组织量度，还必须考虑用户的体验和想法。

对于服务水平，终端用户普遍会关心以下可信性量度。

- 在需要时，服务的可用性。
- 已获得服务的可靠性。
- 完成承诺服务的及时性。
- 无事故或意外服务的安全性。

例如，对铁路服务来说，可用性是指列车按照时刻表在指定时间段内准时到站的次数与总计到站数的比值。如果列车已满员，无法上火车，那么乘客会认为该事件是可信性的失效，尽管实际原因是运力不足。可靠性是指列车因设备故障而中断的次数，尽管可靠性是由其他原因造成的，但仍被认为是列车服务的问题。及时性是指由于列车性能下降而导致最终到站时间的延误。

与上述可信性量度密切相关的是与安全性方面有关的问题。尽管安全性往往被认为是功能要求，而不是可信性要求，而且大部人觉得安全性相关意外事故造成的损失远超可信性下降造成的损失，但安全性和可信性其实是紧密相关的，因为设备失效会引发影响安全的意外事故。

对产品而言，客户的预期可信性包括以下内容：

- 在需要时，产品可用的能力。
- 产品的可靠性。
- 产品执行所提供功能的能力。
- 产品使用时无安全性相关的事故或意外。
- 产品运行时不对环境造成不当影响的能力。

例如，家用汽车能够启动并按照要求行驶，旅程不被中断并可确保安全。这个例子可以扩展到所有类型的工业设备和系统。

现代社会必然与产品或服务相关，比如，我们使用的能源（如电力、天然气）和电信服务（如电话和互联网）。终端用户的量度与上面提到的非常相似。

对于提供服务或产品的组织，从管理的角度来看，还包括以下额外的量度。

- 能够生产足够的产品，提供足够的服务，以满足需求。
- 保持高水平的可靠性以提高声誉。
- 最小化因质量问题产生的退货。
- 最小化制造成本以确保盈利。

终端用户量度和对组织重要的其他量度最终都依赖于提供服务和生产产品的基础设施和设备。资产相关量度是本章后续部分的重点。

7.4.3 平均失效率量度

最简单的描述失效的方法是使用失效率（一段时间内的失效数）或失效率的倒数，广泛使用的两种量度是 MTTF（平均失效前时间）和 MTBF（平均失效间隔时间）。这两种量度很容易混淆，我们通常认为 MTTF 适用于不可修复组件，而 MTBF 适用于可修复设备或系统。对于不可修复组件，可以假设数据是独立分布的；而对于可修复设备或系统，这种假设通常是不成立的，因为修复不能总是将系统恢复到初始状态[1]。

还有一个更复杂的假设，即基本分布应该是指数分布且具有恒定失效率。如果数据包括发生早期失效的设备初始运行阶段或失效率增加的后期耗损阶段，那么 MTBF 可能存在较大误差。如果制造商给出的设备 MTBF 基于恒定失效率，而未考虑耗损阶段，那么 MTBF 可能相当大（如几百年），这种测量结果可能是不真实的。

设备包含的电子组件不太可能达到组件耗损阶段，因为组件的可用寿命远远超过设备正常使用的实际使用寿命。设备 MTBF 在实际服役期间的测量更可能包含了在早期失效之后耗损阶段之前的组件随机失效。一些供应商已经开始讨论"使用寿命"，这可能是一个更有用的用于数据比较的量度[2]。

此外，如果定期更换设备的话，那么失效率将取决于更换时间间隔。为了正确理解失效，有必要充分了解这种情况，下一节会进一步描述统计分析。

如果设施（如炼油厂的泵）中存在大量设备，那么很容易将一年中泵的失效数除以泵的总数，然后取倒数得到平均的 MTBF。然而这却忽略了一个事实，即并不是所有的泵都在运行，而且泵的类型、尺寸、制造商、运行方式（基本负载或备用负载）等不同。如果使用此方法，则应至少对泵进行分类并使用实际运行时间，即使这样，得到的结果也是与实际结果有偏离的[3]。

尽管平均失效率量度存在以上问题，但它通常被录入可靠性数据库中，并用于分析。

使用平均值存在难度不只体现在以上方面，还体现在其他许多方面，如系统平均中断频率指数（SAIFI）之类的量度，这种量度主要用在电力行业中，用于监视客户的停电时间[4]。SAIFI 分布范围为：起始值较小（在 0 附近），最后陡然上升出现少数大值。例如，一年可能停电 0 到 20 次，但是 SAIFI 只有 2，这可能仅覆盖了 1/4 到 1/3 的实际使用人口。此外，整体平均值还可能掩盖了一些频繁中断的客户。这一例子告诉我们，要非常谨慎地使用平均值。

7.4.4　统计的失效率量度

统计的失效率量度考虑了数据的分布，可以更准确地表示失效数据的本质。最可靠的统计失效量度是威布尔分布[5]，它的主要优点是可以表征从早期失效阶段到后期耗损阶段的一系列分布。威布尔分布可应用于风力涡轮机，该实例表明，三参数的威布尔模型可以解决可用风力涡轮机数据不完备的问题[6]。威布尔分析的另一个应用是，利用生成的数据区分是数据处理问题还是可靠性问题[7]。

统计技术的另一个应用是在缺乏数据的情况下预测失效，就像配水系统一样，虽然管道破裂很少发生，但预测配水系统将来的失效是非常有必要的[8]。该应用比较了三种将来趋势模型：时间线性模型、时间指数模型及广义线性模型（GLM）（如泊松分布模型）。逻辑上，GLM 被认为与实际数据最匹配，但实际上它只比基于管道长度的模型好一些。

可靠性及增长可以使用 Crow-AMSAA（美国陆军装备系统分析中心）方法来估计[9]。Crow-AMSAA 方法与威布尔分析类似：直线的斜率表示可靠性提高、降低或保持不变[10]。Crow-AMSAA 方法的优点是更容易绘制且可用于多种失效模式，而威布尔分析需要将数据划分为单个的失效模式。

7.4.5　可用度和可靠度

平均可用度和可靠度的使用非常广泛，因为它们很容易关联到生产或制造能力的不可用时间。许多行业已经开发了常用的测量可用度和可靠度的方法，尽管不是很通用。

广义的观点认为，设备可以有四种基本的运行和维修状态：运行、空闲、计划维修和非计划维修（通常也称为强制失能时间）。对于任一时间段，这四种状态都可以转换为如图 7-3 所示的百分比（表示可用性）。

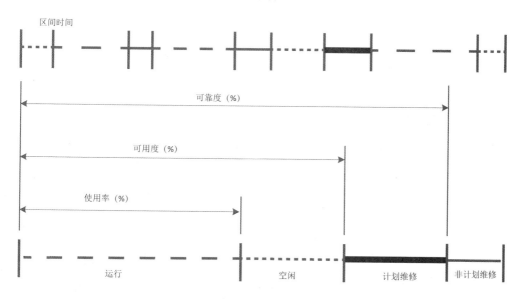

图 7-3　基于总时间段的可用度和可靠度一般计算方法

基于总时间段的可用度和可靠度一般计算方法的优点是时间基准始终是一致的（尽管每个月的小时数确实有变化）；缺点是如果运行时间很短，那么与运行时间长的设备比较会产生误解。

也可以采用忽略总时间中的空闲阶段的方法，该方法的缺点是，如果基于日历（如每月）报告，那么时间基准是不一致的；优点是运行时间长的设备和运行时间短的设备结果具有可比性。最后如果只比较长时间运行设备，那么以上两种方法结果非常近似。

一般系统的稳态可用度、平均失效率、平均不可用时间和可靠度的下限也可以从随机且独立的可修复组件中得到[11]。

7.4.6 可靠性分析技术

复杂的系统需要使用复杂的技术来进行可信性分析，最常见的技术是可靠性框图（RBD）。一个较大的系统或网络被划分成串联或并联的块，每个块的可用度或可靠度可用平均失效率（或 MTBF）或威布尔特性来定义，从而计算得到系统或网络的可用度或可靠度。RBD 是一种实用且被广泛应用的技术[12]。

还有一种常见的技术是 FTA，它适用于大型复杂系统，但比较耗时[13]。更灵活但更复杂的技术是马尔可夫分析，它可以处理多个状态[14]。可用性和可靠性建模最好使用蒙特卡罗仿真技术[15, 16]。

 可信性数据源

7.5.1 数据采集

操作人员或用户在使用产品过程中承担了可信性数据的收集、分析和纠正等工作，而且一般不需要产品制造商的参与。例如，对于系统的操作人员和计算机网络用户，事件报告和问题诊断通过自动化的在线报告进行，事故发生时系统的操作人员和计算机网络用户最能准确获取第一手上报的可信性数据。

部分行业会成立独立的维修服务机构，提供 24 小时随叫随到的系统设备维修服务。例如，石油和天然气行业派遣训练有素并且经过认证的维修人员为客户提供服务。独立的维修服务机构需要具备现场解决问题的能力，获取可信性数据建立专用的系统数据库，用于持续改进客户服务和业务水平。

有许多关于可用性和可靠性的数据收集工作。任何特定的情况都不存在单一的数据源。虽然某一类行业存在通用的数据收集、分析和报告方法，但全行业是没有的。数据来源通常可分为以下几类。

- 独立的操作人员和用户为自身利益收集数据。
- 独立的供应商和制造商收集数据，主要供自己使用，同时分享给用户。
- 基于行业的项目，协助会员监控和改善可信性。
- 某个行业的项目，同时包括设备供应商和运营商，通常是为了促进和改善整个行业的可信性。

- 通用商业数据库。
- 政府资助项目，包括监管机构的项目。

构建数据库需要包含资源（数据收集对象）的分类和结构、数据收集和记录的过程、数据分析的方法及结果的表达方式。也有人试图从其他数据源获取数据，如互联网[17]，而要做到这一点，最大的挑战是确保数据与可信性有关且正确。

目前不可能记录所有可用的可信性数据库，下面的章节会就这一点进行讨论。

7.5.2 国际标准信息

现有大量标准都对可信性数据收集过程有所描述。GB/T 37963-2019（IEC 60300-3-2，IDT）标准给出了更为通用的数据收集分析过程的描述[18]，其中数据收集的目标如下。

- 识别产品设计的缺陷。
- 调整维修和后勤保障。
- 分析客户问题，用于改正。
- 根因分析，防止未来设计中出现该类失效模式。

数据收集发生在不同复杂程度的设备中，以及生命周期的各个阶段，可包括以下数据。

- 库存或现场正在使用的产品。
- 安装、运行、移除的产品。
- 运行环境和条件。
- 设备的失效、故障、维修活动或事故事件。

收集数据的方法如下。

- 连续时间、窗口时间、多窗口时间、滚动窗口时间（可以是日历时间、运行时间、需求数量、任务时间、距离等）。
- 收集产品全部或指定子集的数据。
- 定量或非定量测量。

数据收集过程中获取的数据信息质量至关重要，坏数据将导致信息量的不足并误导数据分析。数据信息质量表现在相关性、准确性、完整性、数据源可信任性、交流对象的正确性，以及恰当的时机和充足的细节。数据信息质量只能通过数据确认过程来保证，在数据确认过程中识别并纠正错误数据。

对于石油、石化和天然气行业，更加具体的标准是关于设备可靠性数据、维修数据的收集和交换[19]，重点是通过数据收集分析的标准化，使工厂、拥有者、制造商和承包商互惠互利。这些数据的主要应用领域包括可靠性、可用性/效率、维修性、安全性和环境等。

数据收集以结构化的方式进行，并具有明确的格式，通常分为以下几类。

- 定义设备的边界（如压气机可能包括压气机本身、润滑油系统、密封系统、控制监控系统）。
- 产品的分类或系统分类，一般从最高级别（工业）到工厂，再到指定的系统，一直往下，直至感兴趣的最小零件。
- 监控运行周期的时间线。
- 设备数据（如制造商数据、设计特性）。
- 失效模型、因果图中的失效数据，包括故障什么时候发生、如何发生、发生了什么。
- 维修数据包括维修活动的细节及所消耗的资源。

所有这些标准都可以找到一般使用方法，可以对整个行业进行有效的比较。

7.5.3　OREDA

基于行业的典型项目是 OREDA（离岸可靠性数据）。该项目的目标是改善海上油气行业的安全性、可靠性、可用性、维修效果，以及提高行业声誉。OREDA 成立于 1981 年，共有 7～11 个国际石油天然气成员，分别来自 5 个不同国家，通过论坛的方式收集、交换油气行业的可靠性数据，推广应用可靠性方法。第一版 OREDA 手册印发于 1984 年[21]。OREDA 数据库作为油气设备最全面的可靠性数据库，其方法已纳入 ISO 14224[19]。OREDA 数据库中有详细的数据，但只有会员才能查询。

OREDA 具有详细的分类结构，可以用来标准化数据收集分析。OREDA 数据库中主要有四类设备，分别为旋转机械设备、机械设备、控制与安全设备、水下设备，并进一步将这些设备细分为系统级和设备级。

图 7-4 从安装记录、编目记录、失效记录和维修记录四个方面描述了 OREDA 数据库。大量的失效模式被覆盖，并被分类为临界、降级、初始和未知的类别。OREDA 数据库记录设备数量、安装信息、需求数量、失效数量、日历和运行时间，以辨别信息的有效性。失效率可用低、平均、高、标准差和 MTBF 来表示。平均数据和最大数据也包括有效维修时间和工时。

OREDA 开发的软件可进行自动化数据收集、获取和分析，还可进行先进的数据搜索和选择，以及常用的可靠性分析。OREDA 主要软件模块[21]如图 7-5 所示。

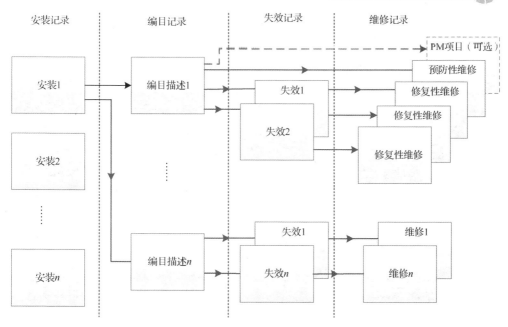

图 7-4　OREDA 数据库结构[21]

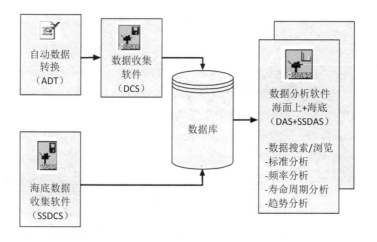

图 7-5　OREDA 主要软件模块

7.5.4　燃气轮机

1. 背景

市场从一开始就在强调燃气轮机的先进技术能够提高效率，增加输出功率，同时减少环境影响[22]。燃气轮机的先进技术主要包括高温燃气、高空气压缩比、冶金涂层，用于进行热气管道冷却、更加严密的间隙、低排放的内燃机系统及燃料的灵活多样。大家同样注重改进产品可用性和可靠性水平，尤其是针对工作周期、应用、工厂计划进行的优化。实际上，随着产品的发展进步，人们希望产品的可用性和可靠性水平与现有或已成熟技术的最佳可实现水平保持一致。

自20世纪70年代中期以来，无论是单循环燃气轮机，还是联合循环燃气轮机，人们都非常重视提高燃气轮机动力装置的感知可靠性和实际可靠性。资源工程由设备制造商独立投资建设，或者与EPRI（电力研究所）合作完成，EPRI提供资金支持和技术支撑。人们通过努力建立了使用标准分析方法和技术的现场数据收集过程，目的是提高产品可靠性，有计划地关注可靠性、可用性和可维护性（RAM）。EPRI的基金项目（联合循环燃气轮机的高可靠性发展项目）强调提高设备可用性和可靠性的"感知和实际"水平，并特别关注了燃气轮机和控制辅助系统，以及大型机械设备系统和组件的平衡。当时提出的主要问题包括：当前设备性能的实际水平是什么；该水平是否可接受；如果不可接受，必须做些什么来改善可靠性，以满足市场期望的系统性能。联合循环燃气轮机的高可靠性发展项目为确保原始设备制造商（OEM）在设计和开发期间考虑可用性和可靠性特性，以及性能量度提供了基础。

在20世纪80年代中期，这些努力在EPRI和通用电气深入合作的"高可靠性燃气轮机控制器和辅机系统设计项目"中达到巅峰。该项目旨在建立F级重型燃气轮机的可用性和可靠性期望目标，识别系统和组件（重点是控制器和辅机系统）的可靠性增长点，量化确定的备选设计方案的可靠性影响，以及在组件和系统选件中将可靠性作为设计因素。该项目建立了一种可靠性设计方法：将可靠性方法和分析工具相结合，通过运行的可靠性分析程序（ORAP）系统获得实际的现场数据，并结合OEM的设计原理实践，最终形成以可靠性为中心的设计方法。

20世纪90年代初，美国能源部向美国国会提交了一份题为《先进涡轮系统（ATS）综合规划》的报告，强调要将燃气涡轮的可靠性、可用性、维修性和耐久性保持在较高水平，并与现有期望水平持续保持一致。美国能源部提出了一个积极的业务目标：以最低氮氧化物排放量和90%的电力成本，达到60%的联合循环热效率（LHV），同时保持可用性和可靠性的实际水平满足最高水平的预期。该业务目标进一步推动了技术进步的进程。从20世纪70年代到今天，随着燃气涡轮技术的不断进步，市场需求和挑战的不断驱动，以及市场竞争的日益激烈，燃气涡轮的可用性和可靠性价值愈发明显。各种项目的盈利目标取决于实际能够达到的可用性和可靠性水平，只有实现这些期望的可用性和可靠性，才能避免项目财务方面的风险。

2．量度

关键量度优先级次序依次为服务系数（%）>每次启动服务时间（比率）、可用性系数（%）>可靠性系数（%）或强制失能时间系数（%）>计划和非计划失能时间系数（%）。虽然还有一些其他的 RAM 量度能够提供有价值的信息，但实际上这些关键量度足以描述当今最高水平燃气轮机的性能。这些关键量度的精确定义可以在 IEEE 762[23]和 ISO 3977[24]两个行业标准中找到。应该指出的是，这些关键量度是基于时间而非能源的，并且经常被世界能源理事会（WEC）使用。应该进一步指出的是，北美电力可靠性公司（NERC）及其可用性数据生成系统（GADS），以及 SPS（战略电力系统）公司的 ORAP（运行的可靠性分析程序）信息系统在报告性能量度时都遵循上述两个行业标准。

以下是量度的简要概述。

- 服务系数、每次启动服务时间系数：表示单循环或联合循环（无论是简单循环还是复杂循环）燃气轮机必须满足的工作周期和任务剖面。这两个量度都基于服务时间（轮机发电机在任何负荷下与电网同步的时间），反映了本应在预计报表中确定的经济任务。
- 产能系数和产出系数：表示运行设备在 MW 级功率输出的贡献。
- 可用性系数：表示涡轮机可用时间百分比。可用时间包括实际运行中时间（如运行时间）和/或处于准备就绪状态的时间。可用度的补集是不可用度（设备失效时间百分比）。
- 可靠性系数：强制失能时间系数的补集。强制失能时间系数表示重型涡轮机被迫失效时间百分比。可靠性表示除去强制失能时间以外的时间百分比。
- 计划和非计划失能时间系数：表示重型涡轮机因维修而不可用的时间百分比（无论是否提前计划）。

3. NERC GADS 数据

NERC GADS 数据库是一个了解单循环和联合循环重型燃气轮机的性能水平的重要平台。NERC GADS 数据以 5 年为周期：1984 年至 1988 年、1989 年至 1993 年、1994 年至 1998 年、1999 年至 2003 年、2004 年至 2008 年，提供了历史观察视角。NERC GADS 数据进一步划分为三类燃气轮机，分别是 50MW+燃气轮机、联合循环燃气轮机、联合循环 GT 机组。这种类型的划分依据并不是燃气轮机所使用燃料（如天然气、石油），划分的目的是展示单循环燃气轮机和联合循环燃气轮机运行期间的性能差异。

50MW+燃气轮机组数据显示单循环燃气轮机主要运行在峰值工作周期，服务系数为 3%～6%，相对较高的可用度（91%～93%）是由大量备用时间导致的。应该指出的是，产能系数与服务系数是相关的，运行中的 MW 级功率输出只达到铭牌标定产能的 40%～70%。1975 年至 1984 年期间的 NERC 数据显示，50MW+燃气轮机组可用度为 82.6%时的服务系数为 8.2%。由此可见，近 5 年的可靠性增长是很明显的。

据 NERC 报告，联合循环燃气轮机每年的运行时间在持续增加。由此可知，可用性系数是由每年大量运行时间（通常每年超过 3500 小时）引起的。由表 7-1 可知，联合循环燃气轮机的使用系数持续提高，是由于任务剖面的 SH/ST（每次启动服务时间）显著提高。SH/ST 提高的同时会使可用性和等效可用性系数提高。可用度和等效可用度同时接近 90%，即不可用度接近 10%。对表 7-1 强制失能时间系数进行进一步分析可知，联合循环燃气轮机的不可用性是由计划维修和非计划维修引起的。

表 7-1　不同 MW 级别联合循环燃气轮机的 NERC GADS 数据[22]

分类	时间段	可用性系数	服务系数	SH/ST	容量系数	输出系数	强制失能时间系数	等效可用性系数
联合循环燃气轮机（100～199MW）	1984 年至 1988 年							
	1989 年至 1993 年							
	1994 年至 1998 年	92.1	62.8	60.7	37.7	59.2	0.7	87.7
	1999 年至 2003 年	88.2	51.0	62.5	33.7	67.7	1.5	85.6
	2004 年至 2008 年	86.9	35.4	37.2	25.1	72.0	5.4	84.5
联合循环 GT 机组（100～199MW）	1984 年至 1988 年							
	1989 年至 1993 年							
	1994 年至 1998 年							
	1999 年至 2003 年	91.4	51.6	58.4	41.3	80.8	2.9	90.1
	2004 年至 2008 年	90.0	55.6	46.9	44.6	81.3	2.4	88.9
联合循环燃气轮机（200～299MW）	1984 年至 1988 年	88.9	58.0	72.0	31.6	55.2	1.3	80.5
	1989 年至 1993 年	86.3	65.3	86.3	38.8	59.4	1.1	78.1
	1994 年至 1998 年	89.0	55.3	57.8	37.3	67.4	1.9	82.7
	1999 年至 2003 年	88.3	54.9	69.9	39.1	72.3	3.7	84.5
	2004 年至 2008 年	90.2	47.6	63.6	36.3	76.6	2.7	88.1
联合循环 GT 机组（200～299MW）	1984 年至 1988 年							
	1989 年至 1993 年							
	1994 年至 1998 年							
	1999 年至 2003 年							
	2004 年至 2008 年	87.2	62.5	62.0	51.2	81.6	5.5	85.9

4. ORAP

ORAP 是一套自动化系统，用于监测燃气和蒸汽轮机设备的 RAM，整个系统包括蓄水供水系统、配电系统、热回收蒸汽发生器、发电机、驱动设备和全部机电平衡系统[25]。根据与 EPRI 的合同，SPS 公司制定了一套设备编码标准，奠定了全部产品线、OEM 等统一报告系统的基础。这种编码标准不仅可以使不同类型设备的报告统一，还可以使不同设备制造商、不同尺寸及遵循不同有效标准的设备都能够在组件级进行数据整合拆分。此外，ORAP 也能够通过欧洲的 KKS 标准获取数据。

参与数据收集的设备每月向 SPS 提交数据，在某些情况下"实时"提交。为了进行工程评审和数据确认，数据接收必须依照行业标准并纳入 ORAP 数据库。ORAP 数据传输和转换过程如图 7-6 所示。

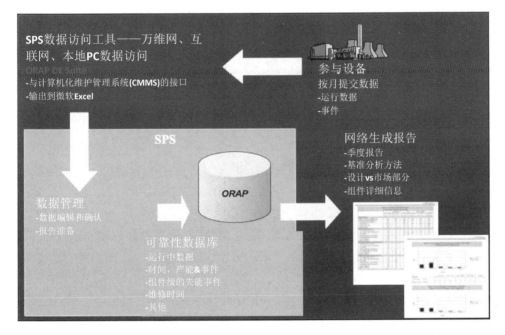

图 7-6　ORAP 数据传输和转换过程[25]

数据收集过程的一个重要环节是获取事件数据（强制失能时间和计划失能时间），其详细程度影响对不可用性/不可靠性的理解。ORAP 创立并使用了基于 IEEE 标准 762[23]的标准事件类型。ORAP 数据是"自下而上"收集和报告的，换句话说，ORAP 允许工程师看到组件（包括共享仪器、系统、设备）失效的影响。获取事件数据的详细程度对于可靠性分析的有效性是至关重要的。

ORAP 信息系统将数据转换为 RAM 统计数据,如详细的系统组件失能时间系数、失效率、启动中的不可靠度、服务系数、维修时间及其他失能时间系数信息。此外，ORAP 还提供了失能细节描述、失能原因、失效模式和纠正措施(由设备操作员执行)。这些信息是评估设备、系统、组件 RAM 性能的基础，也是开发 RAM 价值及促进评估改进的基础。需要注意的是，SPS ORAP 汇集的数据来自各种公用设施、热电联产设备的参与者们。这些数据进入数据库前需要进行评审，以确保准确性并得到验证。SPS 不能对信息进行修改，除非参与的客户同意并接受修改建议。SPS 工程师需要确认每个参与者数据的准确性和完整性。这确保了 SPS 的 ORAP 数据可以反映数据库中每个组件的特定运行、故障和维护历史。由此可知，可用性量度和可靠性量度是单元的经验和能力的有效指标。

通过内部专用的关联性建立起基础规则，用于 SPS 处理每个参与者的单元数据和特定集合数据，同时将"相似"数据联合起来形成集群级的性能。ORAP 为会员提供季度报告，报告内容包括相同用途、相同 MW 功率量级机组间的统计比较数据，用于行业评估、集群基准及更新运行信息。此外，ORAP 数据用于可靠性评估，能够有效测量和演示可靠性。

ORAP 数据按照技术、工作周期、应用、单轴和多轴联合循环装置设备等重要参数进一步分层[22]。应当注意的是，趋势图反映了年度数据。年复一年的变化可能是由以下因素引起的：样本量（通常是增加的）、显著的不可用时间（不可用小时数）及服务系数的变化（每年服务时间的增加或减少）。

图 7-7 给出了所有 OEM 中"E"级和"F"级单循环燃气轮机的可用性和服务系数结果。值得注意的是，这里的分级依据是单循环燃气轮机使用的技术，这不同于 NERC GADS 数据的划分依据。图 7-7 中的 NERC GADS 数据与表 7-1 中的 NERC 数据差异性很明显。相较于 NERC GADS 数据，ORAP 可用性数据中"E"级和"F"级服务系数总的来说是持续提高的，这是因为 ORAP 参与者覆盖了所有的主要运行周期，从峰值到周期，再到基本负载。这些量度结果显示"E"级和"F"级可用度为 92%～94%，而且随时间收敛到期望值。正如所预料的那样，由于热效率的提高，"F"级服务系数最终比"E"级服务系数高 16%（每年约 1400 小时的服务时间）。

图 7-8 给出了 ORAP 强制失能时间系数随时间的变化趋势。自 2004 年以来，"E"级强制失能时间系数和"F"级强制失能时间系数的变化趋势相对一致。这些数据（类似于 NERC 的 GADS 数据）表明，对于技术成熟的设备，计划维修和非计划维修都是不可用的主要原因。

图 7-9 给出了 ORAP 关于"F"级单轴联合循环燃气轮机和多轴联合循环燃气轮机不可用时间因素。图 7-9 包含所有燃气轮机数据，不论其级别、MW 大小或 OEM，而且仅仅给出了不可用时间因素。

随着简单燃气轮机和联合循环燃气轮机改善输出功率和热效率技术的进步，燃气轮机燃料范围扩展到非常规燃料（包括 IGCC 清洁煤），同时燃气轮机生命周期中出现的一些新问题要求它具有快速启动和停止功能，这就导致必须对可用性和可靠性进行维持和要求。

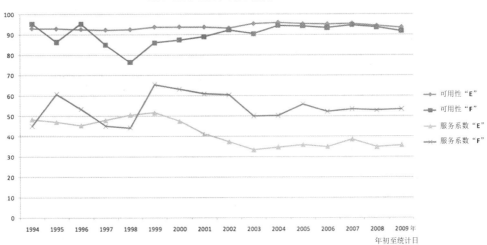

图 7-7　ORAP 可用性数据——"E"级和"F"级单循环燃气轮机

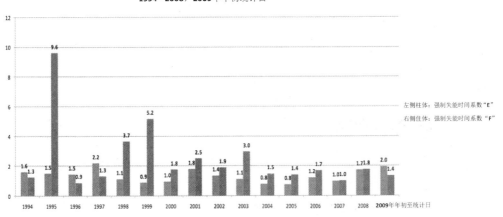

图 7-8　ORAP 强制失能时间系数——"E"级和"F"级单循环燃气轮机

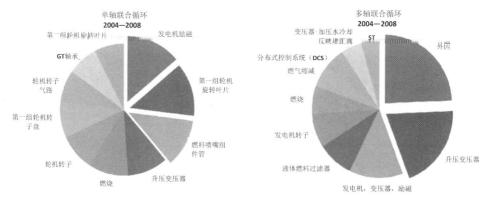

图 7-9　ORAP 数据关于"F"级单轴联合循环燃气轮机和多轴联合循环燃气轮机不可用时间因素

7.5.5　基础设施

现代社会非常依赖基础设施，包括各种各样的系统和网络，如道路、桥梁、供水、分配、管道、发电、输电、配网及通信等。随着基础设施的老化，可靠性变得越来越重要。

例如，水资源系统正受到越来越多的关注，这是因为水资源受到人口迅速增长和世界个别地区气候变化负面作用的影响。水资源系统的可靠性不仅取决于基础设施本身的可靠性（如水管道、水泵、阀门、海水淡化厂和蓄水池），还取决于水源的可用性（如雨水、河流、水域和循环水）。政府和监管机构在监测供水可靠性和水质方面发挥着重要作用。例如，加州的供水问题十分严重，而供水减少加剧了这一问题，由此当地政府发起了供水可靠性项目，即 CALFED Bay-Delta 项目，该项目起源于 20 世纪 90 年代的水危机和 21 世纪初的融资危机[26]。

7.5.6　电信和互联网

在过去的 10 年里，电信取得了巨大的技术进步。基于消费者的需求，互联网得到了广泛的发展。媒体融合带来了融合多媒体，仅通过网络基础设施就能提供多功能的语音、数据和视频通信。电信和互联网可靠性的实现已经拓展应用到在线电子商务服务，并掀起了社交通信的热潮，如短信、网络冲浪、VoIP（IP 语音）和流媒体。用户的需求在很大程度上满足于服务的高质量、运行的健壮性、费用的合理性、服务变更升级的便捷性，尽管安全和隐私问题常常被黑客和恶意软件的蓄意入侵所危害。

从可信性的角度来看，人类社会每个阶段的技术进步都伴随着好的、坏的和丑陋的方面。好的一面是生活的现代化，更多人的声音被听见并在一定程度上改变了国家的政治面貌；坏的一面是出于好玩、恶作剧的目的，故意在网络空间进行黑客攻击；丑陋的一面是不道德的公司为了利润，侵犯个人隐私和金融安全，这常常引起那些不完全相信技术进步的好处和长期可靠性的人的怀疑。

SIFT 信息安全服务公司代表澳大利亚通信和艺术部给出的一份报告列出了影响互联网可靠性的许多因素[27]，包括以下内容。

- 对控制和传输互联网数据基础设施的物理损坏。
- 互联网数据传输协议的互通性问题。
- 关键互联网系统的脆弱性。
- 服务中断的商业或政治问题。
- 影响消费者信心的因素。
- 电子瓶颈引发的通信拥堵。
- 缺乏服务质量保证。

7.6 运行期间分析可信性示例

附录 E 和附录 F 中给出了两个案例，来说明运行期间可信性的测量、分析和应用。有趣的是，我们注意到客户、操作人员、供应商、政府和监管机构等组织在这些活动中具有很多不同和相似之处。

在附录 E 中，对 LNG（液化天然气）运输船的 BOG 再液化系统进行了研究，以验证提高可靠性的设计改进。RBD 用于确定系统的可靠性和各种备选方案，最终设计是对三个可靠度极低的子系统同时增加冗余。

在附录 F 中，对压气机站可用性进行研究，以确定是否需要备用机组来满足合同要求。利用蒙特卡罗仿真估计了可用容量，并对几种方案进行了试验。根据经济分析，确定在每 10 个压气机站安装一台备用机组是划算的。

参 考 文 献

[1] Unknown，2008."MTTF，MTBF，Mean Time Between Replacements and MTBF with Scheduled Replacements，"Reliability Hot Wire，Issue 94，December 2008.

[2] Unknown，2002. "The Bathtub Curve and Product Failure Behavior Part Two - Normal Life and WearOut，" Reliability HotWire，Issue 22，December 2002.

[3] Sutciffe，F.，2007. "Lies，damned lies and statistics，" E&P Magazine，July 2007.

[4] Kram，E.A.，2003. "Leveraging Operational Data to Improve Asset Management

and Maintenance Decisions，" www.bluearcenergy.com/reports，March 5，2003.

[5]　IEC 61649. Weibull analysis，Edition 2.0，2008.08.

[6]　Guo，H.，Watson，S.，Tavner，P. and Xiang，J.，2009. "Reliability analysis for wind turbines with incomplete failure data collected from after the date of initial installation，" Reliability Engineering and System Safety 94（2009），pp. 1057-1063.

[7]　Roberts，Jr.，WT. and Barringer，H.P.，2001. "Consider using a new reliability tool: Weibull analysis for production data，" Hydrocarbon Processing，October 2001，pp. 73-82.

[8]　Yamijala，S.，Guikema，S.D. and Brumbelow，K.，2009. "Statistical models for the analysis of water distribution system pipe break data，" Reliability Engineering and System Safety 94（2009），pp. 282-293.

[9]　Sun，A.，Kee，E.，Popova，et al，2005. "Application of Crow-AMSAA Analysis to Nuclear Power Plant Equipment Performance，" 13th International Conference on Nuclear Engineering Beijing，China，May 16-20，2005，pp. 1-6.

[10]　Comerford，N.，2005. "Crow/AMSAA Reliability Growth Plots，" V ibration Association ofNew Zealand，16th Annual Conference，Rotorua. Pp. 1-22.

[11]　Kiureghian，A.D.，Ditlesen，O.D. And Song，J.，2007. "Availability，reliability and downtime of systems with repairable components，" Reliability Engineering and System Safety 92（2007），pp. 231-242.

[12]　Wang，W Et al，2004. "Reliability Block Diagram Simulation Techniques Applied to the IEEE Std. 493 Standard Network，" IEE Transactions on Industry Applications. Vol. 40，No. 3，May/June 2004，pp. 887-895.

[13]　Volkanovski，A.，Cepin，M. and Mavko，B.，2009. "Application of the fault tree analysis for assessment of power system reliability，" Reliability Engineering and System Safety 94（2009），pp. 1116-1127.

[14]　Unknown，2003. "The Applicability of Markov Analysis Methods to Reliability，Maintainability and Safety，" START Selected Topcs of Assurance Related Technologies，Volume 10，Number 2，START 2003-2，pp. 1-8.

[15]　Ge，H. and Asgarpoor，2011. "Parallel Monte Carlo simulation for reliability and cost evaluation of equipment and systems，" Electric Power Systems Research 81（2011）pp. 347-356.

[16]　Borgonovo，E. Marseguerra，M. and Zio，E.，2000. "A Monte Carlo methodological approach to plant availability modeling with maintenance，aging and obsolescence，" Reliability Engineering and System Safety 67（2000），pp. 61-73.

[17] Dussault，H.，Zarubin，P.S.，Morris，S. and Nicholls，D.，2008. "Harvesting reliability data from the internet，" Proceedings of the 2008 Annual Reliability and Maintainability Symposium，Las Vegas，Jan 28-31，2008，pp. 322-327.

[18] IEC 60300-3-2 Edition 2.0，"Dependability management - Part 3-2: Application guide - Collection of dependability data from the field，" 2004-11-10.

[19] ISO 14224:2006，"Petroleum，petrochemical and natural gas industries—Collection and exchange of reliability and maintenance data for equipment".

[20] OREDA Participants，Offshore Reliability Handbook，5th Ed.，2009.

[21] OREDA Brochure，www.oreda.com/，accessed May 7，2011.

[22] Della Villa，S.A. And Koeneke，C.，2010. "A Historical and Current Perspective of the Availability and Reliability Performance of Heavy Duty Gas Turbines: Benchmarks and Expectations"，Proceedings of ASME Turbo Expo 2010: Power for Land，Sea and Air，June 14-18，2010，Glasgow，UK，GT2010-23182，pp. 1-11.

[23] ANSI/IEEE Std. 762-1987，IEEE Standard Definitions for Use in Reporting Electric Generating Unit Reliability，Availability，and Productivity.

[24] International Standard ISO 3977-9:1999，Gas Turbines - Procurement，Part 9: Reliability，Availability，Maintainability and Safety.

[25] Steele Jr.，R.F.，Paul，D.C. And Torgeir，R.，2007. "Expectations and Recent Experience for Gas Turbine Reliability，Availability，and Maintainability（RAM），Proceedings of GT2007 ASME Turbo Expo 2007:Power for Land，Sea and Air May 14-17，2007，Montreal，Canada，pp. 1-8.

[26] CALFED Water Supply Reliability，calwater.ca.gov/calfed/objectives/Water_Supply_Reliability.html，accessed on May 4，2011.

[27] SIFT Information Security Services. Future of the Internet（FOTI）Project，Reliability of the Internet，www.dbcde.gov.au/ data/assets/pdffile/0004/75676/FOTI-Reliability-FinalReport.pdf，accessed May 4，2011.

第 8 章

维修性、保障性和维修工程

8.1 概述

维修性、保障性和维修保障性是系统性能的可信性特性，其中，维修性和保障性是决定维修效率和有效性的基本量度，是使系统保持良好运行状态的过程。维修可用于维持系统的可信性，是系统保障基础设施的一部分。本章将讨论维修性和保障性，以及它们在维修工程中的关系，以加强技术系统的成功运行。

所有系统的性能都会随着时间的推移而下降，如机器出现磨损、电子设备失效，以及用于系统应用的软件程序在生命周期内可能会多次由于故障而受到关注等。在大多数业务中，维修保障对于保持系统平稳运行起着重要的作用。

维修性和维修保障的最新发展趋势揭示了以下几个重大变化。

- 更多地使用视情维修。
- 增加维修保障外包和长期服务协议。
- 广泛使用结构化技术来确定最佳维修大纲，特别是以可靠性为中心的维修（Reliability Centered Maintenance，RCM）。
- 在维修优化过程中使用更复杂的方法。
- 强调提高与延长寿命。
- 持续的成本压力。
- 与供应商签订备件协议，减少运营商的库存。

图 8-1 为维修相关因素概述。固有的维修性特性与保障性共同确定了系统和设备的维修。保障性可以被进一步划分为管理和所需资源两个方面，用来解决维修保障和后勤保障问题。

图 8-1 维修相关因素概述

8.2 维修性

8.2.1 什么是维修性

维修性取决于产品或系统的设计。这是维修性的本质特性。维修性可以定义为：在给定的使用和维修条件下，执行维修活动时保持或恢复所需性能的能力。维修性也经常被描述为执行维修的难易程度。换言之，如果满足以下条件，产品或系统则被认为是可维修的。

- 产品或系统的组件易于拆卸或修复。
- 根据产品或系统的技术，完成维修工作所需技能尽可能简单。
- 基于专业手段提供内置、外部或状态检测方法的故障诊断技术可用于故障隔离和识别。
- 可以使用标准的工具。

- 提供全面的维修程序。
- 容易获取备件。
- 维修时间相对较短。
- 组装工序简单。
- 软件代码被合理地组织和记录。

项目中的维修性设计必须与成本、进度和设计资源等进行竞争。例如，在核电站的建设中，维修性设计是至关重要的，如果被弱化或忽视将导致严重的后果，并且在后期很难修复。近期的发展则更加强调维修性及人在维修活动中的重要性。

8.2.2　设计期间的维修性

在设计过程中考虑维修性的主要目的是优化进行维修（包括预防性维修和修复性维修）的时间，甚至消除维修的需要，从而降低维修成本。维修性设计目标如下[1]。

- 模块化。
- 零件标准化和可互换性。
- 可达性和可拆卸/可重组。
- 可修复性。
- 故障诊断和故障隔离。
- 维修性预测和验证。

将组件封装到功能独立的单元或模块中有助于维修工作，若产品或系统失效或需要执行维修活动，则这些功能独立的组件可以被移除和替换。模块化是现代电子产品中使用插入式电路板的标准做法。该电路板很容易拆卸和更换，有助于失效的测试。此外，将多个电路板组装成一个更大的集成模块也是有必要的，可以进行整体替换。该集成模块有时也被称为在线可替换单元（Line Replaceable Units，LRU），可以通过在维修设备上进行模块维修来快速更换部件，最大限度地提高可用性。同样的原理也适用于机械设备，如空气衍生燃气轮机和泵。对于布线装配连接和线路板连接器等电气设备接口，应小心操作，因为此接口可能成为影响系统性能的最关键失效。

最大可互换性标准件的使用可以减少所需的库存。零件标准化提高了库存零件的可用性，降低了成本。此外，零件标准化还可以减少执行维修所需技能的培训时间及简化维修测试方法、测试设备和技术手册。可互换性意味着使用相同的连接器和接口来简化设计，也就是说，功能不同的标准零件不可互换，这样可以避免人为错误。

可达性涉及配置组件、零件或模块，目的是方便维修或失效频率高的产品容易被移除和替换。可达性考虑了维修人员可达工作区间和执行所需维修任务的能力。在某些情况下，为找到失效零件，可能需要拆卸产品或系统的其他正常零件。此外，其他相关的维修问题也应该被考虑，如人力限制、有无工具、调整、校准、维修及起重设备的使用等。在最后的安装过程中，必须保证可达性，以确保维修人员的安全不会因为可达性差而受到影响。可重组的重点在于确保产品或系统不会发生意外损坏，并且重组方法和实践是万无一失的。

通过设计，每个组件或部件都可分为可修复的、部分可修复的或不可修复的。可修复性可通过模块化、零件标准化、可互换性和可达性的设计活动来实现。确定修复或丢弃失效产品是一项与维修保障相关的经济问题，须由运行组织做出决定。

找到失效原因并进行隔离通常是最难且最耗时的阶段，此过程被称为故障排除或诊断。内置测试设备（Built-in Test Equipment，BITE）可以有效地帮助故障检测和诊断，并且识别出需要更换的故障产品、模块或组件。若安装了多个冗余模块，则BITE也可以启动自动切换功能，在运行过程中移除故障模块或组件，从而不影响系统的可用性。BITE须有高可靠性，这样既能避免错误报告的产生，又能避免在诊断和修复BITE时浪费时间。

还可以使用专门的自动测试装置来诊断故障或在出现故障时读取模块中存储的错误代码。自动测试装置可直接在设备所在位置进行诊断，或者在更换故障模块后将其送到修理场所进行诊断。也可以安装状态监测装置，如振动检测器、监视器及压力/温度传感器，其输出可以为状态监测系统提供输入。

需要强调的是，可靠性和维修性是必须同时考虑的互补性要求。可靠性的提高可能会大幅度减少对维修性的需求及原本需要的维修。相反，低于预期的可靠性水平则需要最大限度地强调维修性。为了选择最佳的解决方案，需要对二者进行权衡分析。

8.2.3 如何量度维修性

维修性的基本测量是平均维修时间（Mean Time to Repair，MTTR），也称为平均修复时间。由于修复和恢复很容易混淆，因此需要先对两个术语的含义进行澄清。从图 8-2 中可以看出，虽然修复很通用，但恢复实际上更合适，因为修复在严格意义上比恢复更狭隘。更重要的是，MTTR 既包括预防性维修（故障前采取的维修）时间，也包括修复性维修（失效发生后进行的维修）时间。虽然某些维修活动是相似的，但是预防性维修和修复性维修的基本过程是不同的。

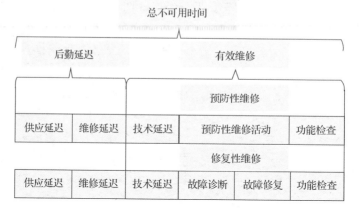

图 8-2　维修时间分解

有效维修时间从预防性维修和修复性维修的技术延迟开始，包括设备进行安全维修的时间。安全维修包括安全检查、锁定、隔离、设备冷却、电气接地、测试设备和工具设置。预防性维修的主要任务是完成规定任务，以此来获得设备/部件的使用权，从而进行拆卸、更换/修理、校准、测试、平衡或其他相关的维修活动，进而对设备/部件进行适当的重组。

修复性维修先诊断故障，然后执行类似预防性维修的任务。预防性维修和修复性维修的最后阶段都是检查设备，以验证其成功完成。这可能需要在恢复运行前进行检查，如重新校准；或者在设置了压力、温度或与状态相关的参数（如减少振动）后进行功能验证。

除了有效维修时间，还可能出现后勤延迟时间，尤其是修复性维修，其后勤延迟时间更为严重。后勤延迟可以分解为供应延迟和维修延迟。供应包括为备件、特殊工具和工作设备（如起重设备）等的供应，供应延迟包括管理交货的时间、采购交货的时间、部件修理和运输时间等。维修延迟指通知时间和等待专业人员到达现场的时间。理论上，预防性维修没有后勤延迟，但在实践中，后勤延迟仍然可能发生，如在维修过程中出现意外情况。图 8-2 把后勤延迟放在有效维修时间之前，但实际上它可能出现在维修过程的任何时间点。

后勤延迟不是维修活动的直接结果，而是可用资源的结果。因此，后勤延迟不被认为是修理时间的一部分，尽管它是供应延迟和维修延迟的组合。后勤延迟决定了设备的实际可用时间和不可用时间。因此，在设计时，利用MTTR量度规定的可用度。这里的修复时间或恢复时间指的是固有的修理时间，而不包括后勤延迟。从失效中复原的总时间也称为复原时间。

从数学角度来看，平均时间的测量最简单。不可用时间、恢复时间或复原时间可以通过将时间（日历或运行时间或其他量度，如周期数）除以维修活动次数来计算。然而，上面描述的时间仅仅是一个平均值，而实际时间将遵循统计分布，其均值会被隐藏其中。对于适用于简单系统的维修活动和时长相似且可重复的情况，可用正态分布进行描述。对于活动类型差异较大的复杂系统，MTTR最常见且最适用的统计分布是对数正态分布，该正态分布可以表示偏态分布。因此，若MTTR专门或确定了用于仅有有限活动的简单系统，则维修时间的方差会相对较小。对于较大的系统，维修活动可从例行维修到大修等，其分布会发生相应的偏移，因此，MTTR的意义不大。参考文献[2]详细介绍了与维修性相关的统计计算，也可以在其他书中找到。

应用维修性原理的示例可参阅附录G。

8.3 保障性

8.3.1 什么是保障性

保障性是利用规定的运行剖面和指定的后勤维修资源提供保障，以维持要求的系统可用性能力。系统设计中考虑保障性有助于延长系统的服务寿命。保障性取决于系统的维修性，以及影响提供维修和后勤保障的系统外部因素。保障性可以看作提供和使用技术数据、技能、工具和备件的时间，可以进行维修工作，也可以使用适当量度进行量化。

保障性的因素通常由运行组织确定，并且随设备寿命的改变而改变。唯一的例外是综合后勤保障，将在系统运行之前建立整体的维修保障概念，并在下一节中讨论。

参考图 8-1，最重要的保障性所需资源是维修人员的技能。一般性的维修活动需要维修人员具备基本的技能，而某些高级维修活动可能需要维修人员参加培训和认证。此外，备件和消耗品的供应也很重要，若没有这些，大多数维修活动都将受到限制。设施是指与维修有关用于维修和办公的场所，如修理店、库存仓库及工具和工作设备的储存场地。工具、工作设备、专门的监测和测试设备（如便携式振动监测器等）都是重要的维修资源。维修信息虽然不是一种显性资源，但对于工作单管理、计划和评估维修是至关重要的。此外，还须为上述所有资源分配资金保障。

依赖于资源的维修管理也同等重要。除非参与维修工作的人员数量较少，否则维修管理将被不同部门共同管理或被分配到另一个部门，如业务部门。虽然现代通信技术的发展弥补了物理距离的不足，但相应的组织单元可能分布在不同的地域。实现理想维修组织的关键是促进合作和沟通。维修组织及其监督和管理部门有责任保证足够的人员培训并进行计划和安排，包括维修活动、预防和修复活动中合适和最新维修大纲的确定，修理水平和修理/废弃决策的改进，以及生命周期的成本计算和预算等。

8.3.2　设计期间的保障性

在某些行业中，在系统运行之前建立维修性和保障性是很常见的，这个过程被称为综合后勤保障（Integrated Logistics Support，ILS）。ILS 是许多军事装备和公共交通设施的标准。在许多方面，ILS 是确保维修性的理想方法，即应尽早将维修保障考虑到系统设计中。此外，ILS 能够了解可实现的可用性，并将其与预期的服务级别进行匹配，其最终目标是使生命周期费用最小化。当设备（如火车或军用飞机等）是系统的主要组件时，ILS 具有很好的效果。但是当存在许多不同的设备（如制气工厂）时，ILS 的设计是由 EPC（工程/采购/施工）公司实现的。EPC 公司的主要作用是将现有设备集成到特定的生产系统中，在这种情况下，ILS 就变得不那么可行了。

国防机构是 ILS 方法的主要使用者，目前有美国陆军[3]和英国[4]提供的两份主要文件可供使用。此外，IEC 提供了一个附加的国际标准[5]。按照 IEC 60300-3-12 的规定，ILS 的主要组成要素如下。

- 维修计划。
- 备品/材料。
- 保障设备（包括工具和测试设备）。
- 技术文档。
- 人力资源。
- 培训。
- 包装、装卸、储存和运输。
- 设施。
- 软件支持。

ILS 是根据客户要求和通用的后勤保障策略提出的。通用的后勤保障策略规定了允许的约束条件和满足后勤的预期框架。可靠性和维修性分析由 FMEA、FMECA 等进行技术支持，用于确定所需的维修和保障资源。如果 ILS 需要过多的资源，并且对性能、可用性和成本有负面影响，那么应考虑对设计进行更改并进行评价。通常使用 RCM 分析和识别维修活动和计划中的预防性维修活动。后勤保障分析对满足后勤保障要求的不同选择进行评价，包括修理分析水平（Level of Repair Analysis，LORA）。LORA 考虑是否应进行现场更换，并提供关于替换或修理哪个更经济的说明。为满足维修技能、备件、设施、工具和工作设备，以及维修文档和信息等各种资源的需要，应制订详细的计划。

8.3.3　运行期间的维修保障

　　运行期间的维修保障活动与前文所述的 ILS 极其类似，只是设计阶段仅规定了一些活动，其余活动在运行期间决定，随着设备老化或运行要求的变化，维修保障活动会发生进一步的变化。

　　例如，对于石化装置，运行期间的维修保障是有意义的，甚至是最合适的。小型设备（如泵、仪表和阀门）具有广泛的应用范围和关键性，制造商只能为其运行环境和维修大纲提供指导，也能为其提供备件和不同程度的保障，但在保修期之外不会提供进一步的保证。许多用户都能够且应该自己进行维修分析，以便在设备的物理环境中为确定与该设备最相关的活动及如何对它进行维修保障等，以满足他们的目标。对于更大、更复杂的设备和系统，如工业燃气轮机，组织可以聘请制造商或第三方保障机构来进行保障（如重大检修），或者签订一份长期的服务协议，即外包所有的维修工作。8.4 节将进一步阐述维修分析和实践中的各种重要因素。

8.4　维修工程

8.4.1　以可靠性为中心的维修

　　维修活动的基础是一系列符合设备运行环境的有效预防性维修活动。公认的建立有效预防性维修活动的方法是以可靠性为中心的维修（Reliability Centered Maintenance，RCM）。RCM 最初是作为 MSG-1（维修指导小组）为波音 747 开发的，之后扩展到了其他军用飞机项目中。Nowlan 和 Heap[6]的一份重要报告首次介绍了"以可靠性为中心的维修"这一术语，这使得 RCM 的应用快速在电力行业得到了认可，并在核电和石化燃料发电等多个试点项目中进行了试验。RCM 已扩展到了许多其他行业，在此过程中，影响力较大的支持者是约翰·莫布雷[7]和安东尼·史密斯[8]。IEC 关于 RCM 的国际标准为 RCM 的通用过程提供指导[9]。

　　图 8-3 给出了本节使用的相关定义：预防性维修有多种不同的定义，它包含了在失效发生前执行的所有维修活动；修复性维修是指在失效发生后执行的维修活动。需要注意的是，RCM 分析中经常使用的术语显示在图 8-3 的括号中。

　　RCM 过程包括设备和结构的维修。RCM 在结构和静态设备（如管道、压力容器和基础设施）上的应用通常被称为基于风险的检查（Risk-Based Inspections，RBI）。RBI 是一种基于风险的方法。该方法通常采用无损检测技术对检查活动进行优先级排序和规划，特别是石油和天然气行业。API 推荐实践 580[10]为开发、实施和维修基于风险承压设备的检测程序提供了指导。

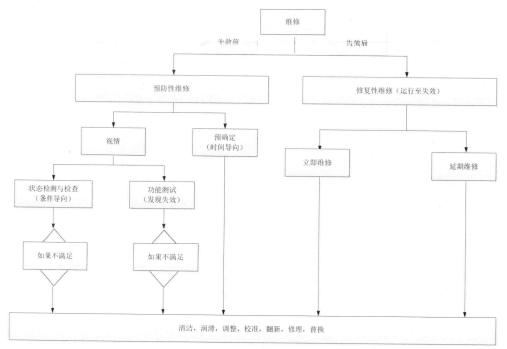

图 8-3　预防性维修和修复性维修

在 RCM 中使用术语"可靠性"实际上存在误导，用"风险"替代"可靠性"会更好些[11]。通过了解失效的可能性及失效对设备失效模式的潜在后果，RCM 确定了失效的危害性，最后从维修的角度确定了什么是值得做的。若找不到有效降低失效率至可接受水平的维修活动，并且从经济学角度看值得这样做，则结论就应是运行至失效或不采取预防性维修活动。如果此结论仍然不被接受，那么可以考虑其他选择，如重新设计/修改或使用不同的操作程序。RCM 中的核心分析过程是改进的 FMECA，其次是倾向于状态监视的任务选择逻辑。作为设计工具，RCM 中有不同版本的 FMECA，因此没有标准的 RCM 过程能被所有从业者使用，但其基本流程是相同的，并由以下基本步骤组成。

- 启动和规划：确定分析的目标和边界，为分析和开发运行环境确定和分配资源。
- 功能失效分析：收集可用的失效和维修数据，对系统功能进行划分，识别功能、功能失效、失效模式及其影响、后果和危害性。
- 活动选择：选择最适用、最具成本效益的活动及其间隔。
- 实施：确定与程序和资源相关的任务细节，合理安排维修时间间隔，并在需要时进行初期探索。

- 持续改进：根据安全、运营和经济目标定期评审维修的有效性，并改进维修大纲。

在理想的情况下，RCM 首先在设计阶段执行，在此阶段，可靠性和维修性的反馈很容易被处理。事实上对许多行业来说，这种情况很少发生，主要是因为这需要付出相当大的努力，并且通常无法获得专业知识。例如，在石油和天然气行业中，EPC 公司的主要目标是建立设施。RCM 的工作只在保修期结束时启动，甚至只有在组织意识到其维修大纲不适合其运行且可靠性受到影响时才会启动。

虽然 RCM 的基本框架与大多数 RCM 的实现是一致的，但是仍有许多方法可以被使用，有些定量方法非常耗时（如威布尔分析），科学家采用定性或半定量方法来加速 RCM 进程，这样可以在没有可用数据的情况下得到结果。虽然纯定性分析可能会获得某些好处，但在大多数情况下都至少需要采用半定量方法来处理失效的可能性和后果的量度。管理人员的支持及维修人员的参与对于 RCM 的成功非常关键，因此，在风险管理的背景下提出 RCM 是非常重要的。

8.4.2 维修优化

除 RCM 外，维修优化也有了重大的进展。人们早就认识到了应在失效和预防性维修活动之间进行权衡。换言之，不仅不可能完全消除所有的失效（尽管从安全的角度来看，这可能是非常可取的），而且是不经济的。图 8-4 给出了进行优化的两种情形：在第一种情形下，目标是将不可用时间（检查间隔）最小化；在第二种情形下，目标是将成本最小化。

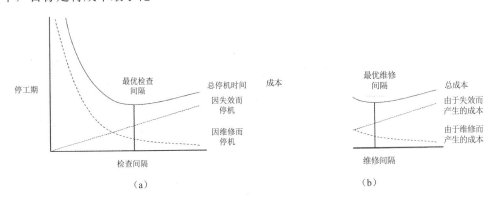

图 8-4 维修优化的概念视图

对深入研究了维修优化数学模型的人来说，参考文献[12]可以用来进行很好的参考。虽然维修优化数学模型有大量参考文献，但大多数处于理论研究阶段，缺乏实践应用。在实际应用中，有些商用的软件程序可以方便地计算最佳检查点或更换点，并用于选择可修复组件或不可修复组件。人们可以根据维修优化提供的失效数据，计算出一个威布尔分布，用它来建立失效率模型。

8.4.3　设施和设备的改进和更新

维修优化过程可用于计算资本设备更换的最优时间，此时需要从生命周期的角度考虑采购成本与运营维护成本之间的权衡。图 8-5 为最佳更换时间的概念视图。设备使用时间越长，每年的平均采购成本就越低。随着设备不断老化，运营维修费用会随着时间的推移而增加，这意味着失效率会增加。如果失效率不变，那么替换是不经济的，实际上是浪费金钱。固定成本是随时间变化不大，且实际上对最佳更换时间没有影响的方式（如日常维修和运行）所需的成本。所有成本都要追溯到一个一致的年份，以消除折现效应或货币价值随时间的变化（净现值）。

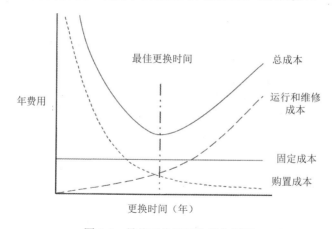

图 8-5　最佳更换时间的概念视图

有如下几种不同的更换方案。
- 确定每年持续使用设备的经济寿命。
- 为不同利用率的设备建立经济寿命，如基础负荷与峰值需求。
- 用更高效、可靠或功能更优越的设备进行更换。

以总折扣费用最小化为目标的替换的基本数学模型

$$C(n) = \frac{C_1(n)}{1-r^n} = \frac{\sum_{i=1}^{n} C_i r^i + r^i(A - S_n)}{1-r^n} \tag{8.1}$$

式中，$C(n)$ 是 n 个周期替换的总折扣费用；
　　n 是周期，通常以年为单位；
　　r 是折扣系数；

C_i 是第 i 个周期内的运维费用；

A 是资木购置成木；

S_n 是设备在第 n 个周期内的转售价值。

参考文献[13]给出了将式（8.1）应用于不同场景的详细说明，其中的许多软件程序有助于把式（8.1）用于各种场景。

尽管式（8.1）看起来很简单，但难点在于细节，首先，必须对购置和进行中的费用进行细分。图 8-6 给出了生命周期费用分析的通用成本分结构，但并不适用于所有应用，应视具体情况进行开发。需要注意的是，尽管设备购买者只会看到一个汇总价格（包括了供应商的所有已支付成本和利润），但是采购成本应包括所有的开发成本。

图 8-6 生命周期费用分析的通用成本细分结构

除了了解更换费用，还须对后续的维修费用做出估计，包括预防和修复费用。利用 Weibull 数据进行失效率建模，用对数正态分布估计修理时间的变化。然后，可以用蒙特卡罗仿真方法对预测成本进行统计确定。巴林杰（Barringer）和门罗（Monroe）用电子表格分析了泵更换的一些有用案例[14]，他们后来使用 RAPTOR 的免费软件程序进行了类似的分析[15]。

正如参考文献[16]中亚尔迪（Jardine）所讨论的那样，替换分析对于管理车队设备（如巴士）特别有用。能源成本有时是生命周期费用的最大组成部分，此时的技术升级是有益的。对于其他情况，不可用时间是驱动因素，这时生产损失的成本大大超过了采购、运营和维修成本。

8.4.4　备件供应

维修优化的实际和逻辑结果是备件优化，备件优化的目标是在需要时确保备件始终可用，同时不需要维护库存的明显成本。如果只需要定期更换备件，那么备件供应问题就会更直接，但状态监测所显示的故障和替换会使问题变得复杂。当可修复零件被认为有进一步的维修滞后时间时，分析会变得更加复杂。

库存水平通常是通过自动重新订购的点数和数量来确定的，它可能会受到经济订单数量和采购效率的影响。许多用户都依靠制造商或供应商制定的特别供应协议来避免昂贵的库存。实现成功备件策略的一个关键是基于失效概率、计划维修和其他可能要求的组合对预测的使用情况进行建模，从而正确地预测需求。

模型调用基于风险的分析来协助备件优化。巴拉德瓦杰（Bharadwaj）等人提出了一种基于风险的备件库存管理方法[17]，其目的是确定备件的最优水平，以便在可接受的风险水平范围内最大限度地提高经济效益，同时明确识别剩余（残余）风险。在基于风险的备件库存管理方法中，风险是缺货事件及其后果的概率组合。缺货事件是指备件不能按需提供。在基于风险的备件库存管理方法中，通过考虑无法满足备件需求的可能性及满足备件需求的后果可以得出备件的风险概况；利用此风险概况预测库存的最佳水平，以便在确定的可接受风险水平下，最大限度地提高财务效益。

另一种备件库存管理方法是在长期服务协议的背景下开发的[18]。在这种方法中，维修服务供应商通常应保证工厂总体可用性的最低水平，奖/惩条款是基于协议双方同意的可用性阈值。该方法面临的问题是如何定义仓库中一个或多个安装（池）的备件集和级别，以及仓库本身的位置。此问题的解决方案可基于 RBD、蒙特卡罗仿真技术和相关的"什么-如果"（What-If）分析。当使用上述方法进行优化时，优化过程的可交付成果之一是对所有系统组件按其对整个系统可用性的影响进行排序。

该过程的不同阶段如下。

- P&ID 和规格说明分析。
- 燃气轮机运行状况分析。
- 可靠性数据采集与分析。
- 维修性大纲定义。
- 法兰–法兰（Flange-Flange）及辅助系统的 RBD。
- 蒙特卡罗仿真和可用度重要性排序。
- 根据燃气轮机可用性要求确定最佳备件清单。

典型的 RBD 如图 8-7 所示，图中有些备件是串联的，有些备件则是并联或冗余的。

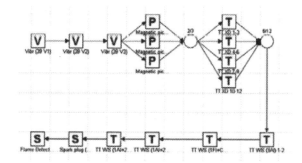

图 8-7　典型的 RBD

对于不同的区域，失效分布、修理时间和后勤时间（必须替换但不在仓库中的组件的等待时间）有不同的来源，包括通过威布尔分析得到的实际现场数据。失效分布和修理分布的示例如图 8-8 所示。

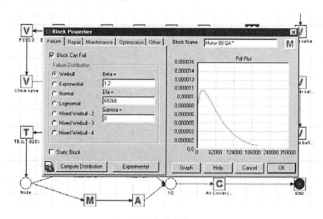

（a）失效分布

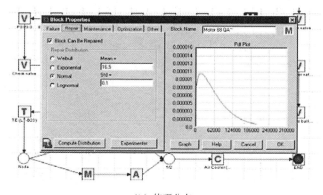

（b）修理分布

图 8-8　失效分布和修理分布的示例

在该案例中，当首次仿真时，假设系统的仓库中有无限数量备件的假设之上。首次仿真可有两个交付成果：第一个是系统可用度的最大级别；第二个是根据组件对系统可用度的影响对组件进行排序。第二个交付成果使用了"可用度重要性"（AI），它是由新比隆（Nuvo Pignone）公司发明的，是一个将组件的可用度（MTBF、MTTR 和交付时间）与其他部件可靠度的重要性相结合的公式。表 8-1 为带有可用度索引的部件部分列表的示例。

表 8-1　带有可用度索引的部件部分列表的示例

子系统	组件	可用度重要性
法兰-法兰	班轮	1.54E-02
法兰-法兰	第一级和第二级罩壳[*]	1.13E-02
液压油系统	主泵齿轮[PH-1]	9.21E-03
润滑油系统	主泵齿轮[PL-1]	7.12E-03
法兰-法兰	过渡片	6.48E-03
法兰-法兰	第三级和第四级罩壳[*]	4.98E-03
法兰-法兰	#2 轴颈轴承[*]	4.97E-03
法兰-法兰	#3 轴颈轴承[*]	4.95E-03
冷却和密封空气	螺线管值[20CB-1]	4.22E-03
法兰-法兰	第二级喷嘴[*]	4.13E-03
法兰-法兰	第二级桶[*]	4.12E-03

一旦模拟了仓库中每个可用组件的情况，就可以定义最佳备件列表。将不太重要的组件从仓库中移除并降至备用级别，这样就可以达到客户所需的可用度水平。

Jardine 和 Tsang 的优秀著作[13]进一步扩展了备件供应的方法。

8.4.5　视情维修

在过去的几十年中，我们在状态监测技术方面取得了巨大的进展，特别是在振动监测[19]、性能监测[20]、热成像、超声和一般状态监测方面。然而，收集和分析数据不足以满足组织的最终目标（如可靠的生产、低生命周期费用和可接受的服务水平），因为这些目标很快就会与可信性的基本特性（可用性、可靠性、维修性和维修保障）联系在一起。通过对决策步骤进行优化可以得到状态监测的值，但这需要结合设备和状态监测数据的条件失效概率（或危险率）进行分析。估计设备失效风险的统计程序称为比例危险模型（Proportional Hazard Model），最初由科克斯（Cox）提出[21]。随着时间的推移，"基于年龄（时间）"的组件依靠威布尔数据来建立可靠性模型，已被应用于振动监测[22]，以及由软件程序 EXAKT 实现的各种监测[23]。

各种状态监测技术的改进及先进的综合通信技术的出现使得远程健康监测技术得以发展。远程健康监测系统将数据收集、自动处理和分析集中起米，并可供技术专家访问。其中一些远程健康监测系统由运营商建立和管理，另一些远程健康监测系统则由主要设备（如燃气轮机等）的供应商提供。

机车远程健康监测系统用于机车监测[24]。机车的可靠性决定了多大的车队规模才能维持所需的服务水平。为了在不增加新铁路机车资本支出的情况下增加服务，运输机构必须提高设备的可靠性。与资本过剩的车队相比，最佳车队规模的购置和维修成本更低。机车的可靠性是保证有效地为公众服务的关键。提高机车的可靠性，运输机构有可能在没有重大资本支出的情况下增加服务。

机车远程监测系统的主要用于使所有维修人员能够随时获得关于所有电力机车的健康和位置信息，这需要与机车子系统交互，收集维修事件数据并进行分析。对采集到的数据进行分析可以提高远程监测系统的运行可靠性，从而减少机车在服役时的失效次数和相关费用。

机车远程健康监测系统称为 MEAP™系统，其体系架构[24]如图 8-9 所示。每个机车或火车上都有一个连接到内置传感器套件和专家系统的车载计算机。列车上的专家系统根据逻辑规则生成故障和事件。这些故障被下载到车载计算机的 MEAP™系统。该系统根据选择的故障列表对故障进行评价。如果选择的故障发生，那么车载计算机立即向部分关键人员发送消息通知。通常，系统下载的故障和事件只是简单地存储在火车上，然后每小时发送一次到沿线的服务器。在沿线的服务器端，故障和事件存储在关系数据库中，并形成进一步的分析和报告。沿线的服务器允许具有访问权限的人员基于浏览器访问关系数据库。

关系数据库定期向维修人员提供报告，并根据系统的实际情况帮助他们进行必要的维修。在失效发生前而不是在严格基于时间的时间表上修理项目，这样，成本和安全利益是不言而喻的。MEAP™系统使 Amtrak 公司能够在失效前修复列车系统。该系统的概念和开发作为一种解决方案，用于查明选定机车失效的根本原因。这些失效都与远程监测和预防性维修工作的需要有关。

视情维修（Condition-Based Maintenance，CBM）是一种关于方法和方法集的术语。它根据实际情况和对未来的预测，理论上允许在每个组件的最佳时间进行维修[25]。CBM 典型的应用是，组件不会瞬间失效，而是在一段时间内以一种可量化的、最好是可观察的方式退化。早期失效指示使用户能够避免承担意外停机的后果。早期迹象可以通过使用诊断设备和/或通过分析计算来检测，这些计算考虑了设备的实际服务条件，即所谓的预测。设备操作人员越来越多地使用视情维修，而不是计划性维修，以降低设备使用寿命的成本。

然而，仅有诊断和/或预测还不足以从 CBM 中获得全部甚至大部分好处。为了使企业从 CBM 中获得最大的利益，应重点关注售后市场供应链（流程的后端，包括维修），这也是为了开发更好的数据收集、诊断和预测技术。此外，优化价值链可以降低成本并提高可用性。

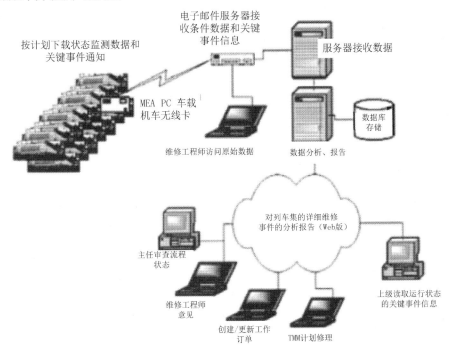

图 8-9　机车远程健康监测系统的体系架构

在实践中，对机器组件实际维修要求的更好了解应该反映在动态适应当前条件和预测部件使用情况的维修间隔上。对燃气轮机来说，对未来组件状态和寿命的预测是基于负载概况、燃料质量、环境温度、颗粒水平等因素的。为了最大限度地利用 CBM 的优势，每当当前的情况和未来的预测，以及维修间隔发生重大变化时，需要重新规划维修。

随着客户对燃气轮机等固定设备生命周期费用的日益重视，设备运营商越来越多地研究降低成本的可能性。一种最小化生命周期费用和最大化收益的方法是，根据客户的具体情况优化维修。能否实现最优或接近最优的维修计划取决于诊断和预测的可用性，以及维修计划技术。成功的规划还涉及形成准确和全面的用户知识，部分原因是为一个用户设计的解决方案可以适应其他用户的特定需求[25]。

博林（Bohlin）等人采用的维修过程将条件信息与操作者的要求进行了结合[26]，这样做是为了尽可能有效地进行维修，从而确保潜在的短期利润在最重要的生命周期费用视角下得到评价。为了管理所有相关信息，相关人员开发了预防性维修优化工具（PM-opt）。PM-opt 可以对复杂的技术系统进行预防性维修，并最大限度地提高系统操作人员的收益。这是通过使用先进的预测程序，以及操作人员提供的关于运行剖面、环境条件和财务数据（如生产价值和停滞成本）的输入来实现的。相关信息在 PM-opt 中处理，产生一个最优的预防性维修计划，以适应特定的运行情况，从而实现利润最大化。这一过程还得到了先进诊断工具的支持，可以进一步提高可靠性和可用性。

将条件信息与操作者的要求进行结合的目标是基于状态监测评估提供运行条件，在部署期间很少或没有停机的情况下，通过可预测的计划维修提高可用性。例如，运行剖面的任何变化都会立即影响预防性维修。此外，当有未计划的停机机会出现时，若这个"新空档"是有益的，则可以重新安排维修计划；若这个"新空档"对燃气轮机的操作者来说是合理的，则 PM-opt 可以处理相应问题并重新优化维修。

将条件信息与操作者的要求进行结合的方法在石油和天然气业务中是使用真实场景进行评估的。用于评估的燃气轮机（西门子 Sgt-600）由 17 个部件组成，每个部件都有单独的维修计划。对于某些部件，其维修期限是根据所用预测工具的预测寿命分析确定的；燃气轮机的其他部件必须按照原来的维修时间表进行维修。

用于比较的标准维修计划是根据当量工作时间和周期（EOH/EOC）的综合计算得出的。在预测工具中对燃气发生器平台的关键部件（燃烧室、燃烧器、压气机透平导叶和叶片）进行建模和评价，以确定合适的检测间隔。然而，在编写本书时，由于无法获得燃烧室和燃烧器的寿命数据，因此使用的是最初的维修期限。使用故障预测工具获得的维护间隔的增加如表 8-2 所示。在表 8-2 中，标记为"n/a"的替换不存在于 EOH/EOC 计划中，因此不包括在预测表中。标记为"n/n"的替换在预测计划中没有必要，因为估计的部件寿命明显高于涡轮的标准寿命。

表 8-2　使用故障预测工具获得的维护间隔的增加

部件	预测	
	检查	替换
导叶第一阶段	88%	n/a
导叶第二阶段	151%	n/a
燃烧室	0%	0%
燃烧器	0%	0%
叶片第一阶段	101%	n/a
叶片第二阶段	41%	n/a
叶片第三阶段	245%	n/a
叶片第四阶段	72%	n/a

在评估过程中，对两种不同场景下的四种不同维修策略进行了比较。设置这些

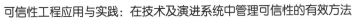
场景的目的是模拟全新燃气轮机的维修计划，以及在没有或存在季节性停机的情况下，具有非空维修历史的燃气轮机的维修计划。这里建立了四种维修策略，分别用于模拟没有或存在先进的预测和/或维修优化。

表 8-3 显示了模拟全新燃气轮机的维修优化结果。由于全新燃气轮机没有维修历史，因此所有组件的寿命被设置为它们的预测值。在从燃气轮机标准维修计划中获得寿命的情况下，所需的维修时间点已根据原维修计划确定的维修包进行了同步，这使得维修包的规划变得更容易，尤其是在合同的开始阶段。

表 8-3　模拟全新燃气轮机的维修优化结果

	存在季节性停机			没有季节性停机		
	效用（%）	维修性指数	DT 天数	效用（%）	维修性指数	DT 天数
EOH	*97.60*	*100*	*131*	*97.60*	*100*	*131*
EOH OPT	99.99	109	0.42	98.15	120	101
Progn	98.20	61	98	98.20	61	98
Progn OPT	100.0	62	0	98.81	75	65

在表 8-3 中，EOH 和 Progn 两行分别给出了最后一个可能日期计划维修活动所获得的时间表结果，这些结果由标准 EOH 计算和预测工具所获得的维护间隔给出。从直接维修的角度来看（换句话说，不考虑对客户的影响），这些结果符合理论上可能的最佳情况，并且是在不使用任何最小化生产损失方法的情况下获得的。另一方面，EOH OPT 和 Progn OPT 两行提供了通过优化维修和客户成本（产量损失）获得的时间表的结果。对两种情况给出了比较结果：一种情况是在已经预先计划在夏季停产（季节性停产）三周；另一种情况是假定生产全年持续，没有有利的维修机会（没有季节性停产）。在第二种情况下，可以自由地进行维修。但是，由于维修停止总是要付出很大的代价，因此必须更多地关注将维修活动分组到适当的包中。

结果以可用度（效用）、维修费用（维修性指数）和用于维修的生产天数（DT 天数）的型式报告。可用度计算方法为未进行维修的生产天数（不包括假定为非生产性的季节性停工）除以维修合同的生产天数。直接维修费用包括材料费用和工作费用。维修费用使用维修性指数表示，其中，100 是在使用 EOH/EOC（目前的实践状况）计算的维修间隔进行维修的成本。表 8-3 中斜体加粗部分的内容是与在最近可能的日期进行维修相对应的参考情况。

好的寿命预测对维修成本、可用度和不可用时间有显著改善效果。增加维修优化（包括维修成本和生产损失的优化）会得到更好的结果，并略微增加直接维修成本。这是很自然的，因为当增加了维修优化时，生产损失是非常昂贵的，而且在生产成本损失和直接维修费用方面都进行了优化。表 8-2 也显示了当没有合适的维修安排时，使用 PM-opt 和故障预测工具可以将不可用时间减少 50%以上。

PM-opt 目前用于西门子工业叶轮机械公司（Siemens Industrial Turbomachinery AB）的燃气轮机维修计划，相关计算表明，实际可用度可能增加 0.5%～1%。即使没有更好的寿命预测，如果维修间隔保持与以前相同，那么预防性维修不可用时间也有可能大幅减少。在一般情况下，若仅存在预防性维修活动规划的改进，则不可用时间预计可减少 12%。

8.4.6　管道的风险评估

虽然有一定的相似之处，但机械/设备与静态或固定设备在维修方法上有根本的区别。静态或固定设备可以是基础设施，如道路、建筑物或桥梁。对石油和天然气工业来说，最重要的是压力容器、管道和管线等含压力设备。对于机械/设备，主要的维修活动是部件修理或更换，辅以状态监测；而对于静态设备或结构，检查是主要的维修活动。同时，静态设备的维修频率也要低得多，但其风险可能会大得多。这些差异表明，风险评估方法在静态设备中更为普遍。

液气管道的风险评估技术得到了很好的发展。为了促进积极的观点，风险评估通常被称为完整性管理，特别强调在发生泄漏或破裂时减轻与公共安全有关的后果。现在，管道公司通常需要制订完整性管理计划（IMP）。完整性管理程序与其他一般维修任务一起执行，目标是使管道系统在使用寿命内失效的可能性非常小，从而可以考虑和控制失效的风险[27]。

管道完整性管理的主要目标是有效地分配运维资源，以确保人员安全（公众、公司员工和承包商）、环境保护和系统可靠性满足要求。如果管道完整性管理的目标得到满足，那么运营成本和财务影响将最小化，投资回报将最大化，同时运营公司的形象将得到维护。

完整性管理规划中的风险评估具有以下目标。

- 确定优先的管道和管道段，以安排实物完整性评估和其他风险减轻活动。
- 展示降低风险的效益。
- 确定最有效且适用的威胁缓解措施。
- 评估完成修改的完整性评估/检查间隔的完整性影响。
- 评估使用或需要替代的完整性评估方法。

风险评估方法可大致分为以下两种。

- 定量风险评估（QRA）。其中，失败概率表示为经典概率（0 到 1.0 之间的数字），其结果可简化为通用量度（如伤亡人数或货币价值）。风险值也是可以量化的（如个人风险或货币风险），并且具有物理意义。

- 非定量风险评估（non-QRA）。在该方法中，可能性（用于区分数量和经典概率的术语）和结果由仅具有相互关联意义的任意指数表示，即给出一个本身没有物理意义的相对风险评分。

QRA 方法可进一步细分为以下两种。

- 确定性 QRA（涉及使用确定性修正因子修改基线失效率）。
- 基于可靠性的 QRA（标准可靠性方法通过直接输入概率密度函数或仿真来计算参数的不确定性）。

定量管道风险评估方法是基于适用于各种管道网络类型和运输产品的失效概率和失效后果模型的，其中失效被定义为容器损失事件。

失效概率和失效后果模型包含完全定量输入和半定量输入。单个威胁模型产生的失效率（千米/年）被转换为年度失效概率。这些管道的风险评估模型包含来自该类管道系统或类似系统的历史失效数据。该数据由基于模型的因素和指标来衡量。这些因素和指标是系统属性和系统运行条件的函数。

失效概率和失效后果模型是 API RP 581[28]中业界公认方法的定量模型（如体积释放模型）和各种参数与后果严重性估计之间的相关性的组合。失效概率和失效后果模型定量地评价了管道容器损失事件的影响。

可以使用行业标准方法（如集成风险评估流程[29]）将定量后果映射到共同的严重程度等级，以便在不同类型的后果之间进行比较和整合。利用由此产生的管道段、管道和管道系统的失效频率和后果来评价定量风险。这些定量风险可以与可容忍的水平进行比较，或者显示在风险评估矩阵上（通常是首选的方法），并用于驱动完整性管理程序的活动。由于管道的风险评估模型具有定量性质，因此失效的概率、失效的后果和产生的失效风险具有物理意义（与定性和半定量方法不同），可以跨威胁、跨管道甚至跨不同类型系统进行比较。管道的风险矩阵示例如图 8-10 所示。

14000 千米的输气系统包含一个管道完整性程序开发实例[30]。以前确定维修支出及其相对优先次序的方法是以地面调查、空中调查及地区等级调查为基础的。通常选择最坏的情况来确定后果，在此过程中没有对失效概率进行数值评价。主要根据土壤调查结果选择直接检查的地点。根据管道的龄期、直径、地区等级和失效历史，选择了分段进行在线检测。

考虑到上述问题、过去的维修实践和行业中出现的趋势，管道公司认识到开发一个系统完整性程序的好处。系统完整性程序的开发采用了一种积极主动的战略，将概率和后果作为检查和维修决策的基础。系统完整性程序预计将提供一个完全基于风险的维修大纲。风险管理策略要求采取两个基本步骤：完成风险定级目的的定性管道风险评估；完成定量评估，以确定实际风险等级和适当的维修活动。

潜在的严重程度	停电	H&S 影响	环境损害	<1E-06 几乎不可能和不现实（不可能）	1E-06 to 1E-04 预期不会发生（极微的）	1E-04 to 1E-00 发生被认为是罕见的（罕见的）	1E-03 to 1E-01 预计10年内至少发生一次（可能）	>1E-01 每年发生次数（频繁）
1 轻微	$100K至$1M影响	轻微受伤，只须急救	只须轻微清理	L	L	L	L	M
2 微小	$1M至$10M影响	轻伤或限制工作（可逆）	清理100%可实现，对环境无潜在影响	L	L	M	M	M
3 中度	$10M至$100M影响	主要伤害，即患有永久性残疾的单一LTI	局部环境破坏	L	M	M	S	S
4 重要	$100M至$1B影响	单一致命或多个LTI与永久残疾	重大环境损害	L	M	S	S	H
5 严重	≥$1B影响	多重致命	大规模环境破坏	M	S	S	H	H

图 8-10　管道的风险矩阵示例

利用定量风险评估工具 PIRAMID™计算各管道的失效率、失效后果和风险水平，可以为维修优化过程提供方便。PIRAMID™先计算与特定管道段相关的风险水平，并将执行各种可能的维修活动所产生的预期风险等级进行量化，然后对候选维修活动进行成本比较（其中列出了线段的年度总成本）。由 PIRAMID™得到的信息可以作为完整性维修决策的基础，并用于为管道系统的每个部分制订维修计划。制订这些维修计划的基本前提是以尽可能低的总成本确保达到和保持可接受的安全标准（安全风险保持在可容忍的水平或低于可容忍的水平）。

风险概况用于显示沿管道段长度的风险变化，并确定高风险区域。图 8-11 为沿管道段的成本风险变化的示例。

管道段个体风险比率（IRR）（计算出的单管道段风险与可容忍的单管道段风险的比率）的概念被用来帮助评估包括可容忍风险水平变化在内的管道段长度寿命中的安全风险。在 IRR 大于 1.0 的情况下，计算出的单管道段风险超过该单管道段的可容忍水平。如果 IRR 在单管道段长度的任何一点都大于 1.0，那么就会违反单管道段风险约束。

在制订维修计划时，第一步是对管道所有部分按照其长度的最大 IRR 进行排序；第二步是确定不符合可容忍的单管道段风险准则的部分（最高 IRR 大于 1.0 的部分）；

第三步是选择解决主要失效威胁（如腐蚀、应力腐蚀开裂、设备影响）的候选维修方案。

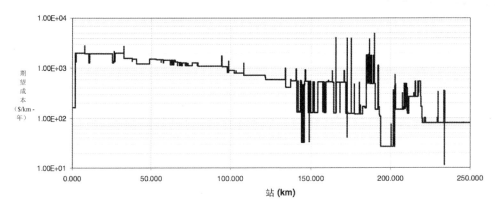

图 8-11　沿管道段的成本风险变化的实例

　　选择最优的完整性维修活动是一个不确定的优化过程。一种可以实现这种优化的综合方法是决策理论，它提供了一种系统且一致的方法来评价方案和做出最优选择。一种公认的决策方法是约束成本优化。这种方法假设寿命中的安全风险（以单管道段风险表示寿命中的安全风险）可以视为一种约束。在不违反生命安全约束的情况下，与所关注周期内最低预期总成本相关联的完整性维修选项被认为是首选方案。

　　为评价维修备选方案，需要计算现有条件和每个备选维修选项的管道段预期总费用。总预期成本是两个组成部分（年平均预期成本和摊销维修费用）的总和。年平均预期成本是指在所关注周期内，每年以现值美元计算的与失效相关的费用之和除以年数。年平均预期成本提供了指定时间段内与失效相关的平均年度成本。摊销维修费用是指在所关注周期内，摊销的维修活动的初始成本。摊销维修费用提供了在指定时间内与维护有关的年度费用。

　　在计算某一场景一段时间周期（1～15 年）的总预期成本时，成本曲线通常会从一个高值开始，并随着时间的推移而下降，在达到最小值后增加。较高的初始值反映了与实施方案相关的初始成本，该值会随着时间的延长而降低，这是因为随着使用寿命的增加，初始成本将在较长的时间内摊销。在某一时间点，风险相关成本随时间的增长速度将超过初始成本的下降速度，总成本将再次开始上升。给定场景的最佳使用寿命（或下一次维修事件的最佳时间）是该场景总成本图上的最低点。如图 8-12 所示，MFL 联机检查选项的最佳使用寿命为 6 年（从 2003 年到 2008 年），静水压试验方案为 7 年（从 2003 年到 2009 年）。由于现状不涉及维修活动的任何初始支出，因此相应的费用曲线没有减少的部分。

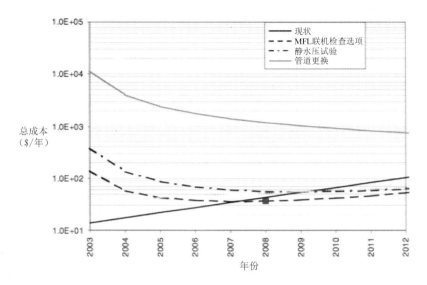

图 8-12　无安全约束的成本优化实例

对最高 IRR 大于 1.0 的每条线段都进行成本优化分析，每条线段推荐的维修计划都是各自成本最低的选项，至少符合可容忍的单管道段风险水平的标准。成本优化分析的结果是建议通过多年计划实施维修活动，因为只有在一个年度周期内通常不具备几个机会窗口的情况下，才有可能协调大量管理停运。

8.5　维修性与可靠性、可用性相结合

维修性、维修保障、可用性和可靠性之间存在紧密的联系，如图 8-13 所示。

我们应认识到，设备具有固有的可靠性和维修性，这导致设备具有固有的可用性。固有可靠性可以依靠冗余、高可靠材料和部件，以及设定环境和运行约束等方法来延长设备寿命，将可靠性构建到设计工作中。固有可靠性设计必须以高质量的制造和正确的安装为标准规范。固有维修性是模块化、零件标准化和可互换性、可达性、可拆卸/可重组、可修复性、故障诊断、故障隔离及维修性预测和验证的产物。

设备一旦投入使用，有些因素在实现可用性方面就开始发挥作用。影响可用性的第一个重要因素与可靠性有关，由于存在可能降低固有可靠性的因素，因此实际的可靠性将会降低。降低固有可靠性的一个重要因素是在设计规格说明之外运行设备，如在高负载或大量启动和停止的情况下运行设备。降低固有可靠性的另一个重要因素是在恶劣的环境条件下使用设备，如在高温、低温、灰尘、污染或任何超出规定条件的环境下运行设备。经验表明，未充分利用设备也不利于可靠性。

图 8-13　可信性特性之间的结合

影响可用性的第二个重要因素是对设备进行维修。维修一方面可以细分到维修大纲的类型和范围，包括所执行的预防性维修任务、正在进行状态监测的数量、维修的质量和数量、收集和分析的资产性能信息，以及为改进所做的努力。维修另一个方面还包括由技术维修人员、可用的备件、配套设备、外部维修和保障等主要要素提供的维修保障。需要注意的是，维修性基本上是设计中固有的，并且一旦开始运行就很难更改，因此对于实际可用性，维修性并不是一个影响因素。

通过关联 MTBF 与 MTTR 可以对维修性与可靠性之间的关系提出另一种看法。这种关系可以用停机时间和维修时间来解释。图 8-14 用四个象限的形式表示这种关系。可靠性是 MTBF 的函数，可用性是 MTBF 和 MTTR 的结合。

在建立这种关系之前，必须对所比较设备的价值做出一些判断。最佳情况是 MTBF 较高，而 MTTR 较低，换言之，失效很少，维修时间很短。当 MTBF 和 MTTR 都较高时，可靠性本身不太可能成为问题，但应强调减少维修时间。当 MTBF 和 MTTR 都较低时，重点在于提高可靠性。最坏的情况是低 MTBF 和高 MTTR，此时，可靠性和维修时间问题都必须解决。

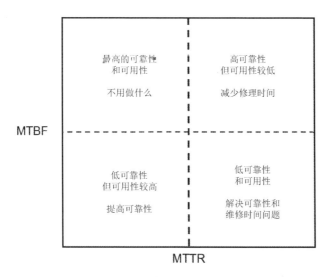

图 8-14　MTBF 和 MTTR 的关系

有必要提醒一下，因为MTBF和MTTR是平均值，所以它们隐藏了潜在的分布。对于元件或小型设备，它们维修时间的差异应该很小。对于大型设备或系统，可能需要的维修时间较长（这将影响MTTR），可能会出现失效时间很短的情况（这可能是由维修质量不佳导致的）。如果这些预计是不会重复的实例，那么得出结论可能为时过早，因此可以删除这些数据点。

在附录 H 中，以炼油厂蒸汽轮机为例，说明了可靠性、可用性和维修性在确定设备的有效性和需要改进的部件方面所起的作用。

参 考 文 献

[1]　Seminaraa，J.L. and Parsons，S.O.，1982. "Nuclear power plant maintainability," Applied Ergonomics，Volume 13，Issue 3，September 1982，Pages 177-189.

[2]　Ebeling，C.E.，2005. "An Introduction to Reliability and Maintainability Engineering," Weland Press，ISBN 1-57766-386-1.

[3]　Unknown，2009. "Integrated Logistics Support," Army Regulation 700-127，April 29，2009.

[4]　Unknown，2010. "Integrated Logistics Support. Requirements fr MOD Projects," Ministry of Defnce Defnce Standard 00-600，Issue 1 Publication Date 23 April 2010.

[5]　Unknown，2011. "Dependability management - Part 3-12: Application guide - Integrated logistic suport," IEC 60300-3-12 Ed 2.0，2011-02-17.

[6]   Nowlan，FS. and Heap，H.F，1978. "Reliability-Centered Maintenance，" Report AD-A066-579，December 29，1978.

[7]   Moubray，J.，2004."Reliability Centered Maintenance，"Industrial Press，2 Edition，ISBN 0831131462，April 8，2004.

[8]   Smith A.M.，1993. "Reliability-Centered Maintenance，" McGraw-Hill，ISBN 0-07-059046-X.

[9]   Unknown，2009. "Dependability management - Part 3-11: Application guide - Reliability Cented Maintenance，" IEC 60300-3-11 Ed 2.0，2009-06-17.

[10]   Unknown，2009."API Recommended Practice 580，Risk-Based Inspection，"Second Edition，November 2009.

[11]   Selvik，J.T. andAen，T，2010. "A famework fr reliability and risk centered maintenance，" Reliab Eng Syst Safty（2010），doi:10.1016/j.ress.2010.08.001.

[12]   Ytes，L.，2007. "RCM and Risk Management，" The Journal of the Reliability Analysis Center，Part 1 -Third Quarter 2007，Part 2 - Fourth Quarter 2007，Part 3 - First Quarter 2008.

[13]   Jardine，A.K.S. and Tsang，A.H.，2005."Maintenance，Replacement and Reliability: Theory and Applications，" CRC Press，2005.

[14]   Barringer，P and Monroe，T.R.，1999. "How to Justif Machinery Improvements Using Reliability Engineering Principles，" 1999 Pump Symposium Sponsored by Texas A&M Turbo Lab March 1-4，1999 George R. Brown Conention Center，Houston，Texas.

[15]   Barringer，P.，2005. "How T Justif Equipment Improvements Using Lif Cycle Cost and Reliability Principles，" North American Association of Food Equipment Manufctres Confrence 2005，Miami，Florida，January 14，2005.

[16]   Jardine，A.K.S.，1979. "Solving Industrial Replacement Problems，" Proceedings，Annual Reliability and Maintenance Symposium，pp 136-142.

[17]   Bharadwaj，U.R.，Silberschmidt，VV，Wintle，J.B. and Speck，J.B.，2008. "A Risk Based Methodology fr Spare Parts Inentory Optimisation，" Proceedings of IMECE2008 ASME Interational Mechanical Engineering Congress and Exposition October 31-November 6，2008，Boston，Massachusetts，USA.

[18]   Ceschini，G.F，Carlevaro，F，Racioppi，G. and Masi，A.，2003."Trbogroup Spare Part Optimization by Aailability Centered Maintenance Methodology: anApplication to LTSA Contract，" Proceedings of ASME Turbo Expo 2003 Power fr Land，Sea，and Air June 16-19，2003，Atlanta，Georgia，USA.

[19] Mitchell，J.S.，2007. "From Vibration Measurements to Condition Based Maintenance: SeventyYears of Continuous Progress," Sound and Vibration 41 no 1，Jan 2007，pp. 62 78.

[20] De Maria，R.L. and Gresh，M.T.，2006. "The Role of Online Aerodynamic Perfrmance Analysis,"Proceedings of the Thirty-Fifh Turbomachinery Symposium，2006，pp. 55-61.

[21] D.R. Cox，1972. "Regression models and lif tables（with discussion），" J.Roy. Stat. Soc. B，34，187-220.

[22] Jardine，A.K.S. Joseph，T. and Banjevic，D.，1999. "Optimizing condition-based maintenance decisions fr equipment subject to vibration monitoring," Jounal of Quality in Maintenance Engineering，Vol. 5 No. 3，1999，pp. 192-202. # MCB University Press，1355-2511.

[23] OMDEC Case Studies，www.omdec.com/solutions/case-studies/，accessed Sept 22，2011. 194 • Practical Application of Dependability Engineering.

[24] Green，B.，Hull，G.，Hurtado，J. and Harvill，M.，2008. "Remote Health Monitoring Increases Reliability and Condition-Based Maintenance ," Proceedings of RTDF2008 2008 ASME Rail Transportation Division Fall Tchnical Confrence September 24-25，2008 Chicago，Illinois，USA.

[25] DePold，H.，and Siegel，J.，2006. "Using Diagnostics and Prognostics to Minimize the Cost ofOwnership of Gas Turbines". In Proc. ASME Turbo Expo 2006. Paper no. GT2006-91183.

[26] Bohlin，M.，Wara，M.，Holst，A.，Slottner，P. and Doganay，K.，2009. "Optimization ofCondition-Based Maintenance fr Industrial Gas Tubines: Requirements and Results," Proceedings of ASME Trbo Expo 2009: Power fr Land，Sea and Air GT2009 June 8-12，2009，Orlando，Florida，USA.

[27] Dason，J.，Colquhoun，I. Yablonskikh，I.，Wenz，R. and Nguyen，T.，2010. "Deterministic QRA Model and Implementation Experience Via an Integrity Management Sofware Tol," Proceedings ofthe 8th Interational Pipeline Confrence IPC2010，September 27-October 1，2010，Calgary，Alberta，Canada.

[28] API RP 581，Risk Based Inspection Tchnology，2008.

[29] Morrison，L.，"Integrated Risk Assessment ofSeveral Approaches fr Handling Runaa Reactions," NOV Chemicals Inc.，Moon Township，Pennsylvania（white paper）.

[30] Wickenhauser，PL. and Pladon，D.K，2004. "Quantitative Pipeline Risk Assessment and Maintenance Optimization," Proceedings ofIPC 2004 International Pipeline Confrence，October 4 - 8，2004 Calgary，Alberta，Canada.

第 9 章

可信性保证

9.1 建立可信性保证框架

9.1.1 理解商业和技术方面的保证

保证一词意味着信心、确定性、声明和可信任性。保证的概念和原理跨越多个学科、应用领域、系统属性，以及多种技术。保证是一种管理过程，用于确保建立的需求已经或能够被满足。可信性是一种系统属性（在需要时按要求执行的能力属性），是与时间相关的质量特性。可信性保证过程是由一个组织的经营管理政策和技术方向指导的。从商业的角度来看，系统开发人员和系统服务提供者应该确保客户和用户能够从他们的金钱中获得价值。保证过程的实施确保了可持续的业务运营，这通常被总结为服务质量（QoS）[1]。QoS 受到以下因素的影响。

- 系统服务功能，以满足用户需求。
- 系统性能能力，以符合服务要求。
- 服务的安保。
- 服务的可信性。

从技术性能角度来看,可信性保证应确保系统服务性能具有满足客户期望和QoS实现方面的能力。应制定可信性保证策略和实施方法，为业务运营中的项目管理提供有效的指导，这对于需要以安全可靠方式交付的技术服务，以及获得客户信心和用户信任是至关重要的。可信性保证的技术重点是实现系统服务功能的高性价比部署和及时的服务保障性能，以满足预期的服务需求并实现 QoS 目标。

9.1.2 系统性能可信性保证框架

系统性能可信性保证框架可以使用多层次的性能模型来描述，如图 9-1 所示。

分层方法展示了"服务层-性能层-保障层"在层次结构之间的联系。分层方法给出了相关系统功能的配置和关系,以达到可信性保证的目的。许多系统都可以分为以下 3 个层次。

- 服务层:用于确定满足 QoS 目标所需的服务功能。
- 性能层:用于确定系统设计所需的性能功能。
- 保障层:用于识别所需的保障功能。

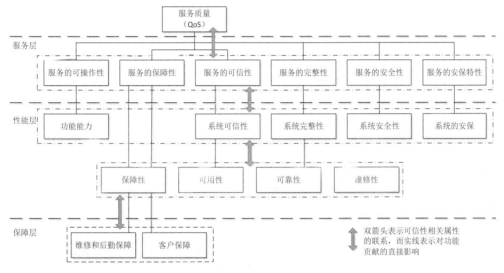

图 9-1 系统性能可信性保证框架的性能模型

每一层都是相似功能的集合。这些功能向它的上层提供服务,并从下层接收服务。每一层都负责提供一组可访问的系统功能。这些功能可以被控制并链接到其他层的一组相应的系统功能。这些协同的系统功能相互联系,共同建立了它们特定的因果关系。系统提供服务的目的是达到客户或用户要求的 QoS 级别。

分层方法是在层次功能模型的基础上建立系统功能之间的因果关系。分层方法的局限性在于它仅表现性能静态的配置状态。图 9-1 所描述的性能模型代表了交付客户服务的全功能运行中的系统性能视图。由于系统在不同生命周期阶段具有不同和不断变化的运行场景,因此还需要阐明动态情况。系统生命周期过程给出了不断变化的系统性能场景中的时间相关特征。分层方法还可以用于实现任务目标,其中最上面的服务层将成为具有实现任务成功准则所需功能的任务层。

9.1.3 系统性能保证的协同

保证的协同是实现高性价比系统性能的关键。例如,设备安全性与可靠组件的使用密切相关；优质材料的应用提高了产品的耐久性；安全性设计提高了结构的完整性；容错软件增强了服务的安保和可信性。保证属性的协同使系统功能能够适当地结合在一起，从而促进性能应用。表 9-1 为保证属性的协同对系统性能的影响。

表 9-1　保证属性的协同对系统性能的影响

保证属性的协同	保证属性实现系统性能的 主要关注点	系统性能特性的 关键量度
可信性	性能	可用度/可靠度
质量	感知价值	客户满意度
完整性	健壮性	完整性水平
安保	物理/功能的保护	安保保证水平
安全性	损害/威胁的避免	安全完整性水平
⇩		
功能能力	系统性能	QoS

　　保证属性和相关系统性能特性之间的相同点是，它们所有的应用都存在风险。因此，包括了协同保证属性的系统通常被称为基于风险的系统。涉及系统设计和实现的一系列技术学科被称为保证科学。

　　部分或全部的保证属性应与面向服务的基本系统属性相一致，这是为了交付服务的可操作性和保障性，以实现系统运行和 QoS 提供的全功能能力。保证属性本身并不能替代系统能力的功能设计，而是作为一种增强和维持系统运行和服务应用性能的使能机制存在的。

　　下面的案例说明了保证属性的协同对系统性能能力的作用。

　　案例 1：从系统开发的角度来看，对于提供服务的系统，保证属性协同的目标是使系统功能的设计能够达到规定的性能要求。

　　案例 2：从系统运营的角度来看，对于为服务而部署的系统，保证属性协同的目标是保障和提高系统在提供 QoS 方面的性能，以实现客户满意度。

　　案例 1 中的保证属性协同用于设计折中，案例 2 中的保证属性结合了系统在运营期间的保证应用。保证属性协同对系统性能能力的作用可以通过关注各种情况下保证属性对系统性能的影响程度来确定。影响程度可以表示为强、中和弱。为指定应用中保证属性的优先级及保证属性对系统性能特性的影响，还可以建立诸如 1～9 的定量评级。由于反映影响程度的赋值是高度主观的，因此在实际项目应用中需要进行论证。基于质量功能展开（QFD）[2]方法用于确定保证属性如何影响系统性能，以实现相应的保证目标。下面以工业应用的监控系统为例，说明案例 1 和案例 2 两种情况下 QFD 方法的应用。QFD 方法的重点是可信性对系统性能的影响，为解释清楚，需要关注可信性与其他协同保证属性的关联及其各自产生的影响。

图 9-2 给出了案例 1 中影响系统性能实现的协同保证属性。

系统实现

协同的保证属性	特性	主要的运行功能和物理功能					设计合并的可信性特性的重要度	
		硬件功能	软件功能	人的方面	接口连接	结构配置		
可信性	可用性		□				12.3%	4
	可靠性	□	○	□	○		38.3%	1
	维修性		○				6.9%	5
	恢复性		○	△	○		17.8%	3
	耐久性	□				□	24.7%	2
		24.7%	32.9%	16.4%	13.7%	12.3%	100%	
		2	1	3	4	5		用于实现的操作和物理功能的优先级
质量			○					
完整性		○	○		△			
安保		○	△	△	△			
安全性		△		○		○		

影响：□ 强=9　○ 中=5　△ 弱=3

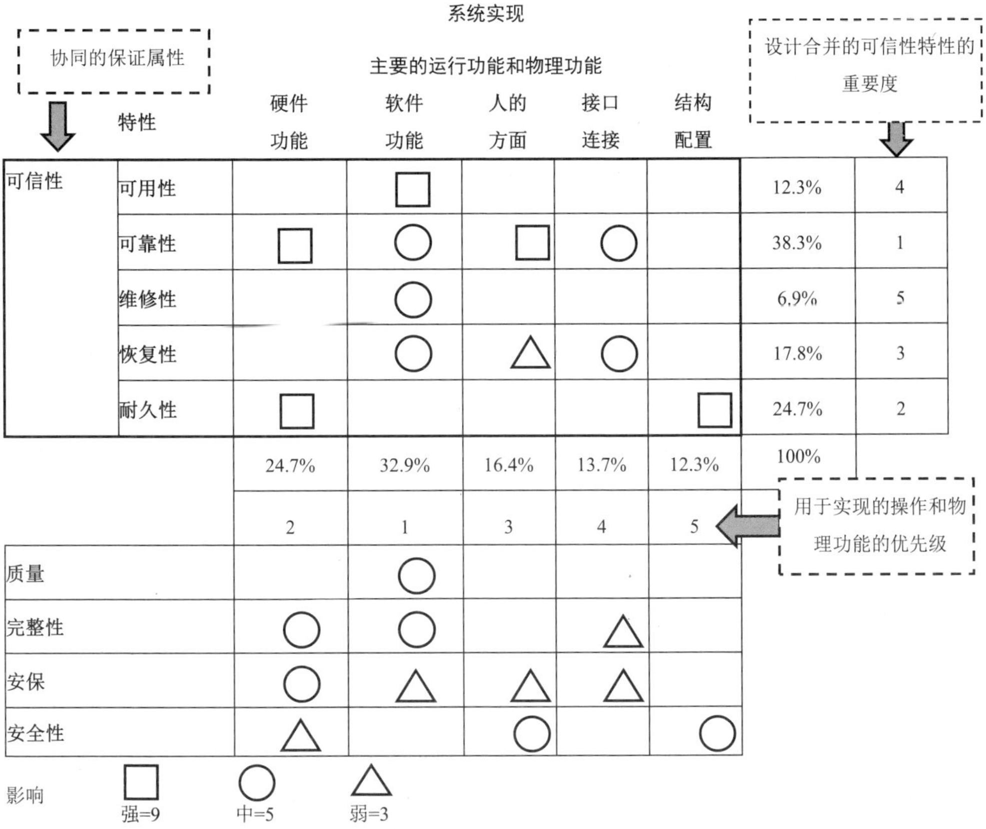

图 9-2　案例 1 中影响系统性能实现的协同保证属性

对监控系统开发的保证属性强调了远程传感器元件的质量和耐用的硬件组装结构，用于集中信息处理的可靠软件，以及远程控制和监控主要操作功能的人机交互。用数值（1～9）来表示可信性特性对系统设计功能的影响。将影响数值的加权平均数作为对有关因素进行排序的基础。根据可信性特性在设计合并和权衡中的重要性对其进行排序。运行功能和物理功能按照实现的优先级进行排序。

图 9-3 给出了案例 2 中影响系统性能实现的协同保证属性。

用于监控系统运行的保证属性强调服务的可操作性、保障性和可信性，同时保证服务提供的完整性、安全性和安保特性。通过赋予数值来指定可信性特性对功能能力性能目标的影响。以影响数值的加权平均值为基础，对相关影响因素进行排序。根据可信性特性对服务性能的影响程度对其进行排序。根据功能能力性能服务实现的优先级对其进行排序。

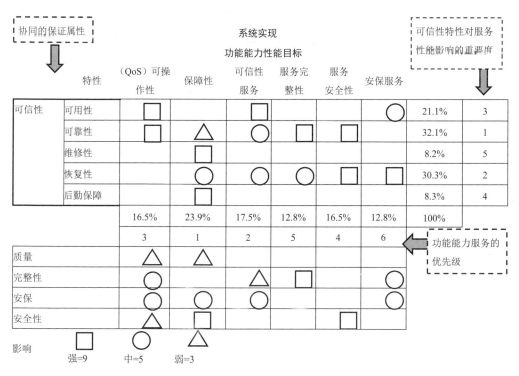

图 9-3 案例 2 中影响系统性能实现的协同保证属性

适用于保证属性协同的 QFD 方法为保证项目管理提供了一种可行的方法。QFD 方法经常会遇到单独的组织或专家团队来解决关于特定应用的问题，如安全性和安保问题。QFD 方法有助于项目管理确定保证项目任务的优先级。QFD 方法提供了一种手段。该手段可用于评估有关项目保证特性的重要性。这些特性可能共享解决方案，以解决安全性、安保和可信性的相同保证问题。QFD 方法可以作用于几个相关的层级，以确定在系统开发和实现的组件和产品级别合并所需保证工作的影响程度。QFD 方法还可以横向应用于系统级别的服务功能，以识别服务的关键性和特定的保障需求，从而增强服务操作，以符合 QoS 协议。QFD 过程提供了一种获取知识库的方法。这可能有助于为正在进行和未来的项目实施建立一个通用的保证过程。

9.2 保证策略的演进

9.2.1 从历史经验中学习

从历史经验中学习是一个长期调整和适应变化的过程。从历史质量保证和质量管理演进中吸取的经验教训，可适应不断变化的业务环境和技术挑战，为可信性保证调整管理策略提供宝贵的见解。

质量保证和质量管理拥有 60 多年的历史，产生了大量的行业经验。ISO9000 系列标准于 1987 年在全球范围内发布后，质量管理便开始在世界范围内崭露头角。ISO9001:1987 标准制定了一套用于认证和符合性评估的质量要求[3]。ISO9001:1987 标准要求集中在质量管理体系、管理职责、资源管理、产品实现、测量、分析和改进方面。后续版本的 ISO9001 标准采用了计划-执行-检查-行动（Plan-Do-Check-Act，PDCA）模型来改进过程。ISO9001:1987 标准在实践中倾向于强调符合特定的程序，而不是改善有效管理的整个过程。该标准所提出的质量管理模式非常适用于制造业和服务业，特别是寻求进入全球市场的发展中国家的产品制造商和服务提供者。

ISO9001:1994 的修订内容强调通过预防措施进行质量保证，并要求其符合文档程序的证据。这一修订导致组织需要编制大量的程序手册和文件，从而妨碍过程的改进。ISO9001:2000 的修订内容引入了持续过程改进的概念。这种概念涉及过程中的上层管理，并将质量集成到业务系统中。过程量度用于确定性能的有效性并跟踪客户满意度趋势。ISO9001:2008 的修订内容引入了澄清的概念，以提高质量管理体系与 ISO14001 环境管理体系的一致性[4]。在 2009 年于东京举行的 ISO/TC 176 质量管理和质量保证大会上，与会者对 ISO9001 标准与业务价值的相关性表示关注。该保证大会主要内容包括实现和维护组织合规性认证程序的费效比，商业视角审核过程的有效性，以及不熟悉组织业务文化和技术流程的第三方审核人员的参与，以便提出可行的建议并进行有意义的改进。需要对 ISO/TC176 进行一些战略框架更改，重新恢复 ISO9001 品牌，并恢复客户信心。行业客户似乎在寻找其他管理体系中的质量管理解决方案，而不是 ISO9001。通过 ISO9001 认证并不能保证生产出高质量的产品。

ISO/TC 176 正在实施复兴战略，在这期间，许多行业特有的质量管理标准已经制定完成。质量管理体系和方法已经面向特定的行业需求形成了强化的实践，这类特定行业的标准包括电信行业的 TL 9000[5]、汽车行业的 QS 9000（已被 ISO/TS 16949 取代）[6]和航空航天行业的 AS 9000[7]。随着新技术的发展，还开发出了新的与质量相关的标准，如用于软件能力成熟度模型集成的 CCMI[8]和用于软件可靠性保证的 SRA[9]。

全面质量管理（TQM）是从质量保证发展而来的。TQM 是一种管理理念，旨在整合所有的组织职能和服务，如营销、财务、设计、工程和生产，以满足客户需求和组织目标。TQM 授权整个组织，从员工到高管，负责确保他们各自产品和服务的质量，并通过适当的过程改进渠道管理他们的过程。TQM 大约需要 10 年才能进行管理改变，并且需要更长的时间使过程成熟。TQM 的退化是由于缺乏最高管理层的承诺。有效的流程实施应该是时间敏感的，并且能够适应变化。

从积极方面来看，TQM 战略已被很好地嵌入质量讨程中。TQM 影响了几种基于行业的业务卓越模型的开发，指导业务战略和运营，以符合组织的目标和使命。例如，欧洲质量管理卓越奖[10]、马尔科姆波多里奇（Malcolm Baldrige）国家质量奖[11]和戴明（Deming）奖[12]。面向国内或国际的竞争者，以鉴别和确认一流的质量组织。奖励评价所采用的模型涵盖了广泛的质量卓越准则，包括领导力、战略规划、客户关注、测量、分析、知识管理、员工关注、过程管理和结果。卓越绩效准则用于提倡组织的自我评估和自我改进，包括组织的绩效实践、能力和为利益相关方提供价值的结果，从而加强组织的竞争力，并促进组织内部的知识提升和持续学习。商业组织已将业务卓越模型作为实现战略管理目标的主动方法。

六西格玛[13]是一种业务管理战略，它通过根本原因的识别和消除来改进流程，以最大限度地减少制造和业务流程的可变性。六西格玛通过建立质量管理方法和工具，如控制图、因果关系图和质量功能展开来促进改进过程。组织内的一个特别小组被指定为"黑带"专家，以指导具体方法的实施。在一个组织中执行的每一个六西格玛项目都遵循一个有可量化目标的既定步骤序列，这些目标可以是关于降低成本的财务预算控制或产品交付承诺的生产计划。六西格玛被一些质量专家看作基本质量改进过程的改进版本，但存在更多炒作和浮夸的介绍。一些人[14]已经认识到六西格玛以客户为中心的观点不会取得成功，除非它在过程中考虑可靠性。

当前业界采用最多的是采用"精益"思想，如精益制造和精益维修等。此时关注的重点是系统地消除浪费或没有任何价值的过程。虽然精益基本目的是进行长期改善，但它往往被看作一种短期行为的成本削减工作。促进改进过程的关键是将"精益"和可靠性作为实现精益原理[15]目标的主要手段。例如，采用失效模式和影响分析（FMEA）方法来提高精益系统的可靠性[16]。也有人尝试将六西格玛与精益生产相结合，以提高产品质量和制造效率，这可能是由于没有任何一种方法能够实现有效性[17]。提高产品质量和制造效率的核心必须是应用可信性，这样才能使它们具有有效性。

需要注意的是，采用上述管理模型需要初始的投资和大量的资源投入，以维持持续的运行。有时候，采用模型所需的成本和时间会超出满足组织业务挑战带来的好处。模型采用过程还可能涉及文化变革和组织内部再培训，这可能会影响当前的客户服务和关系。谨慎的做法是，在使用一种管理模型来指导长期运行和维持业务生存之前，进行彻底的检查以使关键问题合理化。对变化的适应性和敏捷性似乎提供了一个可行的解决方案。

9.2.2　可信性保证措施

可信性管理应集成到组织的基础设施框架中，以促进可信性方针决策及技术方向的实施。可信性工程作为一门技术学科，应该与正在进行的设计和过程改进工程项目密切相关。可信性应与质量保证合作，以实现客户满意的共同目标。组织的质量管理体系应为可信性方针协调提供联系。关注质量管理的进展和演进可以为可信性管理提供实用的见解。持续学习并以丰富知识储备和逐步改善为目标，以达到卓越的可信性。将可信性管理功能的范围限制在满足最低标准要求的符合性目标会适得其反。

从质量管理和质量保证的演进中吸取的教训表明，没有一种模型能够满足所有组织和商业运营的管理标准。管理人员必须适应不断变化的市场需求，并且在组织的方针、过程和资源部署方面做出适当的调整，以符合组织目标和使命。可信性在很大程度上受到技术进步和创新的影响。可信性专业人员在技术系统和项目中为组织的努力做出了贡献，他们的技能和知识应该得到认可，以促进卓越绩效和价值创造。可信性管理领导者应该指明方向并预见主动的变革管理。可信性保证应确保相关的管理举措和实用可信性功能，以创造价值。以下是一些典型的可信性保证措施。

- 可信性管理体系的集成。
- 反映变化的可信性方针、愿景和使命的声明。
- 从可信性应用角度进行系统生命周期管理。
- 有效管理可信性资源（包括技术、信息和人力资源）。
- 外包和供应链管理，促进系统可信性的实现和实施。
- 为各种应用合作研究和开发新技术平台。
- 协调将软硬件功能设计和人员整合的管理流程。
- 管理和协调与可信性相关的信息系统和数据使用。
- 影响可信性应用的技术和环境。
- 支持影响可信性应用的服务和客户关系。
- 基于可信性性能优化的项目剪裁。
- 可信性培训和学习，以及知识库的获取和留存。
- 可信性性能仿真、试验、测量、评估和评审，以实现系统性能的卓越。
- 确保专注于可信性价值的实现。

人们已经认识到，质量和可靠性反馈循环在实际中并不总是有效的[18]。对产品质量和可靠性的要求随着产品复杂度的增加而提高，并且完成这些要求的时间也会缩短。在案例研究[14]中，反馈给组织的信息不足以对质量和可靠性产生预期的影响，这主要是因为售后服务流程存在成本压力。售后服务流程存在的成本压力导致组织缺乏用于改进质量和可靠性的高质量信息。必须关注业务流程的质量，以及产品和服务的功能和可靠性。

 系统可信性保证的生命周期方法

生命周期方法涉及一系列可信性活动。这些活动用于确保实现系统性能目标。系统生命周期阶段包括概念/定义、设计/开发、实现/实施、运行/维修、改进和退役。每个系统生命周期阶段的保证目标都是通过合理地应用相关方法来保证系统可信性，实现所需服务的可信性，并确保满足系统可信性要求。可信性保证策略反映了特定系统应用的相关技术领域。可信性保证策略通过提供具体的可信性工程工作，与系统性能管理、日常维护和保障活动协同。从系统运行的角度出发，对可信性保证策略进行重点研究，以实现性能优化。可信性保证策略如下。

- 向终端用户交付 QoS 和服务可信性。
- 确保性能的完整性、安保和安全性。
- 增强系统性能功能和保障过程。

表 9-2 给出了系统生命周期阶段的可信性保证过程的示例。

支持系统保证过程和可信性保证过程的活动在附录 B 中进行了说明，其中所有的生命周期活动都是可组合的。

表 9-2　系统生命周期阶段的可信性保证过程的示例

概念/定义阶段		
系统保证过程	可信性保证过程	典型的保证方法实施
•识别客户要求； •定义系统性能目标和约束； •制订系统保证计划； •识别计划交付目标和资源要求； •建立管理职责和项目评审过程	•定义系统可信性要求； •识别系统运行场景； •识别可信性应用约束和技术限制； •识别功能性能规范和适用的可信性标准	•进行需求分析； •进行运行场景分析； •进行初步的可信性评估； •确定满足功能性能要求和可信性目标的可行的架构设计配置
设计/开发阶段		
系统保证过程	可信性保证流程	典型的保证方法实施
•制订系统设计验证和需求符合的保证计划； •制订系统接口和集成计划，用于互操作性的试验和验证； •制订供应商保证计划； •创建全面系统开发的保证计划和程序	•确定并分配系统和子系统可信性要求； •确定特定的任务安全性和安保应用的关键功能，特别需要关注可信性； •建立可信性数据库（用于信息获取）； •确定系统失效准则； •确定备件供应程序； •定义保修条件	•开展详细的可信性评估； •适用时，进行系统可信性预计、FMEA、FTA 和仿真； •执行设计权衡分析，以优化系统性能； •证明外包要求是合适的； •完成系统可信性规范； •做出"自制-购买"决定

实现/实施阶段		
系统保证过程	**可信性保证过程**	**典型的保证方法实施**
•制订产品保证计划，以实现硬件/软件功能和生产； •制订系统集成计划（用于系统试验和验收确认）； •制订系统安装和迁移计划	•实施系统可信性大纲； •实施质量保证大纲； •实施供应商可信性大纲； •实施系统维修和后勤保障大纲； •实施失效报告、分析、数据收集和反馈系统	•进行产品实现功能的试验和评价，用于产品验收； •进行维修和后勤保障分析； •对系统故障暴露的风险评估进行故障注入试验，以确定和开发系统的复原和恢复过程； •分析试验数据，以识别和解决关键设计和程序问题
运行/维修阶段		
系统保证过程	**可信性保证过程**	**典型的保证方法实施**
•创建系统运行、维修和保障的计划和程序； •识别用于提供 QoS 的服务级别协议； •定义系统性能值的准则，以实现客户满意度； •建立故障管理系统和客户关怀服务	•实施监控系统，以维持系统运行的可信性； •适当地实施可靠性增长大纲； •实施现场数据收集系统和事故报告； •实施故障管理系统和客户关怀服务； •确定 QoS 提供的充分性； •确定服务可操作性、服务保障性和服务可信性； •在适用的情况下确定服务完整性、服务安保性和服务安全性	•开展客户满意度调查； •进行事件报告和数据收集； •分析失效趋势； •开展根因分析，以解决问题； •推荐设计或程序变更，以持续改进
改进阶段		
系统保证过程	**可信性保证过程**	**典型的保证方法实施**
•识别新的客户要求； •创建与新客户要求相关的改进战略和计划； •评价变更的必要性和由此带来的好处	•评价添加新功能给可信性带来的影响； •实施改进措施	•对变更融合开展生命周期费用影响研究； •开展风险和价值评估； •根据变化反映开展客户满意度调查
退役阶段		
系统保证过程	**可信性保证过程**	**典型的保证方法实施**
•识别老系统能力在市场竞争中的状态； •合理确定部分或完整系统退役的时间和范围； •根据需要启动退役计划； •识别包括数据在内的废弃产品的重复使用或残留的价值	•实施重用和重新部署策略； •对废弃产品实施废物处理； •终止服务时通知客户； •提供有关新服务或替代服务的信息	•评价系统停用的约束及其对系统的影响； •评价废弃产品对环境的影响； •因终止服务而进行的客户满意度调查

从商务角度看可信性保证

9.4.1 声明系统可信性的保证

从系统开发人员的角度来看，保证作为管理工具用于声明实现了系统可信性。保证过程的目的是建立对可以实现所需系统性能的信心。保证是一种使能机制，可将可信性纳入工程设计和系统开发中，这是在系统生命周期的概念/定义、设计/开发和实现/实施三个阶段来实现的。可信性保证的目标是，当所有权转移到将其用于业务运营的组织时，增加指定系统满足性能要求的可能性。可信性保证目标可以通过逐步完成具有可审核参数的项目里程碑来实现，以支持客观证据，如保证案例研究。

系统开发人员保证大纲还应解决可能需要考虑的重要业务问题，以实现业务增长和增强，并获得客户和用户的信任。一些业务相关的保证示例应该确保以下方面。

- 利益相关方的利益，以反映他们的投资目标。
- 为项目资源提供充足的资金并明确经费开支。
- 项目承诺中的长期业务目标。
- 遵守合同协议和法律义务。
- 适当部署可用性的技术资源。
- 制定自制-购买决策政策。
- 选择技术设计平台。
- 系统开发过程的能力成熟度。
- 实施供应链管理和外包政策。
- 适用保密和安全政策。
- 在联合开发项目中适当披露专利信息。
- 客户关系和供应商联络。
- 品牌价值保护。

9.4.2 维持系统可信性的保证

从系统服务提供者的角度来看，保证被用作维持系统可信性的管理过程。保证过程的目的是建立客户对所需系统性能的信心。为确保客户得到持续满意的服务，应在长时间的运行和维修过程中实施相关活动。当需要进行服务性能升级时，应根据市场需求和业务服务承诺的可持续性，考虑相应的改进功能。当某些服务需要退役时，应考虑新的替代服务或现有服务的更新，以维持可行的业务运营。可信性保证目标是确保向客户提供 QoS、服务的可信性和其他增值系统性能服务。

系统服务提供商保证大纲还应考虑重要的业务问题以维持持续的业务运营和维持服务承诺。一些与业务相关的保证示例用于确保以下方面。

- 市场相关服务的竞争优势。
- 业务增长和投资策略。
- 方针和运营的效率和有效性。
- 有效的维修和后勤保障策略。
- 有效的事故报告系统，用于数据收集、分析和纠正措施。
- 数据传输、检索和恢复的完整性。
- 在交付 QoS 时遵守服务等级协议。
- 遵守法规，如职业健康、安全性和安保等。
- 客户关怀和支持服务。
- 品牌价值保护。

9.5 保证案例

9.5.1 什么是保证案例

保证案例是对为支持某一声明或论点所收集证据的研究报告[19, 20]。保证案例研究提供了一种实现渐进保证的方法，即在感兴趣技术系统的整个生命周期中已满足或将要满足可信性要求。建立保证案件的框架如下。

- 合理、可审核的声明，为定义的系统满足可信性要求提供论点。
- 证据和论点的汇总，用于支持可信性实现的声明。
- 在整个系统生命周期中作为评价目标的渐进保证。

由于保证案例为确定与不确定性和管理相关的风险提供了关注点，因此保证已成为风险评估和风险管理，以及生命周期活动中的关键因素，这些活动包括计划、设计、实现、演示、维持和监控系统运行中的可信性。

可信性保证活动的管理应使用现有的性能监视系统，以此来生成过程和服务改进所需的信息，典型案例如下。

- 失效报告、分析和纠正措施系统。
- 客户关怀和反馈系统。
- 维修和后勤保障系统。
- 事故报告和故障管理系统。

- 健康监测系统。
- 质量管理体系。

随着时间的推移，保证技术从经典的质量保证原理发展到可以迎接新的未知挑战。当前的保证活动超出了传统的产品保证实践范围。新技术和创新方法已被用于解决诸如气候变化，节能，社会经济体系的健康和安全性，安保的脆弱性，以及工业和金融业务等问题。在大多数情况下，保证活动有直接或间接的可信性（作为包含的基本价值属性）参与。可信性活动强调系统的可生存性、恢复性和性能的可持续性，以提供服务的可信性。用户对可信性的理解表现为对可靠系统性能记录的可信任性，用户愿意将他们的价值资产进行托付。

可信性保证案例研究已成功用于系统可信性项目合规性评估的独立审核。可信性保证案例研究也可用于自我评估，以确定可信性风险暴露的程度，尽可能地减轻风险。应该指出的是，可信性保证案例研究通常涉及大量的文件和数据，需要对它们进行编制和分析，以证实和提供客观证据。谨慎的做法是，证明信息收集和传播所需的时间和效率是合理的，这使得可信性保证案例研究的结果增加了价值。有时，用一个简单的功能试验进行演示比用语言表达更加令人信服。

9.5.2 保证案例研究

有相当多的案例研究已经完成，其中，可信性要么是主要的关注点，要么与质量、服务提供或安全性结合在一起。一些已经完成的案例研究适用于产品，还有一些适用于提供服务的网络，其余的一些涉及个人和公共安全，以及环境影响的情况。

电网是社会不可或缺的服务，它吸引了广泛的保证研究，其中一些保证研究与电网有关。与电网有关的保证研究之一是电力系统的安保[21]，即电力系统能够承受由设备故障引起的干扰。安保不是可靠性，可靠性是指运行良好的概率。在该保证研究中，开发了变电站保护和跳闸功能的事件和故障树模型，该模型与电力系统的动态模拟进行了结合可以分析系统性能。

与电力系统的安保相关的是将分布式发电硬件连接到现有设施的问题[22]。这些问题包括保护、电能质量和系统运行。在进行了模拟，并研究了电能质量、保护和可信性方面的案例后，得到的结论是：在分布式发电设备中，故障的影响可能是显著的，如果人为小故障或几个大故障会引起电路级的改变，那么这种改变足以引起电流保护装置之间的不协调，故障的影响就会变得更显著。设备和系统解决方案都是维持电力系统完整性所必需的。

分析电网的目的是识别关于脆弱性的关键部件[23]。分析是从拓扑、可靠性、电力和电力可靠性四个不同的方面进行的。基于这些方面计算网络节点的加权指标，以确定最关键的节点。可信性分析确定了具有关键节点的区域，这些区域需要针对网络健壮性进行增强。电网分析指出电力最大、故障最容易发生的母线，并表明可以在哪些方面进行最重要的网络改进。

一个有趣的可信性情况是西班牙面临的水电问题，水电站和热电厂都提供发电服务[24]。网络性能必须考虑水电能量的负荷变化和热电厂的维护停运。80个热电机组的装机容量为25000MW，200个水力机组的装机容量为16500MW，这需要对可靠性和可用性进行有效评估，以评估发电系统的容量。研究人员建立了许多可靠性指标，包括水电站的负荷变化和热电厂的维护停运；研究了正常年份和干旱年份的情景，并以月为间隔将这些情景进行了划分。研究人员采用的方法几乎可以实现系统可信性的完全平衡，该方法用于评估发电系统的可靠性，以进行扩展规划。

 软件保证

9.6.1 软件保证概述

软件保证是计划和系统的一系列活动，用于确保软件生命周期过程和产品符合要求、标准和程序。能力成熟度模型[25]是用于在软件开发组织中实施软件保证大纲的通用管理工具。软件开发和应用也有大量文档化的软件保证方法和程序[26]。

软件保证过程是计划、开发、维护，以及提供信心和决策的基础。保证生命周期用于在软件产品的整个系统生命周期中进行确认性评估，以满足适用的安全性、安保、可信性和其他目标[27]。保证案例研究是关于过程性能、软件系统的物理特性和功能特性的声明记录，用于证明系统符合规范[28]。软件保证将风险评估、验证测试、确认测试、文档和维护审核记录作为客观证据。软件保证利用基于项目的测量数据来监控软件产品和相关过程，以便进行可能的改进。

软件可信性由软件可靠性工程的过程实施，强调软件可靠性作为软件保证的本质部分[29]。软件可信性和质量是实现系统运行安全性和安保特性的先决条件。

9.6.2 技术对软件保证的影响

软件技术促进了软件应用中的高性能软件开发和多功能性的提升。但是，软件系统经常运行在有未知病毒和潜在网络入侵的环境中。如今，对建好的软件系统运行时进行的黑客攻击和有意的网络攻击变得越来越频繁、突出和复杂，它们会影响软件开发人员、供应商和用户，造成不同程度的耗时问题，并且在某些情况下会导致大量数据损坏，需要大量的技术工作来进行系统恢复。软件脆弱性已成为软件安全保护和可信性保证的主要挑战。

　　鉴于软件应用程序存在脆弱性，软件保证对涉及安全性、安保和财务交易的组织来说至关重要。软件保证包括开发和实施方法和过程，用于确保软件按预期运行，同时降低可能对终端用户造成伤害的漏洞、恶意代码、故障或错误带来的风险。软件保证对于确保关键信息技术资源的安全至关重要。随着威胁环境的快速变化，如果软件配置和维护不当，即使是高质量的软件也会受到网络入侵的影响。管理网络空间中的威胁需要采用分层安全防范和协同的方法：开发人员构建更加安全和健壮的软件，系统集成商正确安装和配置软件，运营商正确维护系统，终端用户以安全可信的方式使用软件。

　　以前被认为不受外界干扰影响的工业控制系统和网络，现已被证明比预期更脆弱[30]。黑客们发现攻击工业网络是"酷"的。例如，植入监控和数据采集（SCADA）系统中的恶意木马程序干扰了天然气管道上的阀门位置和压气机输出，并引起了大规模爆炸，而黑客们以此为傲。因此，行业团体开展网络挑战并制定安保指南、标准和认证是十分有必要的，这样可以在一定程度上保护 SCADA 系统。

9.6.3　软件保证的挑战

　　涉及软件的组织正在重新定义运行中软件保证的优先级。软件保证的挑战可以解释为对软件无漏洞的信心程度，即不管漏洞是有意还是无意在设计中引入，或者在软件生命周期中意外引入的，软件都能够以预期的方式运行[31]。软件保证应提供合理的可信水平，即软件能够以符合其文档要求的方式正确且可预测地运行。保证的目标是确保软件功能不会在直接被攻击或恶意植入代码进行破坏的情况下而受到损害。

　　对软件保证的信心程度如下。

- 可信任性：不存在恶意或无意插入的可利用漏洞。
- 按预计执行：当软件按预期运行时，将提供合理的信心。
- 一致性：有计划和系统的多学科活动，以确保软件过程和产品符合要求、标准和程序。

软件保证的挑战可包括以下方面。

- 意外设计错误或实施误差导致可利用的代码漏洞。这种挑战是偶然和无意的。
- 不断变化的技术环境暴露出新的漏洞，并为网络攻击者提供新的可利用工具，这种挑战是故意和有意的。
- 恶意的内部人员和外部人员，试图危害开发者或终端用户。这种挑战是故意和有意的。

对策是通过软件保证最佳实践来管理与这些挑战相关的风险。

9.6.4 网络安全的影响

1．网络安全服务目标

诸如 SCADA 系统之类的信息和通信网络是由软件驱动的分布式网络。网络安全服务旨在防止未经授权的网络访问或入侵，并在不丢失或泄露安全信息的情况下防止安全攻击[32]。软件作为网络数据处理引擎，在保证网络安全服务中起着关键作用。

在提供网络安全服务时应考虑以下方面。

- 网络安全攻击中涉及的威胁。
- 网络防护的安全服务功能规划。
- 网络安全规定的脆弱性。
- 网络安全层的实施。

2．网络安全的威胁

在提供安全网络服务时，合法来源的正常信息流应该到达指定目的地。当网络受到攻击、暴露于安全漏洞或遇到其他威胁时，这些正常的信息流可能会中断。

主要有以下四种类别的网络安全威胁。

- 中断：网络资产（软件或软件系统）被破坏，或者变得不可用或无法使用，这是对可用性的攻击。
- 截取：未经授权的一方可以访问网络资产，这是对机密性的攻击。
- 修改：未经授权的一方不仅可以访问网络资产，还可以篡改网络资产，这是对完整性的攻击。
- 捏造：未经授权的一方将假冒对象注入网络资产，这是对真实性的攻击。

3．网络安全服务功能

为了提供用于网络保护的安全服务功能，网络安全服务可利用安全算法（软件程序）部署一个或多个如下安全机制[33]。

- 机密性：保护传输数据免受被动攻击，如数据内容的发布。机密性还包括保护通过网络的流量免受未经授权的分析。未经授权的分析是指攻击者可以在未经授权的分析中获得访问权，从而观察通信设施上的流量特征，如来源和目标。
- 身份验证：确保通信是真实的。验证功能确保合法方之间发起的连接是真实的，并且不受未经授权的传输或接收的干扰。
- 完整性：确保在发送时接收到的消息不存在数据重复、插入、修改、重新排序、中继或破坏等问题。

- 不可抵赖性：防止发送方或接收方否认传输的消息。
- 访问控制：通过通信链路限制和控制对主机网络和应用程序访问的能力。这是为了确保对网络的访问权，通过识别和认证的方式进行控制。
- 可用性：在不因安全服务原因而拒绝服务的情况下，按需提供服务的连续性。

网络服务功能和数据保护中的自动恢复机制是一项重要的服务特性，可以防止在信息丢失、数据损坏和服务器崩溃等破坏性情况下出现严重后果。

4．脆弱性

脆弱性是安全系统中缺陷和网络的暴露。当利用特定脆弱性时，目标脆弱性可能会影响作为攻击受害者的个人或组织。特定脆弱性还可能影响安全系统或网络。在某些情况下，攻击的响应时间是瞬时的，或者在几秒钟内，如蠕虫通过电子邮件进入安全系统执行破坏性任务。在其他情况下，攻击的响应时间可能需要数月或数年，如破坏加密代码或绕过组织的安全保护政策。

有四种基本类型的脆弱性原因[28]，如表 9-3 所示。

（1）社会工程：直接针对组织安保政策进行攻击的区域。例如，内部工作人员进行破坏或蓄意破坏组织的知识资产。社会工程是与现代网络现象有关的术语，它在安保业务中用于描述通过操纵合法用户获取机密信息。

（2）政策疏忽：影响安全系统的规划。例如，不充分的软件备份和用于数据保护的重复文件。

（3）逻辑错误：系统设计中固有的软件故障。例如，编写不良的软件代码，以允许不必要或不受控制的访问。

（4）缺陷：可能导致安全漏洞的设计缺陷。例如，无论加密设计如何，系统都可能被破坏。当攻击发生在设计缺陷时，攻击的响应时间是瞬时的。

表 9-3　脆弱性原因

脆弱性目标	影响人或组织	影响安保系统或网络
攻击的响应时间	一段时间	瞬时
脆弱性原因	社会工程； 政策疏忽	逻辑错误； 缺陷

软件驱动的计算机广泛用于安保系统的控制。计算机和相关软件系统的脆弱性具有以下特征。

- 故障：描述漏洞如何成为错误并产生问题。
- 严重度：描述泄漏的程度。例如，获得安全管理员通常不对普通用户授予的某些文件的访问权限。

- 鉴别：描述入侵者在利用系统脆弱性之前成功注册并提供身份证明的情况。
- 策略：根据进入安全系统的位置和访问有效账户的权限，描述谁在利用谁的问题。
- 后果：描述结果和访问提升背后的机制，说明少量访问如何导致更多的泄漏。

网络安全通过在所有可能受到攻击的入口点部署适当防御并将其扩散到网络的其他部分来保护网络基础设施免受攻击。这是一种预防措施，它试图保护连接到网络的个人计算机和其他共享资源。

计算机安全是为保护连接到网络的个人计算机而采取的自卫手段和措施。安保受损的计算机可能会感染连接到潜在不安全网络的其他计算机。

5．网络安全层

通常有六层网络安全可用于管理安全系统，以防止暴露和漏洞[28]。这些层的组合和应用可以增强网络的安全性。

（1）第一层：网络安全的基础，由网络管理员执行。网络管理员了解操作系统并知道如何锁定特定系统，只允许通过特定的端口和进程对系统进行访问。持续的网络管理员培训对于保持网络知识领先于攻击和病毒攻击是至关重要的。

（2）第二层：保护网络资产免受社会工程操纵的物理安全。典型案例是，通过调用帮助台获取忘记的密码，并请求更改临时密码或使用新密码来访问安全系统。物理安全包括访问控制和合法用户的识别，以及安全策略中良好组织实践的实施。

（3）第三层：监控。大多数攻击涉及重复尝试访问安全系统。通过定期监视系统日志，可以识别日志文件中的某些模式。有一些软件程序可用于监视日志文件，以识别和警告试图访问安全系统的可疑模式。

（4）第四层：安装在应用程序服务器上的软件。在加载到服务器之前，应使用适当的安全程序对每个软件进行测试和评价，以确保安全。

（5）第五层：部署安全防护工具，采取防范措施。安全工具包括但不限于防火墙、入侵检测软件和代理（如网络的中间服务，用于确保安保、管理控制和缓存服务）。

（6）第六层：安全审计。网络安全是一个持续的过程，这提供了针对新漏洞的安全系统的定期检查。安全审计应该测试网络安全系统的每个方面。基于新的软件安装、系统升级、用户基础变更、安全策略变化等原因，安全审计应定期进行。

9.6.5 软件保证最佳实践

软件技术和软件保证论坛涉及政府、业界、学术界和用户参与软件保证最佳实践的实施[29]。推荐的软件开发实践可参考 5.4.1 节相关内容，推荐的软件保证最佳实践如下。

- 制定软件保证方针，指导软件开发和过程实现。
- 软件产品相关技术应用及参考资源使用培训。
- 使用通用软件架构设计平台来促进各种软件产品开发。
- 实施软件生命周期过程。
- 在有需要和适当的情况下启动软件保证案例研究，以进行风险评估。
- 为软件认证，以及符合性的验证和确认建立通用准则。
- 软件版本发布的配置管理控制。
- 建立软件性能和故障跟踪，以及数据收集系统，将它们用于软件设计和过程改进。
- 建立客户帮助中心，以促进用户服务支持和软件产品应用。

参 考 文 献

[1] ITU-T Recommendation E.800，Definitions of terms related to quality of service.

[2] Akao，Y.，ed.（1990），Qualiyt Function Deployment，Productivity Press，Cambridge MA.

[3] ISO 9001，Qualit management systems -Requirments.

[4] ISO 14001，Environmental management systems -Requirements with guidance for use.

[5] TL 9000，Te Tlecom Qualit Management System Requirement Handbook，Release 5.0，and Masurement Handook，Release 4.5，QuEST Forum，http://tl9000.org.

[6] ISO/TS 16949，Quality management systems - Particular rquirments for the application o IOb9000:2008 for automotive prodction and relevant service part ornizations.

[7] AS9100，Quality Management Systems - Aerspace - Requirement，SAE Interational，http://standards.sae.org.

[8] C for Development，Version 1.2；Software Engineering Institute，Carnegie Mellon University，Pittsburgh，PA USA 2006.

[9] System and Software Reliabilit Assurance Notebook，Rome Laboratory，Peter B.

Lakey and Ann Marie Neuflder，1996.

[10] EFQM Forum，www.efqmforum.org.

[11] Balige National Quality Program，www.baldrige.nist.gov.

[12] Te Deming Prize，www.juse.or.jp/e/deming/.

[13] Si Sigma Fundmentals: A Complete Guide to the System，Method，and Tools，D. H. Stamatis，Productivity Press，2004.

[14] Kei，C.-H. and Madu，C.N.，2003."Customer-centric six sigma quality and reliability management，" The Interational Journal of Quality & Reliability Management；2003；20，8/9；p. 954.

[15] Smart，P.K.，Tranfeld，D.，Deasley，P.，Levene，R.，Rowe，A. and Corley，J. 2003，"Integrating 'Lean' and 'high reliability' thinking，" Proceedings of the Institution of Mechanical Engineers，Vl. 217 No. 5，pp. 733-9.

[16] Saney，R.，Subburam，K.，Soontag，C.，Rao，P.R.V and Capizzi，C.，2009. "A modified FMEA approach to enhance reliability of lean systems，" International Joural of Quality & Reliability Management，Vl. 27，No. 7，2010，pp. 832-855.

[17] Aggogeri，F and Mazzola，M.，2008. "Combining Six Sigma With Lean Production to Increase the Perfrmance Level of a Manufacturing System，" ASME 2008 International Mechanical Engineering Congress and Exposition（IMECE2008）October 31-November 6，2008 ，Boston，Massachusetts，USA，pp. 425-434.

[18] Molenaar，PA.，Huijben，A.J.M.，Bouwhuis，D. and Brombacher，A.C.，2002. "Why do quality and reliability fedback loops not alwas work in practice: a case study，" Reliability Engineering and System Safty 75（2002）295-302.

[19] ISO/IEC 15026-2，Systems and software engineering - Systems and software assurance - Part 2: Assurnce case. [20] BS 5760-18，Reliability o systems，equipment and component. Guid to the demonstration o dendabilit rquirments. Te dependbilit case.

[21] Haarla，L.，Pulkkinen U，Kskinen，M. and Jyrinsalo，J.，2008. "A method fr analysing the reliability ofa transmission grid，" Reliability Engineering and System Safty 93（2008）277-287.

[22] Kroposki，B.（technical monitor），2003. "DG Power Quality，Protection and Reliability Case Studies Report，" GE Corporate Reasearch and Development，Niskayuna ，New York ，National Renewable Energy Laboratory ，NREL/SR-560-34635，August 2003.

[23] Zo，E.，and Golea，L.R.，2012. "Analyzing the topological，electical and reliability

characteristics of a power transmission system fr identifing its critical elements，"Reliability Engineering and System Safty 101（Ma 2012）67-74.

[24] Gonzalez，C. and Juan，J.，1999. "Reliability evaluation fr hdrothermal generating systems: Application to the Spanish case，"Reliability Engineering and System Safty 64（1999）89-97.

[25] CDV（rion 1.3，Nvember 2010），Carnegie Mellon University Sofware Engineering Institute，2010.

[26] NSA-STD-8739.8 w/Change 1，SoftwareAssurance Standard，Ma 2005.

[27] ISO/IEC 15026-4，Systems and software engineering - System and software assurance - Prt 4: Assurnce in the life cycle.

[28] ISO/IEC 15026-2，Systems and software engineering - System and software assurance - Prt 2: Assurance case.

[29] Ly，M. R.（Ed.）: Te Handbook oSoftwar Reliabilit Engineering，IEEE Computer Society Press and McGraw-Hill Book Company，1996.

[30] Anonymous 3，2009，"Hacking the Industrial Network"，White Paper by Innominate Security Technologies AG.

[31] National Irmation Assurance（A）Glossar，（CNSS Instruction No. 4009），National Security Telecomunications and Information Systems Security Committee（NSTISSC），published by the United States federal government（unclassified），June 2006.

[32] IEC 61907，Communication network dependabilitt engineering.

[33] Software Assurnce: An Overview of Current Industry Best Practices，Software Assuance Forum for Excellence in Code，February 2008.

第 10 章

可信性价值

10.1 可信性的价值

价值是一种值得拥有或重要东西的相对价值。价值可以被表述为货币或物质的价值，或者理解为它对过程结果的有用性或重要性。物品的经济价值反映了其在商品和服务方面使用或利用的价值。物品的交换价值是由市场价值决定的，受供应和需求影响。在市场上，价值与价格有关。对于商界的价格和价值，美国投资企业家沃伦·巴菲特（Warren Buffett）曾经说过的：价格是你所付出的，价值是你所得到的。

可信性是系统在需要时按要求执行的能力。可信性价值反映了系统在实现预期性能或服务方面能力的内在价值。技术系统被视为有形资产，其价格能通过谈判来获得。系统可信性则是一种无形资产，性能或服务实现的价值只能由参与交付过程的人来鉴别。可信性的价值可通过系统性能评估来确定，或者在实际系统应用中体现。可信性的价值可以通过在价值链过程中进行应用来实现。价值链是一系列活动，通过实现操作过程来增加价值。价值链过程通过交付系统以支持价值创造。

10.2 价值创造的概念

商业公司关注价值创造，以保持业绩增长和加强商业运作。为客户创造价值可以增加产品销量，为股东创造价值可以增加其持有的股票价格，为组织创造价值可以确保投资收益。年度财务报表公布一个组织的资产、负债、权益、利润和亏损状况，该组织的价值是通过企业收入与支出的比较来反映的，主要为该组织的有形资产。当总收入超过营业支出时，企业就会盈利；当总收入等于营业支出时，企业收支平衡；当总收入低于营业支出时，企业就会出现亏损。在当今全球经济中，通过资产负债表的传统核算方法来评估组织绩效已不再合适，股票价格的价值不仅仅依赖于企业收益和资本资产。通过削减成本产生短期业绩的严格财务衡量标准缺乏对提高投资的竞争力的长期商业见解。通过削减成本产生短期业绩的严格财务措施在加强投资竞争力方面缺乏长期的商业洞察力。价值创造已成为可持续发展的商业需求。价值现象被认为是一种渐进式商业管理目标。在当今的竞争型企业中，价值创造逐渐以创新、研发、专利和品牌等无形资产为代表，并以此来衡量企业是否成功。

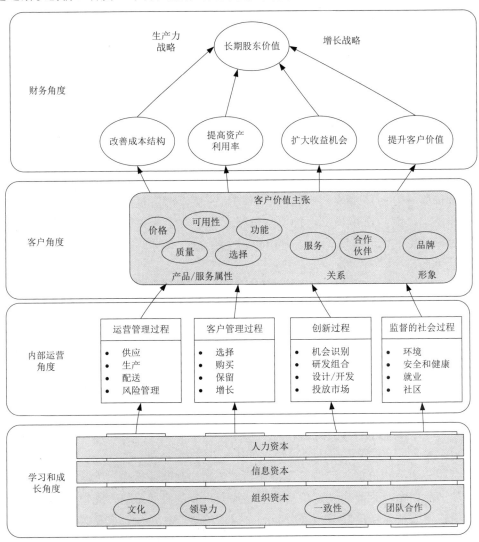

图 10-1　组织如何创造价值的战略框图

图 10-1 为组织如何创造价值的战略框图。

图 10-1 反映了卡普兰（Kaplan）和诺顿（Norton）等许多公司在开发企业管理

战略框图方面的运作概述[1]。战略框图的目标是将无形资产转化为有形成果。战略框图的基本原理是基于卡普兰和诺顿公司早期平衡计分卡工作的[2]。平衡计分卡是一种战略管理工具，用于跟踪管理人员在任务分配中的表现，并监测其执行活动和结果所产生的后果。

任务绩效是根据所分配任务的既定目标，从财务、客户、内部运营，以及学习和成长四个角度来衡量的。绩效测量允许通过关注一组平衡的性能量度来客观地设置和调整组织的目标和战略优先级。平衡计分卡并不能取代传统的财务报表，因为这些报表是用来处理组织有形资产的。但是平衡计分卡对无形资产的发展进行了补充，用于提升组织的价值。通常，组织公认的无形资产包括技术、创新、知识资产、联盟、管理能力、劳资关系、客户关系、社区关系和品牌价值。尽管不同行业之间可能存在一些差异，需要对具体的实施方法进行细化，但大多数行业业务在经营过程中会共享类似的无形资产。公司战略可以建立起这些无形资产与价值创造之间的联系，由此，战略框图应运而生。为增强无形资产价值而进行的投资通常为组织带来间接而非直接的收益。价值创造成为焦点，这迫使组织采取一种与完成长期目标所需资源相匹配的战略。

在图 10-1 中，组织的基本资源来自所有权属性、资本、人力及信息资产，由组织的基础设施所培育。这些资源通过组织的适应性文化学习和成长培养，以增强影响组织内部运营活动一致性的领导力和促进团队合作。客户价值主张来源于内部运营所提供的相关性能属性的适当选择。组织专注于客户价值可以使组织的生产率提高和长期股东价值获得增长。

10.3 价值链的过程

价值链的概念是由哈佛商学院教授迈克尔·波特（Michael Porter）在 1985 年出版的《竞争优势》一书中首次提出的[3]。价值链强调竞争优势和独特的价值能力，以提高利润率和客户满意度。价值链使过程与客户保持一致，通过关注成本管理工作支持有效的过程，以此来维持和改善运营，从而产生质量优势。价值链有助于管理者识别对组织总体战略竞争力水平尤为重要的活动。

价值链由两大类活动组成：基本活动，直接涉及某些产品或服务的生产或交付；支持活动，可以加强基本活动的效率和效果。迈克尔·波特提出的价值链框架是一个模型，该模型有助于分析为企业或组织创造价值和增加竞争优势的特定活动。图 10-2 为迈克尔·波特提出的价值链框架。

图 10-2　迈克尔·波特提出的价值链框架

1. 支持活动

- 企业基础设施（组织综合管理）：组织应确保财务、法律义务和管理结构的建立和协调，有效地推动组织向前发展。典型活动包括一般管理，财务规划和管理，会计，公共关系，以及法律指导和质量管理。

- 人力资源管理：组织应该为员工激励和职业发展提供一种参与式文化。员工培训、组织产品和服务知识的更新对于在市场中获得竞争优势是至关重要的。典型活动包括招聘、留用、报酬和知识开发。

- 技术开发：利用技术提高组织内的生产力。在技术驱动的市场环境中，应该认识到竞争优势。典型活动包括研究、开发、过程自动化和设计优化。

- 采购：应确定组织所需的原材料，找到采购原材料的来源，并获得最佳价值、价格和质量，以满足采购要求。典型活动包括原材料采购、维修、备件和外包。

2. 基本活动

- 内部后勤：原材料从组织的供应商处获得，用于生产成品。典型活动包括接收、存储、库存控制、运输和调度。

- 生产运营：组织收到的原材料被加工为成品。在这一阶段，随着产品在生产过程中的流动，产品的价值得到增加。典型活动包括加工、包装、组装、测试和验证。生产运营将投入转化为期望产出。

- 外部后勤：最终成品准备好运往配送中心、批发商、零售商，或者直接向客户发货。典型活动包括包装、运送、仓储、订单完成、运输和配送管理。

- 市场营销和销售：市场应该确保产品针对的客户群体是正确的。营销组合用来建立一种有效的策略。任何竞争优势都应该通过促销手段清晰地传达给目标群体。典型活动包括广告、促销、销售、定价和零售管理。

- 服务和支持：在产品售出后，组织可能会主动提供额外的支持服务，如用户培训、维修和服务保证。典型活动包括客户支持、安装、培训、维修服务、升级改造和备件管理。

需要指出的是，本文提供的一些实例是基于迈克尔·波特在 20 世纪 80 年代中期的观察结果的，在过去的几十年中，由于技术的讲步和不断变化的全球商业环境，那些实例可能现在已经过时了。然而，迈克尔·波特提出的价值链框架在目前的商业应用中仍然有效，该框架为大多数制造业和服务业组织的商业模式发展奠定了基础，并对一些特定行业进行了调整。还需要注意的是，迈克尔·波特提出的价值链框架与过程模型和系统生命周期过程（见图 1-6）都有一些相似之处，这些相似之处构成了价值链模型进一步开发的基础。

组织的总体战略目标应以支持实现业务运营的可持续性价值链工作为导向。价值链分析可用于发展组织基础设施，确定基本的核心运作职能、客户需求和外包需要，规划合资企业、联盟和营销战略，并合理分配资源，从而实现价值创造所带来的竞争优势。

10.4　可信性价值框架

10.4.1　框架概述

价值链自推出以来已采取多种形式，并广泛应用于各种行业的价值工程、供应链管理、增值服务等。在技术系统的背景下，价值链可以用生命周期各阶段来表示，这些阶段构成了价值创造的主要过程。从概念/定义到退役的每个生命周期阶段都为价值链过程增加了价值，价值链过程已经成为支持价值创造的交付系统。图 10-3 为系统生命周期应用的可信性价值框架。

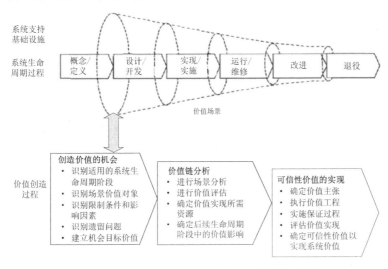

图 10-3　系统生命周期应用的可信性价值框架

可信性价值框架基于系统生命周期过程中派生出来的价值链，在系统开发和系统实现中增加价值。在系统生命周期的不同阶段和时间周期中，系统支持基础设施可能会涉及多个组织管理。例如，系统可以将一个组织作为系统开发者进行设计，将不同组织作为系统供应商进行生产，并将另一个组织作为系统服务提供商向客户提供服务。在开放系统的应用中，开放系统与其他系统连接形成一个网络，如 Internet 或能源分配网络。在这种情况下，多个系统服务提供商需要相互协作，为客户服务提供一组通用的系统性能值。约束各方协作的方案通常在合同协议书中被提出，以满足既定的服务质量要求，方案中规定了可信性规范。

大多数技术系统是复杂的。任何完整的新系统都很难从零开始进行开发和构建，这是由于受到项目实施的实用要求、商业经济规则，以及时间和成本的约束。当服务跨越分区边界时，新系统的开发和构建常常受到不同区域管辖的法规的影响。因此，新系统通常是作为已在服务中的现有老旧系统的附加组件或更新而构建的。新系统也可能是一组集成的子系统，由商用设备组成，用于提供新的服务。例如，在自动化系统中开发新的应用软件，目的是在系统运行时提供新特性，以及对现有分发交付系统的附加服务进行扩展。可以根据新开发项目的业务服务需求、资源可用性条件和价值目标，在整个系统生命周期中评估可信性值。适用的价值场景必须清楚地被定义和提出，以促进可信性价值创造过程的启动。

10.4.2　价值的场景

价值场景描述了在系统生命周期的某个时间点评估一组系统性能属性的值。评估值表示此时能创建系统性能的潜在价值。在为资源承诺做出决定之前，评估的逻辑时间是系统生命周期阶段的转变点。从可信性的角度来看，评估过程为影响因素对后续可信性价值实现的影响提供了关键信息。在适用情况下，影响因素包括管理政策、系统支持基础设施、设计方法、外包协议、供应链、制造过程、保证实践、操作程序、维修和后勤保障策略，以及客户关系。在概念/定义、设计/开发和实现/实施等早期系统生命周期阶段，价值场景提供了比后期运行/维修和改进阶段更大的创造潜在价值的范围和机会。在运行/维修阶段的长期服役期间，可以有多个改进机会。在实际中，可能需要多次改进，以适应随时间不断变化的市场需求。持续的系统改进对于维持可行的商业运营以满足客户需求变化是必要的。在进入退役阶段的时候，潜在的价值创造机会将受限于再使用或残余价值。

价值场景在系统生命周期应用的可信性价值框架（见图 10-3）中围绕一系列系统生命周期阶段进行循环。在图 10-3 中，每个圆圈都描绘了一个价值创造机会的视图，该视图在评估时可反映出潜在的系统性能价值状态。值得注意的是，对于可信性价值应用，这些圆圈会变小，表明在接近系统生命周期过程末端时价值创造潜力范围在缩小。

10.4.3 创造价值的过程

创造价值的过程为系统预期的价值提供了一种方法，该过程的价值通过由客户感受或由终端用户体验体现。创造价值的过程可通过对创造价值的机会进行评估来实现，在适用的系统生命周期阶段使价值最大化。实现价值的关键是交付系统的可信性。在系统运行过程中，系统性能特性是与特定应用相关联的，因此作为系统性能属性的可信性可随特定系统应用的变化而变化。

创造价值的过程涉及以下活动。

- 识别创造价值的机会。
- 进行必要的价值链分析。
- 确保可信性价值的实现。

表 10-1～10-5 描述了价值创造过程的典型输出，这些输出用于实现系统生命周期各阶段的可信性价值。

表 10-1 从概念/定义阶段过渡到设计/开发阶段

创造价值的机会	
活 动 内 容	描 述
识别适用的系统生命周期阶段	在概念/定义阶段结束后，确定资源保证以启动设计/开发阶段
识别场景价值对象	通过技术筛选和系统架构设计方法优化可达成的可信性价值，以满足既定的系统性能需求
识别限制条件和影响因素	竞争，预算约束，技术限制，可用资源，设计和开发的时间线，外包设计的可行性，以及项目风险管理
识别遗留问题	可重用设计，与现有系统的接口和设备的互操作性，设计旧系统时积累的知识和经验
建立机会目标价值	将系统设计方法与可供选择的技术应用进行价值对比；推荐设计方案，在既定时间约束和预算限制内选择可实现的最佳价值，以满足交付目标
价值链分析	
活 动 内 容	描 述
进行场景分析	在技术选择和系统设计方法中，分析所识别价值目标可实现的可信性价值及可能的性能结果
进行价值评估	为了主张实施成本效益，选择用于设计应用和设计方案的技术增值。案例包括技术平台设计和物料标准化，这将会使多种产品开发更加便利，同时缩短上市时间

续表

价值链分析	
活 动 内 容	**描　　述**
确定价值实现所需资源	在已推荐的设计实施中，用于价值实现所需要和分配资源的范围，包括外包需求
确定后续生命周期阶段中的价值影响	与时间和成本节约相关的合理价值影响用于在设计/开发和运行/维修工作中实施所选技术和设计方法。推荐购买决策使成本效益的解决方案价值最大化。 识别和解决价值影响所产生的潜在问题，如特殊的设计能力和制造能力
可信性价值的实现	
活 动 内 容	**描　　述**
确定价值主张	价值链分析结果和可能的解决方案应该作为推荐可信性价值实现的价值主张被提出
执行价值工程	在适用情况下，系统功能的价值改进工程或实施成本的降低应作为价值主张的一部分被确定。案例包括过程标准化、模块化，以及功能设计简化
实施保证过程	在此阶段应实施适当的保证过程，以确保可信性价值的实现，进而实现后续阶段可信性价值
评估价值实现	这个阶段取得的价值范围应该得到验证，以便用于保证用途
确定可信性价值以实现系统价值	在交付系统性能值中，潜在的可信性价值目标由顾客感知

表 10-2　从设计/开发阶段过渡到实现/实施阶段

创造价值的机会	
活 动 内 容	**描　　述**
识别适用的系统生命周期阶段	在设计/开发阶段结束后，确定资源保证以启动实现/实施阶段
识别场景价值对象	结合推荐的外包和购买决策，通过设计过程和大型系统开发优化可达成的可信性价值
识别限制条件和影响因素	设计能力、资源保证、开发时间线、外包协议、供应链、生产能力、验证能力、确认能力、专用试验设备需求、软硬件保证程序及项目风险管理
识别遗留问题	可重用设计适用性，用于互操作的现有系统接口和协议，解决旧系统开发和生产问题时积累的知识和经验
建立机会目标价值	在设计和开发中最大化增值过程，以达到系统实现与实施的无缝过渡的目的，并在计划的项目完成目标范围内实现生产
价值链分析	
活 动 内 容	**描　　述**
进行场景分析	分析在设计过程和全面系统开发中确定并可实现的可信性价值目标，包括为自制-购买决策提供外包选择的价值收益
进行价值评估	设计过程和大型系统开发的增值，以及关于成本效益实施的建议。案例包括优选供应商，共享检查计划和供应链管理

续表

价值链分析	
活 动 内 容	**描　　述**
确定价值实现所需资源	在设计过程实施和大型系统开发中，用于价值实现所需要和分配资源的范围，包括外包、测试设施和使能保障要求
确定后续生命周期阶段中的价值影响	与设计过程改进和开发程序标准化相关的合理价值影响，外包需求的验证可能影响生产及系统的实现和实施

可信性价值的实现	
活 动 内 容	**描　　述**
确定价值主张	价值链分析结果和可能的解决方案应该作为价值主张被提出，用于系统实现时推荐的实施成本
执行价值工程	在适用情况下，为系统设计的价值改进和按成本效益实施产品与系统实现进行工程设计。案例包括通用的设计特色功能和可互换的程序集，它们可以促进生产过程、库存控制和备件供应
实施保证过程	在此阶段应实施适当的保证过程，以确保可信性价值的达成，进而成功地实现可信性价值
评估价值实现	这个阶段取得的价值范围应该得到验证，以便用于保证用途
确定可信性价值以实现系统价值	在交付系统性能中，客户可感受到潜在的可信性价值

表 10-3　从实现/实施阶段过渡到运行/维修阶段

创造价值的机会	
活 动 内 容	**描　　述**
识别适用的系统生命周期阶段	在实现/实施阶段结束后，在系统运行过程中完成客户交付和验收
识别场景价值对象	通过系统运行过程中客户验收的验证和确认过程优化可达成的可信性价值。应考虑可信性性能要求和诱因，以及客户培训价值，避免昂贵的维修保障服务，尤其是在保修期内
识别限制条件和影响因素	系统安装，交付和调试时间表，客户培训，保修要求和诱因，客户服务，以及过渡管理
识别遗留问题	现有系统和设备的互操作性，系统调试过程中积累的知识和经验。 先前的客户关系和已建立的合作
建立机会目标价值	在合作期间，系统验收和过渡管理中感知和/或体验到的价值。建立客户支持服务响应时间准则

价值链分析	
活 动 内 容	**描　　述**
进行场景分析	在系统验收和迁移过程中，分析可达成的可信性价值，以验证系统性能效果
进行价值评估	合作方面的增值可以完成系统验收及支持系统性能目标。案例包括简化客户培训需求和维修保障程序，这样可以加快系统验收过程
确定价值实现所需资源	客户支持服务所需的资源范围，可以维持系统运行并维护与客户的合作关系

价值链分析	
活 动 内 容	描 述
确定后续生命周期阶段中的价值影响	无失效运行和及时响应相关的可能的价值影响,可用在客户端支持系统运行和维修工作
可信性价值的实现	
活 动 内 容	描 述
确定价值主张	价值链分析结果和可能的解决方案应该作为价值主张被提出,为高效的客户服务将保修成本最小化,同时改善客户关系
执行价值工程	在适用情况下,系统运行、维修程序和后勤保障战略价值改进工程将优化库存储备和经济有效的备件配置
实施保证过程	应实施适当的保证过程,以确保业务可信性价值的实现和有效的维修保障过程
评估价值实现	为了保证用途,应验证在系统运行和维修中实现的价值范围
确定可信性价值以实现系统价值	在交付系统性能值中,客户可感受到潜在的可信性价值

表 10-4 从运行/维修阶段过渡到改进阶段

创造价值的机会	
活 动 内 容	描 述
识别适用的系统生命周期阶段	在运行/维修阶段结束后,为资源承诺做出决策以启动改进阶段
识别场景价值对象	通过设计升级或加入新的服务功能的增值程度来维持市场竞争力和客户需求
识别限制条件和影响因素	客户在增强特性和性能改进方面的要求;新服务特性合并的市场竞争力
识别遗留问题	在现有系统基础设施中合并新服务特性可实现系统性能提升
建立机会目标价值	用于系统性能改进的新服务特性的价值,可以满足竞争性绩效杠杆和价值目标
价值链分析	
活 动 内 容	描 述
进行场景分析	在改进阶段,分析可实现的价值目标
进行价值评估	用于确定改进阶段工作的增值。案例包括改进系统提升过程和服务更新过程,这样可以使影响客户服务连续性的停机频率和持续时间最小化
确定价值实现所需资源	所需资源应说明改进工作的投资回报
确定后续生命周期阶段中的价值影响	在系统运行期间可能的投资回报
可信性价值的实现	
活 动 内 容	描 述
确定价值主张	价值链分析的结果证明,需要在合理的时间内提高投资回报。实施改进的时机应该合理
执行价值工程	不适用于由短期改进项目导致的轻微改进工作,该项目可能无法证明需要价值工程工作
实施保证过程	任何改进工作都应实施适当的保证过程

续表

可信性价值的实现	
活 动 内 容	描 述
评估价值实现	为了保证用途,应验证在改进阶段所达到的价值范围
确定可信性价值以实现系统价值	在交付系统性能值中,客户可感受到潜在的可信性价值

表 10-5　从改进阶段过渡到退役阶段

创造价值的机会	
活 动 内 容	描 述
识别适用的系统生命周期阶段	在退役阶段开始时
识别场景价值对象	服务终止的时机
识别限制条件和影响因素	对提供服务连续性的影响,终止服务的替换,处理废弃设备的成本
识别遗留问题	废弃设备的可处置性
建立机会目标价值	废弃设备的再利用或残值
价值链分析	
活 动 内 容	描 述
进行场景分析	不适用
进行价值评估	确定废弃设备的再利用/残值、处置成本及对环境的影响
确定价值实现所需资源	不适用
确定后续生命周期阶段中的价值影响	不适用
可信性价值的实现	
活 动 内 容	描 述
确定价值主张	不适用
执行价值工程	不适用
实施保证过程	应实施适当的保证过程,以处理废弃设备,尽量减少对环境造成的影响
评估价值实现	不适用
确定可信性价值以实现系统价值	不适用

10.5 可信性价值实现

图 10-4 为与系统价值和投资相关的价值概念。

系统的价值反映了价值创造过程的结果。系统实现前的价值仅代表估值目标。系统实际价值仅存在于系统有形资产和无形资产得以实现和实施之后。系统的有形资产和无形资产对自己的价值实现进行验证和保证。有形资产是系统配置的促成系统运行价值的物理结构。无形资产由系统性能价值的贡献组成,其中包括可信性价值。基于可信性的预期系统设计和实现重点,可信性在价值实现中得到了强调。可信性价值是反映系统按需执行的内在价值的无形资产。可信性取决于系统在运行过程中交付价值结果时的功能能力。可信性为评价系统性能实现提供了一个量度指标。客户感知价值足系统服役运行价值和系统性能价值的结合。

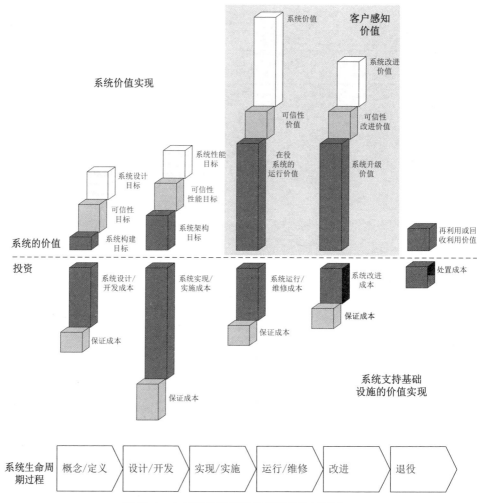

图 10-4　与系统价值和投资相关的价值概念

　　系统支持所需的投资反映了基础设施价值的实现。投资在适当的系统生命周期阶段用成本来表示。投资对于支持系统设计和开发至关重要。在系统设计和开发中，系统架构和配置被明确指定，以满足全面开发的可信性价值目标。当系统为服役运行而被创建、验证和测试时，需要对实现和实施系统的后续资源承诺进行投资。当系统验收后，在将所有权责任转移给系统服务提供者之前，系统开发人员通常负责系统基础设施支持的资源和资金承诺。虽然系统开发人员仍然对系统保修负有责任，但保修范围取决于在保修期内与系统服务提供商签订的合同协议。

系统服务提供者是系统验收后的所有者，该所有者需要通过投资来维持持续的系统运行和维修保障。系统升级和修改，以及后续和定期的改进需求将确保系统性能价值的市场竞争力，如客户感知和终端用户体验。在退役阶段，系统剩余价值仅由其有形资产表示，以用于再利用或残值。需要指出的是，如果处置成本等于或超过有形资产的再利用或残值，那么没有显著的系统剩余价值。

10.6 价值实现保证

在不同的系统生命周期阶段，保证在促进价值实现方面起着不同的作用。保证过程确保了价值目标已经或能够实现的信心。可信性保证确保了系统目标的能力已经或可以满足，在这方面，可信性活动集中在整个系统生命周期阶段系统实现中的价值实现上。对系统做出贡献的保证属性的协同与价值实现相关。

可信性价值保证与用于加强业务运营的组织投资策略密切相关，这些投资应该集中在新能力、创新过程和经验丰富的价值创造知识和性能改进效率上。在价值实现过程中，应通过实施保证程序来确保有成效的价值实现。应该对在不同系统生命周期阶段为实现价值目标而确定的机会进行优先次序的设定。可信性保证活动不应局限于增强有形资产或改进产品，还应涉及提高工作流程和人员培训的熟练程度，简化管理程序，以及改善客户关系。保证过程应该使用最新的方法和 IT 工具来利用关键的价值驱动因素，以实现在投资回报中获得显著的价值。在业务计划中应当与客户和供应商协作，以确保价值主张一致，并能适应不断变化的市场需求和商业环境。

技术和资源投资不应被视为短期的商业生存策略，这类投资的长期影响应得到保证，以促进业务发展和增长。一些先期的指标或早期预警表明，组织的产品和服务所使用的技术正在面临淘汰，这通常与部署不能及时过渡到新业务或更新业务的不灵活工作方式有关。保证目标应该涉及业务流程的所有方面，以实现真正的业务转型。在业务转型中，技术进步和知识丰富的劳动力在业务提升方面是息息相关的。成功的组织不断地在寻找能够增强竞争优势和差异化市场杠杆能力的创新理念。企业生存取决于对持续改进和组织能力的战略强调，这样可以维持在变化的商业环境中可行的运作。可信性价值创造的成功模式将战略目标与过程改进、技术创新、人力提升、利益相关方联系起来，并培养一个创造性和协作的组织工作环境。保证过程对于确定价值实现至关重要，它确保能够监督和跟踪组织的战略、经营和策略上的运作。

价值基础设施

10.7.1　可信性价值的表达

从时间的角度来看，可信性的价值与功能要求和非功能要求相关。可信运行的价值在于提高可用性和可靠性，并避免没有备份系统保护而要求功能中断所导致的后果。

一般来说，可信性价值可以用以下方式表达。

1. 安全性增强

在许多行业，如运输行业，安全执行服务是至关重要的。企业不遗余力地确保没有伤亡事故。希望没有人会错误地认为所有的风险都可以消除。此外，与业内员工不同的是，公众可能会接受不同的安全性级别。

2. 客户或用户满意度实现

尤其是面向客户的产品和服务，满意度是衡量成功与否的准则，尽管不可能每个人都会同样满意。面向客户的产品和服务的满意度与产品或服务的性能，以及是否经历过任何产品失效或服务中断有关。随需应变对用户或客户来说很重要。

3. 生命周期费用优化

新系统开发和新设计设备的购置成本应该与系统运行和服务供应的成本相平衡。可信性价值反映在生命周期费用的优化过程中。对于现有系统和设备的运行成本，应该寻求一种适当、经济高效的方法，通过良好的运行和维修实践来减少可预防的故障。可信性的价值在于以最小的成本维持服务连续性，并避免不良后果和潜在的风险暴露。

4. 最大的资产寿命可实现

可信的产品和系统更有可能被设计为长寿的产品和系统，这对基础设施来说是最重要的，并且涉及大量的资产。只要失效率和相关成本没有显著增加，维持时间更长的服务运行将最大程度上延长资产寿命并降低生命周期费用。

5. 环境影响最小化

基于危险物质密闭度的丧失或排放量的增加，失效会对排放和环境破坏产生严重影响。在系统设计及其实现中考虑可信性，不仅可以增强环境可持续性，还可以通过适当的运行和维修进一步实现环境的可持续性。

6．声誉得以保持或增强

虽然声誉的保持或增强在量化上是具有挑战性的，但声誉的损失会在许多方面影响商业价值，比如股价，并可能导致产品市场的损失，甚至可能导致组织与企业生存的终结。

10.7.2　通用价值的基础设施

在与客户感知性能服务价值相关类似可信性价值目标的行业中，存在通用价值的基础设施，如表 10-6 所示。

表 10-6　通用价值的基础设施

通用价值的基础设施	价值创造来源	价值链和实现过程	客户或用户感知的可信性价值
通信	语音、数据、视频	在传输、分发和接收过程中，与传递语音/数据/视频信息，以及提供端到端过程的可用性和可靠性方面有关的有线和无线传输和分发	用户满意度、安保和服务可信性的完整性
信息技术	知识产权、专有信息和敏感数据，以及获取、处理、存储和传播信息所需的资源	应用计算机系统进行数据和分析的常规处理，以提供有用信息；利用多媒体信息访问，提供电子数据存储保存和检索的设施；敏感数据的安全保护方案	终端用户的信心和信任；处理信息的安保和完整性；电子数据存取、检索和储存的效率
电子商务	货币兑换、转账、金融交易、银行账户和信用记录	可审计的货币账户交易；所有者账户身份验证和控制	客户的信心和信任，金融交易服务的可靠和方便
电力	各种能源和转化方法用于水力、核能、燃料、风能、太阳能、生物能源发电	能量转换、高压传输、电力输出、配电站和变电站	终端用户对公用服务设施的满意度，能源供应的可用性和效率，安全性应用
石油和天然气	原油和天然气的能源提取方法	油井、加工厂、炼油厂、运输、管道、服务站、工业配送、住宅和办公室	高效的石油/天然气生产交付，公众/雇员的安全性，结构完整性和运输方法的安全供应，恢复过程，环境影响，服务的可用性和可信性
运输	人和商品	涉及陆/海/空的交通和运输，针对批发商和零售商的站点、仓库、分销网络，保险、追溯和恢复过程	客户对交付服务的满意度，人员和运输货物的保险与安全问题
销售与市场	市场推广的产品和服务	多媒体，广播，电视，互联网，网络服务，订购和交付过程，取消，退货和退款政策	客户满意度，广告的可信度，在产品/服务订单上花费的物有所值

10.7.3 资产管理

资产管理与严重依赖资产并通过资产获取最大价值的一些组织密切相关。资产管理在 PAS 55 中被定义为：为了实现战略计划，组织通过系统而协调的活动和实践对其资产、资产系统，以及与资产相关的性能、风险和支出进行最佳可持续的管理[4]。资产管理关注性能、风险管理和整个生命周期的支出，反映了可信性的基本原理，并共享相同的收益。

事实上，如果没有对性能和服务的可信性给予足够的重视，那么资产管理就不可能实现。从这个意义上来说，可信性是协助资产管理提供资产价值的关键推动者。PAS 55-2 中提到的一些工具和方法（如生命周期费用计算、以可靠性为中心的维修和基于风险的检查）作为降低资产风险手段可直接用于可信性[5]。在可测量的资产性能指标中，可信性的所有特性和相关因素（如服务/供应水平、功能性、生存性、能力、客户满意度、安全性和/或环境影响）结合起来为组织及利益相关方创造价值。

10.7.4 管道示例

经营管道组织的实际价值主张将随利益相关方变化而变化。从客户开始，价值是由可信的交付产品运输创造的，目标是在没有中断服务的情况下，完全实现设计能力。从本质上来说，管道需要将公众视为主要的利益相关方，公众的价值主张侧重于安全性和环境可接受的运行，以及预防可能导致个人、财产或环境损害的事件。利益相关方的价值不仅体现在财务收益方面，还体现在避免声誉和继续运营能力受到损失方面。员工在个人安全和工作满意度方面有利害关系。图 10-5 将上述价值主张组合为一种均衡的方法，指出了它们之间妥协的必要性。基于均衡方法的管道价值定位导致风险管理成为确保这些价值主张能够得到满足的基本手段。很明显，可信性是这些价值主张中的一个关键因素。

客户	公众/社会
设计能力 100%的可用性	没有个人事故/意外
没有中断服务	没有财产损害/损失
产品质量	没有环境损害
利益相关方 财务收益 没有声誉损失 没有运营能力损失	员工 没有个人事故/意外 工作满意度

图 10-5　基于均衡方法的管道价值定位

满意的可信性涉及几个层次，从管道系统作为一个整体开始，并支持特殊的不同管道部分，以及压缩或泵送设备。管道系统本质上是由管道及带有输入点和交付点的设施组成的网络。交付依赖于充足的供应量，但这只是假设，因此不会进行进一步考虑。

管道系统的交付是用可用性来量度的，它是一个满足合同规定容量的客户期望的流量功能。对于输气管道，即使有压缩的损失，由于它具有可改变的管线包装并且满足交付要求，因此通常也可以满足预期容量，除非停机时间很长。对于输油管道，除非它的运行能力远远低于产能，否则不可能满足预期容量。由此可见，泵送冗余比压缩冗余更重要。

与管道相比，压气机不太可靠，它需要停机维护。这将导致关于更少的压缩还是更大的管径的争论，除了安装管道比压缩要昂贵得多的事实，通过可信性分析可以确定有效的折中方案。压气机组和站的可用性研究在为支持决策的选项（如安装备用单元）提供信息方面发挥了基础性作用。

可信性的价值主要体现在确保公众、雇员和承包商的安全性及环境保护方面，同时，从长远来看，也体现在使总成本最小化。积极主动地降低风险对于管道生命的终结尤为重要。随着管道的腐蚀，管道风险大大增加，并且会在管道的更多部分显现出来。在某些情况下，需要更换管道主要部分，从现金流的角度来看，在更长的一段时间内分散投资是可取的。管道甚至有时会面临被监管者关闭的风险。对于输油管道，重大泄漏或破裂造成的环境损害可能导致管道由于公共压力而长期关闭，并且清理工作在财务和公司声誉方面可能要付出巨大代价，正如经验所显示的那样。

从压缩或泵送设备的可信性创造价值，主要好处包括提高安全性，具有高可用性和降低成本。由于改进的安全性主要适用于员工和承包商，而不太适用于公众，因此它对于压缩或泵送设备的重要性不如对于管道的重要性。可用性与满足交付合同要求和提供客户满意度有关。压缩或泵送设备不可用时间的影响在很大程度上取决于所安装备用单元的数量，特别是对于输气管道，其不可用时间的影响取决于管道本身在处理短期不可用时间方面的灵活性，这将指导可用性、资本和运行成本之间的权衡。

在生命周期的框架中，价值链可以被理解为管道和设施，如图10-6所示。

研究表明，对管道系统、管道，以及压缩或泵送设备这三个不同但相互关联的部分来说，可信性价值是显而易见的。确保可信性价值实现的关键因素如下。

- 要积极主动，不要被动。
- 进行长期的思考和计划。
- 在生命周期的不同阶段考虑可信性的所有相关方面。
- 平衡利益相关方。
- 理解资产的性质并应用正确的可信性技术。

- 应用必要的资源。
- 量度和分析可信性数据，同时使用分析结果来支持决策。

可信性在管道组织创造价值方面的重要性是显而易见的，可以概括如下。

- 可信性具有深远的影响，对实现管道成功运行的各个方面都有着重要的影响。
- 可信性维持可行的商业风险。
- 可信性确定长期利益相关方利益的价值投资。
- 可信性意味着在交付服务性能时是可信任的。

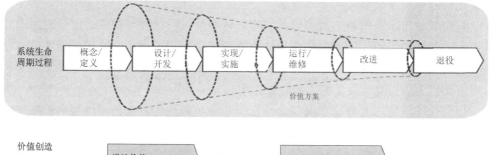

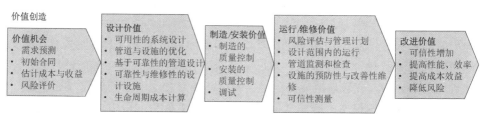

图 10-6　系统生命周期应用的可信性价值框架

参 考 文 献

[1]　Robert S. Kaplan and David P. Norton，Strategy Maps：Converting Intangible Assets into Tangible Outcomes，Harvard Business Press，2004.

[2]　Robert S. Kaplan and David P. Norton，The Balanced Scorecard：Translating Strategy into Action，Harvard Business Press，1996.

[3]　Michael E. Porter，Competitive Advantage：Creating and Sustaining Superior Performance，The Free Press，（1st edition）1985.

[4]　PAS 55-1:2008，"Asset Management，Part 1：Specification for the optimized management of physical assets，"The Institute of Asset Management，British Standards Institute.

[5]　PAS 55-2:2008，"Asset Management，Part 1: Guidelines for the application of PAS 55-1，"The Institute of Asset Management，British Standards Institute.

附录

术语表

A.1　概述

A.1.1　术语和定义

与大多数领域一样，标准术语的定义对于知识的理解和传递是很重要的。不足为奇的是，与可信性相关领域中的标准术语有各种各样的定义，但这些定义通常又有所不同。由于本附录中的定义主要用于本书的各章节，因此它们并不能作为可信性工程术语的字典。

A.1.2　概念图

为了说明术语之间的一些关系，本书基于作者的理解开发了几个概念图。本附录中开发概念图使用的方法是定义概念关系的三种主要形式：属种关系、从属关系和关联关系。

用实线表示属种关系，该关系描述了这样一个层级：在这个层级中，从属项继承了高级或上级术语的所有特性。例如，通用术语"系统"可分解为更具体的子系统或设备的术语（见图 A-1）。

当从属项构成另一个术语的一部分时，称这种关系为从属关系，用耙形图表示。例如，硬件要么是可修复的，要么是不可修复的（见图 A-1）。

关联关系更为普遍，该关系描述了两个术语之间的关联性（如原因和影响，位置和活动），用虚线表示关联关系。例如，软件的运行是通过维修保障来维持的，而软件的安保特性会受到数据完整性的影响（见图 A-1）。类似的情况是失效模式可分为与硬件或软件相关的故障，失效征兆可以被归类为由硬件缺陷或软件错误引起的失效原因（见图 A-2）。

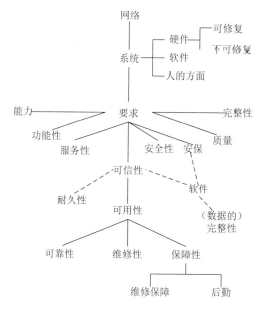

图 A-1 系统和可信性相关术语的概念图

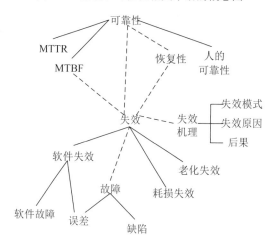

图 A-2 可靠性相关术语的概念图

A.2 系统和可信性相关术语的概念图

系统可信性可包括用硬件的子系统、设备、元器件等术语描述的物理资产，也可包括软件和人等虚拟资产。系统与可信性之间的主要关系是，可信性是系统所期望的要求特性之一。

A.3 可靠性相关术语的概念图

可靠性用于描述系统失效。硬件和软件失效与故障、缺陷和错误有关。故障通常是由设计、操作、维修或材料缺陷造成的。老化将导致系统失效。耗损将导致硬件失效。

A.4 维修相关术语的概念图

维修策略使得维修性设计特征成为设计特性。维修大纲指导系统保障性，并定义后勤保障方针。维修性影响维修活动和系统保障性。维修活动既可以是预防性的，也可以是修复性的。计划维修是计划的维修活动，包括软件更新的改善性维护。系统保障性与维修保障和后勤相关联，以促进所有的维修活动（见图 A-3）。

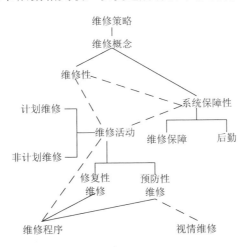

图 A-3　维修相关术语的概念图

A.5 术语和定义

老化失效：概率由于累积退化而随时间增加的失效。老化失效是物理或化学现象，包括设备随时间的特性变化、某些与环境相互作用引起的变化。

架构：系统在其环境中的基本概念或属性，体现在系统设计和演变的要素、关系和原理中。

保证：有理由相信声明已经或将要实现。

保证案例：合理可审核的论据，用来支撑声明已得到满足的论点。

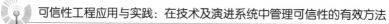

审核：为获得客观证据并对该证据进行客观评价，以及确定满足审核准则的程度所进行的系统、独立并形成文件的过程。

可用性：系统处于按要求执行状态的程度。

能力：在给定的内部条件下，满足定量特性服务需求的能力。

代码：用编程语言表示计算机程序特定意义的字符或位模式。

视情维修：基于物理状况评估的预防性维修。可以通过观察或利用对系统参数的状况监测，或者根据计划的指导进行状况评估。

符合（合格）：满足要求。

后果：影响目标事件的定量或定性结果。

约束：对系统要求、设计、实现，或者用于开发、修改系统过程的外部限制。

持续改进：重复的活动，以提高满足要求的能力。

修复性维修：从故障或失效发现到恢复功能所实施的维修。

判据（准则）：作为参考的政策、程序或要求。

客户满意度：客户对其要求达到程度的感知。

数据：分配给基本量度、派生量度和/或指标值的集合。

数据分析：对数据及其在实际或计划系统中的使用进行系统研究。

缺陷：未实现与预期或指定用途相关的要求。

退化：对满足要求能力的不利变化。

可信性：需要时按要求执行的能力。可信性也是产品或服务的时间相关质量特性的总称。

服务的可信性：为用户服务提供所要求可信性的效果。

可信性风险因子：与可信性风险暴露有关的潜在问题或难题，这将对计划的可信性活动产生负面影响。可信性风险因子的特征是可信性风险发生的可能性和潜在损失。

耐久性：在给定的使用和维护条件下，完成要求功能的能力达到限制的退化状态。例如，某物不再被认为是一种可行资产的原因可能是过时、经济、技术和法规等。

要素：硬件、软件、信息和/或人员等的组合，它们构成了执行特定功能的基本构件。

嵌入式软件：不是以计算为主要用途的系统内软件。

使能系统：在生命周期阶段对系统进行补充的系统。使能系统并不一定直接对其运行期间的功能做出贡献。

人类工效学：用于研究人类的科学信息，从而设计人类使用的物体、系统和环境。人类工效学包括人体解剖学、生理学和心理学等许多学科的。人类工效学有时可以和人因工程互换使用，尽管它们在方法上有细微的差别。

误差（错误）：计算、观测或测量的值或条件与真实、规定或理论上正确的值或条件之间的差异。

事件：特定情况的发生。

失效：执行要求能力的丧失。

失效原因：导致失效的因素的集合。失效原因可来源于产品的规范、设计、制造、安装、运行和维修。

失效机理：导致失效的过程，这个过程可以是物理、化学、逻辑的或它们的组合，由失效模式、失效原因和失效影响描述。

失效模式：失效发生的种类。

失效模式、影响和危害性分析：针对失效模式和影响分析，同时考虑失效模式发生的概率和影响严重性的定量或定性分析方法。

故障：因内在状况丧失按要求执行的能力。

故障树分析：由于系统功能故障、外部失效或它们的组合引起的预定义、不期望事件的逻辑图分析。

功能：系统执行的基本操作。当功能与其他基本操作（系统功能）结合时，可以使系统执行任务。

人因：人的能力、局限性，以及其他与影响人-系统性能产品的设计和应用相关的人的特性。

人因工程：将人因知识应用于工具、机器、系统、任务、工作和环境的设计，以保证人的安全、舒适、高效和有效的使用。

人的可靠性：人在给定的时间周期内正确地执行一些系统要求的活动（如果时间是一个限制因素），而不执行任何可能导致系统退化的无关活动。人的可靠性通过对人表现的概率进行研究来评估。

信息：任何媒介或形式的事实、数据或说明。

信息管理：信息处理系统，用于控制信息的获取、分析、留存、检索和分发。

信息处理：系统地对信息进行操作，包括数据处理，还可能包括数据通信和办公自动化等操作。

固有可用度：在理想的使用和维修条件下由设计提供的可用度，但不包括与维修有关的延迟，如后勤、管理延迟。

检查：基于测量、测试或测定进行适当的观察和判断，由此得到的符合性评估。

综合后勤保障：在设计和开发过程中，管理和提供运行和维修所需的所有材料和资源。

完整性：系统保持其形式、稳定性和健壮性的能力，以及保持其在性能和使用方面的一致性。

（数据或信息）完整性：确保数据内容在发送和接收之间不受污染、损坏、丢失或更改。

知识：了解和理解通过经验、教育、观察或调查获得的信息。

知识管理：组织中用于识别、创建、表示、分发和启用包含过程或实践的洞察力和经验的策略和实践。

风险等级：风险的大小，用风险后果和出现风险可能性的组合来表达。

生命周期（寿命周期）：系统从概念到废弃或退役的一系列可划分的阶段。

生命周期费用：在系统的整个生命周期内获取、拥有和处置的总成本。

生命周期费用计算：评估产品在它的全生命周期或其中某段时期所需成本的经济分析的过程。

后勤保障方针：为组织资源供应制定准则，并为后勤保障操作建立程序指南，包括外包和培训认证人员以执行维修保障任务。

后勤：从原产地到消费地服务和货物的管理，用于满足客户的需求，通常包括包装、材料处理、库存、仓储、运输、安保和信息结合。

维修性：在给定的时间区间，产品保持或恢复特定状态的概率，当按照规定的程序和资源进行维修时，可以保持或恢复执行要求状态的能力，给定的条件包括影响维修性的各个方面，如维修场所、可达性、维修程序和维修资源。

维修：为保持或恢复产品处于能完成要求功能的状态而进行的所有技术、监督和管理活动的组合。

维修概念或策略：维修任务和维修保障资源的组合，它们为维修计划和确定保障性要求提供了基础。

维修方针：组织提供维修和维修保障资源的一般方法，作为对维修对策的高水平指导。

维修大纲：为给定运行环境和维修概念或策略开发的所有维修活动的列表。

维修保障：在给定的维修概念或策略下维修系统的资源，包括人力资源、保障设备、材料、备件、维修设施、文档、信息和维修信息系统。

管理：实现本组织管理机构制定的战略目标所需的控制及过程体系。

管理信息体系：提供管理组织所需信息的体系，用于高效和有效地管理技术、信息和人员等主要资源。

马尔可夫分析：用于预测可变因素或系统未来行为的统计技术，其当前状态或行为与过去任何时候的状态或行为都不相关。

平均失效间隔时间（MTBF）：失效间隔运行持续时间的期望值，仅适用于可修复产品。

平均失效前时间（MTTF）：对不可修复产品失效前工作时间的期望值。

平均修复时间（MTTR）：将系统故障恢复到正常操作的平均时间。

网络：一组相互关联和相互作用的系统。例如，邮寄信件（如邮政服务）、运输人员和货物（如铁路或航空服务）、配送能源（如管道燃料、电力）或交换信息（如电信、互联网）等。

不符合：未满足指定要求。

不可修复产品：失效后在给定条件下不能重新恢复到执行要求功能状态的产品。给定条件可以包括技术、经济和其他方面的考虑。

客观证据：支持通过观察、测量、试验或其他方式获得事物存在或验证的数据。

可操作性：由终端用户或系统操作员轻松控制和成功操作系统功能的能力。

使用可用度：在实际使用和维护条件下的可用度。在确定使用可用度时宜考虑失效和相关延迟引起的不可用时间，但不包括外部因素。

运行场景：对系统运行的一系列事件的描述，以及系统要素与环境和用户之间的交互，用于分析和评估系统要求。

改善性维护：在软件服役运行期间，为改善计算机程序的性能、维护性或其他属性而进行的维护。

预防性维修：为减少失效概率和减缓退化在系统失效之前而实施的维修。

程序：为进行某项活动或过程而规定的途径。

过程：一组将输入转化为输出、相互关联或相互作用的活动。

产品：过程的结果。

（计算机）程序：一组编码指令，用于执行特定的逻辑和数学操作，包括编码指令和数据定义的组合，用于使计算机硬件能够执行计算或控制功能。

项目：由一组有起止日期且相互协调的受控活动组成的独特过程，该过程要达到包括时间、成本和资源的约束条件在内规定要求的目标。

质量：一组固有特性满足要求的程度。

质量保证：质量管理的一部分，侧重于提供对质量要求的信心。

质量控制：质量管理的一部分，侧重于满足质量要求。

质量管理：在质量方面指导和控制组织的协调活动。

质量计划：质量管理的一部分，侧重于设定质量目标，以及指定必要的操作过程和相关资源，以实现质量目标。

服务质量：服务性能的集体效应，决定了服务用户的满意程度。

恢复性：在没有修复性维修的情况下，从失效恢复的能力。

可靠性：基于给定的条件和时间区间能无失效地执行要求的能力。

可靠性框图（RBD）：系统逻辑图形的表示，揭示系统功能（用方框表示）的可靠性及功能的组合如何影响系统可靠性。

以可靠性为中心的维修（RCM）：利用根据来自分析或经验的数据得到的失效概率和后果来确定各个维修活动和相关频率的系统方法，这可能引起改进建议，如重新设计、修改、运行和维修程序。

可靠性增长：通过解决设计和制造薄弱环节而对可靠性改进的迭代过程。

可修复产品：失效后在给定条件下能重新恢复到执行要求功能状态的产品给定条件可以包括技术、经济和其他方面的考虑。

要求的功能：提供给定服务所必需的明示或隐含的功能或它们的组合。

要求：转换或表达需求，以及相关约束和条件的陈述或说明。

需求工程：在买方和供应商的领域之间进行跨领域协调，以建立和维护相关系统、产品或服务所满足的需求。

风险：不确定性对目标的影响程度，通常用事件后果（包括情形的变化）和事件发生可能性的组合来表示。

风险分析：系统地使用信息来识别风险情况并估计风险等级。

风险评估：包括风险识别、风险分析和风险评价的全过程。

风险规避：根据风险评价结果确定的风险等级决定不参与或退出某一活动。

风险准则：评估风险的重要性依据。

风险评价：将估计风险与给定风险准则进行比较的过程，以确定风险的重要性。

风险暴露：风险给项目或组织带来的潜在损失，通常被定义为概率和后果大小的乘积，以表示期望值或风险。

风险因子：对计划中的活动产生负面影响的潜在问题，其特点是出现问题的概率和问题发生时的潜在损失。

风险识别：发现、确认和描述风险要素的过程。在可信性应用背景下，风险识别是确定与计划可信性活动相关可信性风险因子的一种系统方法。

风险管理：在风险方面，指导和控制组织的协调活动。

风险管理体系：组织管理系统中涉及风险管理的一组要素，包括战略规划、决策制定和其他处理风险的过程。

风险减轻：对某一特定事件任何负面后果的限制，同时提出一种行动方针以降低风险因子潜在损失的可能性。

风险自留：接受某一特定风险的潜在收益或损失，包括接受尚未识别的风险。

风险场景：对可能导致负面影响事件的描述，若该事件发生，则该事件的特征是对组织或项目的内部或外部产生威胁。

风险转移：与另一方共同分担风险的收益或损失。

风险应对：开发、选择和实施控制的过程，目的是避免、消除、共享或保留风险。

安全性：相对地不让人员和/或财产遭受损害或损失的危险、风险或威胁，不论是客观上的还是主观上的。

计划维修：按指定时间表实施的维修，通常在实施预防性维修也会识别一些用于修复性维修活动的需求。

安保：免于危险或威胁的自由状态。

服务的安保：为用户服务提供要求安保的效果。

服务：提供给用户的一组功能。

服务性：用户访问系统服务功能的能力。一旦用户获得服务性，那么基于给定的条件和请求的时间区间，服务功能将持续由系统提供。

软件：信息处理系统的程序、过程、规则、文档和数据。

软件配置项：在配置管理过程中被配置和处理为单个项目的软件项。

软件可信性：系统运行过程中软件需要时按要求执行的能力。

软件失效：失效是软件故障的结果，故障直到消除前将持续以失效的形式表现出来。

软件故障：软件产品的状态可能会阻止其按要求执行，这是由规范故障、设计故障、编程故障、编译器插入故障或软件维护期间引入的故障造成的。

软件功能：由软件模块或单元按照规定要求执行的基本操作。

软件模块（或单元）：可以在编程代码中单独编译的软件要素，用于执行任务或活动，以实现软件功能并得到期望的结果。

规范（规格说明）：文档所声明的要求。

系统：在定义边界内定义的组件或功能，它们相互协作以满足需求。

系统需求规格说明：结构化的需求（功能、性能、设计约束和系统的属性，以及它们的运行环境和外部接口需求）集合。

保障性：能够提供给定的后勤和维修资源，以支持系统运行和维持规定的服务寿命。

剪裁（过程）：适应、调整或改变组织既定流程和活动的过程，用于实现、满足或符合要求，使组织适用于可信性。

试验：为确定一种或多种特性而执行的过程。

非计划维修：非预期且不能延期的修复性维修。

确认：通过提供客观证据对特定的预期用途或应用要求已得到满足的认定。

验证：通过提供客观证据对规定要求已得到满足的认定。

耗损失效：在使用过程中因承受应力而出现累计退化的失效，通常会影响材料的尺寸和特性，从而增加失效的概率。

威布尔分析：基于威布尔分布的失效和修复数据的统计分析，它是一个由形状参数、尺度参数组成的概率密度函数，特别适用于失效率分析。

附录 B

可信性应用的系统生命周期过程

B.1 概述

系统生命周期过程提供了一系列过程阶段，这些阶段有助于可信性应用的评审和过渡，以及确定与时间相关的特定活动。每个阶段都有典型的系统生命周期过程活动。在进入下一个阶段之前，确定相关的可信性工程活动，以实现系统过程活动的协同，并获得满足需要的可信性输出。在技术系统中，可信性的实现对有效获取预期结果的时机是敏感的。对于适当的可信性实现，生命周期过程应可剪裁，以适应特定的项目。

系统生命周期每个阶段的数据需求如下。

- 发起每个阶段过程活动必不可少的输入。
- 需要考虑的相关影响因素。
- 需要考虑的使能机制。
- 在每个阶段结束时产生的过程输出。
- 每个阶段将要进行的关键过程活动的描述。

对于特定的项目需求，系统生命周期过程的应用可以从任何阶段开始并推进，或者基于实际原因在任一阶段结束。需要具体实施可信性活动的典型案例如下。

- 定义可信性项目的范围。
- 系统设计主要使用原始设备制造商（OEM）产品。
- 特定的系统功能通过外包实现。
- 系统运行过程中引入第三方维修保障。

- 用附加的服务特性改进现有系统的性能。

系统生命周期过程确定了关键的过程活动及适用于各个阶段的相关可信性工程活动，这些过程活动的目的是为特定项目用提供特定的指导。

B.2　系统概念/定义阶段的过程

B.2.1　概念/定义的数据要求

（1）输入。

- 客户的要求、需求和期望。
- 建立与健康、安全性、安保和环境问题有关的标准和法规要求。
- 公司方针和业务决策。
- 市场情报和竞争情况。

（2）需要考虑的影响因素。

- 竞争问题。
- 经济问题。
- 技术问题。
- 能力问题。
- 环境问题。
- 法律问题。
- 投资时机问题。

（3）过程应用的使能机制。

- 人力资源。
- 财务资源。
- 资产和设施。
- 集成设计和实现过程。
- 保证过程。

（4）输出。

- 系统规格说明。
- 系统设计知识。

（5）将要进行的关键过程活动的描述。

B.2.2　概念/定义关键过程活动的描述

概念/定义阶段包括需求定义和需求分析两部分，它们的关键过程活动的描述分别如表 B-1 和表 B-2 所示。

表 B-1　需求定义关键过程活动的描述

系统生命周期过程活动	可信性工程活动
•识别客户 •识别系统应用和运行环境 •识别系统约束和使用条件 •识别系统接口和遗留问题 •识别系统需求，以及适用的标准和规则 •识别人机接口要求 •识别系统支撑要求 •识别系统开发资源要求 •识别项目计划和可交付目标	•识别可信性要求 •识别系统性能限制和容许的故障停机时间 •识别可信性应用的技术约束和限制 •识别可信性资源要求 •识别可行的方法，以达到可信性目标

表 B-2　需求分析关键过程活动的描述

系统生命周期过程活动	可信性工程活动
•从已定义的系统要求中确定系统边界、操作功能和性能特性 •评价影响架构设计选项的约束 •确定系统实现的技术方法和可行性 •确定可行的系统架构和功能分区 •确定安全性和安保应用所需的关键功能 •确定技术支持要求 •确定质量要求 •确定文档要求 •确定从事系统设计和开发工作的能力 •识别潜在的伙伴关系，外包需求和供应商要求 •建立架构设计要求 •开展需求评审 •开发系统规格说明	•确定运行场景 •确定可能的系统失效和性能退化限度 •确定可能的风险暴露和系统失效影响的严重程度 •确定系统和子系统的功能结构和功能分解 •确定可信性评估的方法 •确定系统的人机界面情况 •确定系统维修和后勤保障要求 •确定质量和可信性保证要求

　B.3　系统设计/开发阶段的过程

B.3.1　设计/开发的数据要求

（1）输入。

• 系统规格说明。

- 架构设计要求。

（2）需要考虑的影响因素。

- 相关技术资源的可用性和可访问性。
- 开发进度的承诺目标。
- 项目风险。

（3）过程应用的使能机制。

- 开发时所需特定工具的可用性。
- 培训需求。

（4）输出。

- 系统原型。
- 系统和子系统支持的要求。

（5）将要进行的关键过程活动的描述。

B.3.2　设计/开发关键过程活动的描述

设计/开发阶段包括架构设计，功能设计/评价，设计规格说明和文档，系统和子系统开发几个部分，它们的关键过程活动的描述分别如表 B-3～表 B-6 所示。

表 B-3　架构设计关键过程活动的描述

系统生命周期过程活动	可信性工程活动
•建立系统架构 •划分系统功能 •建立系统功能的设计规则和准则 •制定系统功能的自制或外购决策 •识别用于系统架构的外包 OEM 产品和设计选项 •选取用于功能设计应用的技术 •建立利用硬件/软件要素实现系统功能的准则 •提出满足系统需求和设计选项的解决方案 •提出系统功能验证和集成的方法 •开展初步的设计评审 •编制架构设计规格说明	•建立可信性计划 •建立可信性评价的准则 •进行系统可用性/可靠性/功能模型分析 •进行初步的系统可靠性预计，作为基线参考 •进行系统功能的可靠性分配，以满足性能目标 •确定系统功能的失效准则和危害性 •评价每个细分功能的可靠性，如有需要，推荐替代设计方案 •建立自测试和诊断功能的维修性准则 •建立维修和后勤保障功能的准则 •确定维修活动的级别 •建立用于信息获取的数据记录和事件报告数据库 •在可行的系统架构和功能划分基础上进行系统可用性和可靠性预计 •进行故障树分析，确定在设计中需要注意的关键点 •开展系统级失效模式、影响和危害性分析，以支持设计的抉择和论证 •评价影响设计方案的系统可用性和成本权衡

表 B-4 功能设计/评价关键过程活动的描述

系统生命周期过程活动	可信性工程活动
•形式化功能设计过程 •识别每个功能硬件/软件要素的设计分解 •整合测试功能，用于性能验证 •建立人因设计准则 •建立环境设计准则 •建立人类工程学设计准则 •建立电磁兼容性设计准则 •建立安全性、安保和可靠性设计准则 •建立硬件设计准则 •建立软件成熟度设计方案 •确定故障覆盖和系统恢复策略 •验证功能设计的性能限制和互操作性，以满足架构设计需求 •开展详细的设计评审	•开展可靠性评估 •开展维修性评价 •开展功能级失效模式、影响和危害性分析 •开展功能级设计权衡、故障容错和风险评价 •建立维修和后勤保障计划 •建立用于质量保证和满足可靠性的供应商评估过程 •构建商用货架产品评价和验收的过程

表 B-5 设计规格说明和文档关键过程活动的描述

系统生命周期过程活动	可信性工程活动
•开发系统规格说明和制定推荐的设计方法 •开发满足采购需求的 OEM 产品规格说明 •制订系统和子系统开发计划 •制订系统和子系统维修保障计划 •建立用于信息获取和数据记录维护的数据库 •整合所有的过程活动至主项目计划中，以便在适当之处进行更新、调度协调和项目管理	•整合系统规格说明中的可信性要求 •制订用于系统和子系统开发的质量和可信性计划 •编制用于子系统功能的质量和可信性规格说明 •编制用于外包的 OEM 产品和维修保障要求的质量和可信性验收准则 •建立失效报告、分析及纠正措施系统（FRACAS）

表 B-6 系统和子系统开发关键过程活动的描述

系统生命周期过程活动	可信性工程活动
•实施系统和子系统开发计划 •进行子系统和功能的内部开发 •进行接口开发，用于系统、子系统功能及人机交互的互操作性 •进行外包产品采购，制定委外开发计划合同协议 •开发软件子系统，确定软件配置项 •制订系统和子系统测试计划 •制订内部生产计划 •制订系统运行计划	•实施系统可信性大纲 •实施质量保证大纲 •建立供应商可信性大纲 •建立系统和子系统的可信性验收准则和可靠性增长大纲 •建立系统维修和后勤保障大纲 •确定保修条件 •进行失效报告、分析、数据收集和反馈

续表

系统生命周期过程活动	可信性工程活动
•制订包装、搬动、存储和运输计划	
•制订系统集成和安装计划	
•制订配置管理计划和设计变更规程	
•制订系统运维培训计划	
•进行用于系统集成的子系统和功能原型构建	
•开展用于系统功能评价的原型测试	
•开展用于系统和子系统的开发评审	

 B.4 **系统实现/实施阶段的过程**

B.4.1　实现/实施的数据要求

（1）输入。

系统原型。

（2）需要考虑的影响因素。

• 迁移管理。

• 系统交付计划的承诺目标。

• 保修要求和诱因。

（3）过程应用的使能机制。

• 项目管理。

• 客户或用户培训。

（4）输出。

• 服务运行的系统演示。

• 由客户进行的系统验收。

（5）将要进行的关键过程活动的描述。

B.4.2　实现/实施关键过程活动的描述

实现/实施阶段包括实现、验证、集成、安装/迁移和确认/验收几个部分，它们各自的关键过程活动的描述分别如表 B-7～B-11 所示。

表 B-7　实现关键过程活动的描述

系统生命周期过程活动	可信性工程活动
•实施系统生产计划	•实施系统可信性大纲

续表

系统生命周期过程活动	可信性工程活动
•制造子系统组件 •构建硬件/软件功能 •根据外包采购规格说明，获得 OEM 产品 •根据设计规格说明，进行软件单元的编码 •配置适用的软件单元和标，记作为软件配置项 •编制系统操作人员和维修人员的培训大纲 •建立测试设备和测试设施的要求 •开发包装、搬动、存储和运输指令 •开展供应管理评审 •开展配置管理评审	•实施质量保证大纲 •实施供应商可信性大纲

表 B-8　验证关键过程活动的描述

系统生命周期过程活动	可信性工程活动
•实施验证计划 •实施测量标准和量度评价准则 •进行系统功能验证测试 •记录验证试验结果 •分析验证测试结果，以确定实现特定设计要求 •开展系统验证评审 •开发系统集成计划和程序	•开展系统可信性评估 •在适用情况下开展鉴定试验 •记录来自验证试验的失效报告情况 •进行失效分析，确定失效原因并按失效原因对失效进行分类 •采取改正措施处理在验证试验中发现的异常现象 •确定软件单元的代码覆盖率 •确定软件测试完备性 •确定软件故障覆盖率

表 B-9　集成关键过程活动的描述

系统生命周期过程活动	可信性工程活动
•实施系统集成计划 •如有必要，在系统集成过程中请求 OEM 供应商介入 •整合系统实体来演示装配程序和培训效果 •记录集成过程的有效性 •开发系统安装程序 •开发系统确认/验收计划	•实施与集成相关的系统可信性大纲 •实施与集成相关的质量保证大纲

表 B-10　安装/迁移关键过程活动的描述

系统生命周期过程活动	可信性工程活动
•实施安装计划 •记载安装的记录和程序 •评价用于改进的迁移策略 •使客户参与系统安装过程	•建立与客户维修人员共享的维修保障和报告方案 •监控系统恢复和备件补充的周转时间 •维持在维修现场有足够的备件库存

表 B-11　确认/验收关键过程活动的描述

系统生命周期过程活动	可信性工程活动
•实施确认/验收计划	•确认系统达到可信性要求，如在适用情况下的可靠性增长和加速试验程序
•演示系统能够满足并达到客户的特定要求	
•记录确认测试结果	•记录来自确认试验的失效报告
•适用时实施保修方案	•出具推荐的纠正/预防措施的不符合报告
•开展验收评审	•处理在确认时发现的异常现象
•签署用于系统验收的客户文件	•解决客户的保修问题

B.5　系统运行/维修阶段的过程

B.5.1　运行/维修的数据要求

（1）输入。

系统处于全面运行状态。

（2）需要考虑的影响因素。

• 系统服务能力。

• 备件供应的供应链。

• 响应维修活动。

（3）过程应用的使能机制。

• 项目/运行/维修管理。

• 操作人员和维修人员培训。

（4）输出。

• 可信的系统性能。

• 客户满意的结果。

（5）将要进行的关键过程活动的描述。

B.5.2　运行/维修关键过程活动的描述

运行/维修关键过程活动的描述如表 B-12 所示。

表 B-12　运行/维修关键过程活动的描述

系统生命周期过程活动	可信性工程活动
•实施系统运行策略	•实施现场数据收集或计算机化的维修管理
•监控系统性能	•开展用户满意度调查

续表

系统生命周期过程活动	可信性工程活动
•实施系统维修保障策略	•分析失效的趋势
•监控系统维修保障工作	•开展问题的根因分析
•提供适用的客户服务和培训	•评审/更新维修大纲
•开展系统性能评审	•推荐用于持续改进的设计或程序变更
•开展维修和后勤保障评审	•确定服务质量

 B.6 系统改进阶段的过程

B.6.1 改进的数据要求

（1）输入。

- 新的客户要求。
- 改进的特性。

（2）需要考虑的影响因素。

- 变更的时机。
- 投资的回报。

（3）过程应用的使能机制。

- 变更管理。
- 废弃管理。
- 客户对新服务特性"买账"或反应。

（4）输出。

- 改进的系统性能。
- 改进前后用户满意度结果的比较。

（5）将要进行的关键过程活动的描述。

B.6.2 改进关键过程活动的描述

改进关键过程活动的描述如表 B-13 所示。

表 B-13 改进关键过程活动的描述

系统生命周期过程活动	可信性工程活动
•识别用于整合的新的系统服务特征	•评价由新增特征变化引起的可信性影响
•建立改进策略和计划	•评价所采取的变更对生命周期费用的影响

系统生命周期过程活动	可信性工程活动
• 评价变更的需求和带来的好处 • 识别可行的演进/更新机会 • 实施改进工作 • 实施软件升级和改善性维护 • 实施设计变更和配置管理 • 评估新服务引入的影响	• 开展风险和价值评估 • 开展变更后的用户满意度调查 • 管理软件版本发布

B.7　系统退役阶段的过程

B.7.1　退役的数据要求

（1）输入。

• 老化系统的性能状态。

• 主要服务功能的过时。

• 现有运营服务的竞争力和市场能力。

• 增加的运行、维修和保障费用。

（2）需要考虑的影响因素。

• 退役的时机。

• 技术过时。

• 法规约束。

• 由服务终止引发的社会影响。

（3）过程应用的使能机制。

项目管理。

（4）输出。

服务终止。

（5）将要进行的关键过程活动的描述。

B.7.2　退役关键过程活动的描述

退役关键过程活动的描述如表 B-14 所示。

可信性工程应用与实践：在技术及演进系统中管理可信性的有效方法

表 B-14 退役关键过程活动的描述

系统生命周期过程活动	可信性工程活动
• 实施退役/停运计划 • 实施复用和重新部署策略 • 实施废弃产品的处置 • 通知客户服务终止 • 提供新的或可替代的服务供应信息	• 评价系统停用的约束条件，以及系统从服务运营中移除的影响 • 评价废弃产品对环境的影响 • 开展服务终止后的客户满意度调查

附录 C

系统可信性规范示例

C.1 概述

下面以用于旋转设备的机械保护系统为例，说明制定系统可信性规范的过程。

机械保护系统的架构和操作程序是许多不同场所的典型应用，如泵和压气机站、加工厂、石化厂和发电厂。为了便于解释，以下内容进行了适当简化，同时，系统硬件和软件要素在功能层级进行了标识。机械保护包括监测机械状态，如振动、轴承温度、工艺温度、压力和油压等。人与机械保护系统功能的交互代表设备的运行，这种交互可能发生在单个机组或更高层级的工厂控制室或中央控制中心。本例中的可信性信息和操作数据仅用于说明，它们不代表任何特定制造商的产品或服务运作的能力。

本例中的机械保护系统是指某工艺装置的燃气轮机离心式压气机的机械保护系统。压气机组由工厂现场的中央控制室进行远程操作和监控。

本例中不包括网络安全控制、漏洞保护和信息隐私。信息安全的处理需要具有不同技术技能的附加信息技术（IT）基础设施。信息安全通常由在业务场所工作的单个组织的 IT 职能来保证。

C.2 识别系统

机器在超限运行条件下受到损坏。例如，振动过大可能会引起机械损坏，最终导致机器失效。机械保护系统的作用是防止机器在超限运行条件下受到损坏。机械保护系统由如下两个可独立运作但相互作用的系统组成。

- 本地单元控制面板：连接到燃气轮机和压气机单元的仪表，如图 C-1 所示。
- 现场控制室，控制中心的操作人员全天候工作其中。

图 C-1　燃气轮机和压气机单元控制面板示例

C.3　描述系统目标

机械保护系统的目标如下。

- 防止损坏燃气轮机和压气机及其组件，如轴承。
- 向操作人员发出报警，告知可能出现的损坏情况。
- 当有潜在危险情况时停机。
- 记录何时报警或停机，以及造成这种情形的源头。

C.4　识别满足系统目标所需的功能

机械保护系统具有如下 5 个主要功能。

- 检测功能：检测机器状态。
- 控制功能：用于数据处理和信息分发。
- 报警功能：向控制中心的操作人员发出报警。
- 停机功能：防止灾难性的机器失效，以及进一步损坏机器。
- 数据记录功能。

 C.5　描述功能

　　检测、控制、报警、停机和数据记录功能由安装在压气机组位置的基本传感设备和控制设备提供。这些功能被集成到工厂范围内的系统中，用于访问和控制，并由控制中心的操作人员协调。这些功能满足了机械保护系统的第一个目标。下面提

供了每个功能的说明。

1．检测功能

- 用加速度计或速度传感器感知燃气轮机和压气机的振动，而通常情况下使用的是位移传感器。
- 利用安装在油系统、轴承和燃烧部位等的传感器检测压力和温度。
- 使用专用开关检测高/低压和温度等异常情况。

2．控制功能

- 处理来自传感器的检测信号以激活报警。可编程逻辑控制器（PLC）将传感器读数与报警级别进行比较，如果有多个输入可供比较，那么可以使用表决系统。报警信息将显示在计算机屏幕上。
- 记录事件的数据和时间。
- 将报警信息传递到远程控制中心进行显示。
- 计算机系统通过程序化的方式了解单元的状态。例如，当单元不运行时不会激发报警，当单元启动时报警可解除并得到有效控制。在计算机系统控制功能中加入了一个用于误报失能的手动过载控制子功能。

3．报警功能

- 在机组控制室和远程控制中心的计算机屏幕上，通过红色和闪烁指示报警，以引起操作人员的注意。单元控制室面板上也可能有闪烁。
- 当检测到报警情况触发时，计算机系统激活声音报警。

4．停机功能

- 当达到停机水平时，根据不同停机原因，将启动常规停机或紧急停机。
- 通过计算机屏幕或声音报警通知相关操作人员。

5．数据记录功能

- 在数据库中记录报警或关机的日期和时间。
- 提供数据记录的历史记录，以便检索报警和停机的数据并进行分析。

单元级别的交互系统和远程控制室的结合使综合保护系统能够达到规定的系统目标。

C.6 识别影响功能的条件

识别过程关注对系统功能有重大影响的因素，从而影响系统性能。为评价所需

功能的设计和获取相关的可信性特性，确定了以下关键影响因素。

1．检测功能

- 适用于检测目的的各种传感器、转换器和开关的型号和费用。
- 传感器、转换器和开关的数量，以及它们的位置需要全部或部分覆盖，以最大限度地降低风险暴露。
- 传感器、转换器和开关的技术及技术可靠性。
- 易于安装和维护的传感器、转换器和开关。
- 传感器、转换器和开关的预期寿命。
- 使用硬接线、较新的现场总线或无线技术将信号传送到控制室的方法。

2．控制功能

- 使用商用产品进行控制系统设计。
- 计算机程序修改的灵活性。
- 配备和解除的系统应易于使用和编程。
- 自动系统旁路。
- 传感器、转换器和开关的有线或无线连接。
- 控制系统诊断的故障显示。
- 与远程控制中心的通信。

3．报警功能

- 计算机系统显示报警状态的能力。
- 激活报警时可发出满足规程要求的响声。
- 报警的响应时间。

4．停机功能

- 控制系统执行单元停机的能力。
- 监控中心的监控和监视服务。
- 误报/停机后果，以及控制中心的跟进。

5．数据记录功能

- 计算机系统和网络的处理能力。
- 计算机数据库的存储容量。
- 数据备份和存储。

实现所需功能的技术方法的评价

技术方法涉及持续运行所需功能的获取、设计、实施和维护。评价过程用于确定可以在项目的时间范围和成本约束内获得或开发所需功能的性能，识别该功能的复杂性和接口，确定实现协作功能的互操作性的互连方式。功能应用和性能考虑了与功能相关的关键可信性特性。

1．检测功能

传感器、转换器和开关的技术复杂程度是影响检测功能成本和覆盖范围的主要因素。技术方法的选择和决策过程，是从寻找能够满足设备功能需求的可用商业现货产品开始的。应核查设备性能历史，包括室内和室外应用的可靠性、耐久性和使用寿命，以及更换设备的成本；调查多个供应源；符合安全性要求。在必要时，应考虑供应商是否愿意修改现有产品，以满足适合功能的特定要求。应确定安装在燃气轮机和压气机各个位置设备的维修服务能力。应考虑设备购买、备件供应、维修保障服务在内的保修方案。

2．控制功能

主要控制组件为 PLC，应考虑与检测设备类似的问题。

3．报警功能

报警功能主要由采用工业标准梯形逻辑的 PLC 代码执行。PLC 代码的设计和所使用的编码标准是至关重要的。

4．停机功能

停机功能在软件中运行的方式类似报警功能。

5．数据记录功能

数据记录功能依赖于计算机硬件和软件，通常在控制中心。

C.8　描述系统运行中涉及的硬件、软件要素和人机交互

系统功能通过设计和构造来实现。系统功能由硬件和软件程序指令组成，实现了机械保护的系统性能。系统的人机交互简单并保持最小干预，以方便用户操作和适应工作环境。下面介绍了机械保护系统的硬件和软件要素组成，以及人机交互与机械保护系统运行的关系。

1. 硬件

保护系统的所有系统硬件均为集成应用。传感器、转换器和开关安装在燃气轮机和压气机中，以满足保护准则。所有传感设备和检测设备都安装在不同的重要位置，以实现最大的保护范围。由于某些设备可以暂时旁路，因此可以在不中断其运行的情况下对其进行维修。单元控制系统是自动化的，并使用高度可靠基于 PLC 的计算机进行处理，它几乎不需要关注正常的运行功能。控制中心使用更多的标准计算机和网络，但它在这些计算机中采用了冗余，因此单个故障不会危及其正常运行。

2. 软件

系统控制由软件驱动，以处理来自传感器的数据，并决定是否已达到报警级别或应该停机。软件基于工业标准梯形逻辑。系统控制、监控和信息显示功能自动化，无须人工干预。需要授权才能访问或更改预先设置的软件程序运行说明。专用远程服务器用于支持数据存储备份功能。

3. 人机交互

机械保护系统的设计是为了确保系统运行符合行业标准和安全法规。远程控制中心由训练有素的操作人员操作，并限制进入控制室。人机界面的自提示指令是为了方便在控制系统运行期间诊断、通信和查询响应。当报警被激活时，按照标准程序并根据报警的性质进行响应。在单元控制面板上安装紧急按钮以便进行访问，该按钮用于在紧急情况下进行手动重置。

确定运行场景

机械保护系统运行场景描述了系统应用程序中运行使用和事件序列的任务要求。

机械保护系统有以下三种运行模式。

1. 正常运行模式

机械保护系统的正常运行模式要求所有功能都处于准备状态。数据记录活动连续运行，具有时间指示和系统运行状态记录功能。

2. 报警运行模式

机械保护系统的报警运行模式需要除停机功能外的所有功能。报警由操作人员确认。当报警情况被清除时，正常运行模式将恢复。

3．停机运行模式

机械保护系统的停机运行方式需要除报警功能外的所有功能。在停机状态下不再需要报警功能。当确定停机原因并进行纠正后，机组将重新启动。

描述满足系统目标的系统架构

1．正常运行模式下的系统架构

对于正常运行模式，机械保护系统需要所有功能的可用性，以实现系统可信性。在正常运行模式下，报警信号和停机信号是静音的，不会被激活，报警指示和停机指示既不被显示也不被记录。图 C-2 为正常运行模式下的系统架构。

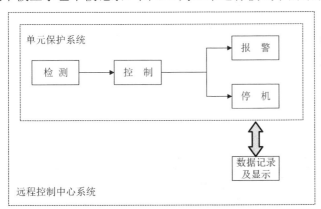

图 C-2　正常运行模式下的系统架构

2．报警运行模式下的系统架构

单元控制系统在检测到并确认达到报警极限时，立即激活报警信号以警告控制中心的操作人员。在报警运行模式下将显示报警，可能还有单元控制面板和远程控制中心的声音信号，提醒控制中心操作人员比其他事情更重要，因为这些地方随时都有操作人员。控制中心操作人员将决定是否需要从压气机操作人员那里获得帮助。图 C-3 为报警运行模式下的系统架构。

3．停机运行模式下的系统架构

当达到停机水平时，控制系统将立即停机或紧急跳闸。停机或紧急跳闸信息显示并被记录下来，就像报警一样。在某些情况下，控制中心的操作人员能够重新启动压气机组，但通常他们会建议运维人员调查原因并纠正这些情况。停机运行模式下的系统架构如图 C-4 所示。

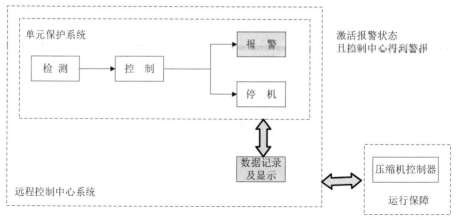

图 C-3　报警运行模式下的系统架构

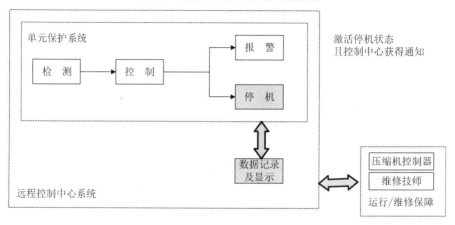

图 C-4　停机运行模式下的系统架构

 C.11　明确可信性要求

　　机械保护系统功能的可信性要求是根据从不同运行模式下的系统架构和相关系统功能的运行使用获得的信息确定的。

　　下面总结了机械保护系统各个功能的可信性要求。这些数值数据来源于设备供应商提供的与功能相关的可信性特性、行业数据和实际经验。可信性特性包括可用性和可靠性。可用性在本例中用于表示按要求执行的设备功能的运行状态。在实践中，可用性是由正常运行时间与设备功能总运行时间的比值决定的。协同设备功能的综合可用性利用概率原理求得。可靠性由 MTBF 量度。其他相关可信性特性，如预期寿命、响应时间和维修保障条件，则从现场性能经验数据中获得。需要注意的是，这些数值数据仅用于说明。

1．检测功能

- 传感器：可用度为 99.9%；MTBF 为 50000 小时；每年计量校准；预期寿命为 15 年。
- 机组控制室接线连接：可用度为 99.9%；MTBF 为 100000 小时；每年巡检；预期寿命为 20 年。
- 检测功能：可用度为 99.9% × 99.9% = 99.8%。

2．控制功能

- PLC：可用度为 99.8%；MTBF 为 150000 小时；硬件自诊断；预期寿命为 20 年。
- 软件：可用度为 99.99%；MTBF 为 150000 小时；软件维护检查。
- 控制功能：可用度为 99.8%×99.99% = 99.8%。

3．报警功能

- 软件：可用度为 99.99%；MTBF 为 150000 小时；软件维护检查。
- 控制中心到单元控制的网络：可用度为 99.7%；MTBF 为 25000 小时；网络自诊断；预期寿命为 20 年。
- 操作人员响应：可用度为 99%；响应时间为 5 分钟。
- 报警功能：可用度为 99.99%×99.7%×99% = 98.7%。

4．停机功能

- 软件：可用度为 99.99%；MTBF 为 150000 小时；软件维护检查。
- 控制中心到单元控制的网络：可用度为 99.7%；MTBF 为 25000 小时；网络自诊断；预期寿命为 20 年。
- 操作人员响应：可用度为 99%；响应时间为 1 分钟。
- 停机功能：可用度为 99.99%×99.7%×99% = 98.7%。

5．数据记录功能

- 控制中心计算机和数据存储：可用度为 99.8%；MTBF 为 150000 小时；硬件自诊断；预期寿命为 10 年。
- 控制中心网络：可用度为 99.8%；MTBF 为 150000 小时；网络维修检查；预期寿命为 10 年。
- 软件：可用度为 99.99%；MTBF 为 50000 小时；软件维护检查。
- 数据记录功能：可用度为 99.8%×99.8×99.99% = 99.6%。

整体保护系统可信性最大问题可能是人为因素。控制中心操作人员需要快速响应报警和停机。对停机的响应更加重要，因为它会对整个工厂流程产生影响。由于可能出现忽略报警或停机、响应延迟、不适用于报警或关机的情形，因此，必须采取其他措施来减轻停机的影响。

在正常运行场景下，可用性应考虑检测、控制、数据记录功能，其值为 99.8%×99.8%×99.6% = 99.2%。

在报警运行场景下，可用性应考虑检测、控制、数据记录和报警功能，其值为99.8%×99.8%×99.6%×98.7% = 97.9%。

在停机运行场景下，可用性应考虑检测、控制、数据记录和停机功能，其值为99.8%×99.8%×99.6%×98.7% = 97.9%。

 系统可信性规范说明文档

系统可信性要求构成了整个系统要求的一部分。下面总结了用于记录系统可信性规范的数据输入。需要注意的是，这些规范中不包括人因。

1．系统识别

- 机械保护系统用于保护压气机组免受异常情况的损坏并防止重大失效。
- 远程控制中心监控所有报警和停机，并根据报警或停机的性质采取相应的行动。

2．系统目标

- 防止损坏燃气轮机和压气机及其组件。
- 向操作人员发出报警，告知可能出现的损坏情况。
- 当有潜在危险时停机。
- 记录何时报警或停机，以及造成这种情形的源头。

3．系统功能

- 检测功能：检测机器状况。
- 控制功能：用于数据处理和信息分发。
- 报警功能：向控制中心的操作人员发出报警。
- 停机功能：防止灾难性的机器失效，以及进一步损坏机器。
- 数据记录功能。

4．系统运行模式

- 正常运行模式。
- 报警运行模式。

• 停机运行模式。

5．系统架构

图 C-2、C-3 和 C-4 分别展示了各种运行模式下的系统架构。

6．保护功能的可信性要求

• 检测功能：可用度为 99.8%；每年维修检测；预期寿命为 15 年。
• 控制功能：可用度为 99.8%；自诊断；预期寿命为 20 年。
• 报警功能：可用度为 98.7%；自诊断；预期寿命为 20 年。
• 停机功能：可用度为 98.7%；自诊断；预期寿命为 20 年。
• 数据记录功能：可用度为 99.6%；自诊断；预期寿命为 10 年。

7．关于机械保护系统可信性的声明

以下声明了机械保护系统在不同运行模式下的可用性量度。

• 正常运行模式下的保护设备可用度应大于 99.2%。报警运行是构成正常运行过程的过渡性运行。
• 报警或停机运行模式的保护设备可用度应大于 97.9%。

下面规定了设备的预期寿命和维修要求。

• 检测功能的预期寿命为 15 年。
• 控制功能的预期寿命为 20 年。
• 报警功能和停机功能的预期寿命为 20 年。
• 数据记录功能的预期寿命为 10 年。
• 数据备份和软件更新是自动的，不需要中断服务。
• 应对所有已识别的设备进行年度维修检查。

附录 D

可信性工程清单

D.1 系统生命周期项目的应用清单

1. 要求清单

- 定义了系统可信性的本质和应用，并确定了替换现有系统或提高其性能的意图。
- 确定了具有特定可信性特性新系统引入的时机。
- 识别了系统运行环境、具体可信性影响因素和相关监管问题。
- 识别了系统开发时可信性工程的技术能力。
- 识别并估计了支持可信性项目所需的资源。
- 识别了资本投资和特定可信性工具的获得，以及系统开发的使能机制。
- 识别了对系统开发感兴趣的潜在客户和可能的竞争对手。
- 定义了预期的系统性能要求和特殊系统特征，包括识别唯一的可信性问题和客户期望（如软件健壮性）。
- 识别了系统可信性运行场景，与其他系统的互操作性，技术设计偏好和涉及的遗留问题。
- 识别了可信运行的系统维修和后勤保障要求。
- 创建了基于系统可信性的营销战略和计划。
- 建立了提案和技术工作的项目团队，并得到了可信性专家的支持。
- 以可信性战略为重点，能够证明系统开发的决策是否合理。

2. 系统设计和开发清单

- 制订了实施可信性任务的项目开发计划。
- 分析了系统要求，评估了可信性特性。
- 确定了系统开发的设计策略、技术选择和可信性活动。

- 创建并实施了质量计划和可信性保证过程。
- 实施了标准化过程和可信性设计规则。
- 确定了满足系统性能要求的系统架构和物理配置。
- 制订了系统和子系统集成计划。
- 确定了满足系统性能要求的硬件分区、软件接口和人因设计。
- 规定了系统可信性要求和运行条件。
- 完成了系统测试策略、测试覆盖和功能评价。
- 评价了满足可信性需求的系统功能。
- 确认了系统功能的系统设计和可信性。
- 识别、协调和建立了外包工作项目、开发合作伙伴和首选供应商。
- 确定并协调了第二资源，以支持替代项目需求。
- 为系统可信性实现部署了适用的支持系统和支持策略。
- 确定了产品实现的可制造性和相关可信性问题。
- 完成了设计文档、培训说明和试验程序。
- 制订了系统运行和保障计划。
- 制订了后勤保障计划。
- 创建了维修方针和最低级别组件的修理等级。
- 能够证明产品实现的决策是否合理。

3．产品实现清单

- 制订了产品实施计划。
- 实施了产品质量和可信性保证任务。
- 完成了用于可信性评估的供应商产品协调与控制。
- 评价了纳入系统功能所需的 COTS 产品。
- 完成了用于可信性验证的产品及子系统评价。
- 完成了系统及子系统试验及性能评价。
- 实现了系统集成和子系统整合。
- 制订了设计固化和配置控制计划。
- 确认了系统性能要求。
- 建立了系统验收策略。
- 创建并实施了失效报告分析和纠正措施系统。
- 能够证明系统移交和客户验收的决策是否合理。

4．系统验收清单

- 与客户协商，制订了系统验收计划。

- 创建了已被客户接受的系统可信性演示计划及适用保修期。
- 实施了事件报告系统并制定了报告准则。
- 实施了用于实现可信性的系统运行和保障计划。
- 培训了系统操作人员和维护人员，并在适用时对培训人员进行了认证。
- 识别、协调并批准了由第三方参与的系统保障，如校准服务等。
- 建立了系统移交程序，移交给客户运行。
- 完成了系统所有权的合法转移。
- 能够证明系统服役时的决策是否合理。

5．系统在役运行的清单

- 实施了系统运行及保障计划。
- 实施了系统性能监控程序。
- 实施了事件报告系统，用于跟踪可信性性能、服务连续性运行、维修保障活动，以及修复性和预防性措施。
- 跟踪了维修活动。
- 启动了设计变更程序和配置控制计划。
- 实施了后勤保障计划。
- 实施了系统运行分析。
- 识别了运行异常和需要改进的地方。
- 建立了系统可信性性能趋势。
- 进行了终端用户满意度调查。
- 能够证明维持现有系统在役运行的决策是否合理。

6．改进清单

- 建立了系统改进的市场需求。
- 进行了风险及价值评估，以证明改进工作是合理的。
- 验证了改进变化对可信性的影响。
- 调查和确认了对环境及其他因素的影响，包括监管、安全性、安保等与改进变化有关的问题。
- 估计了改进工作的费用和时间安排。
- 确定了改进工作所需的资源。
- 能够证明系统改进的决定是否合理。

7．退役清单

- 确定了系统退役的需求和时机。

- 确定了退役的原因，如技术陈旧、经济和监管约束等。
- 确定了用于继续提供系统服务的替换系统。
- 评估了因服务终止而产生的社会影响。
- 能够证明系统退役的决定是合理的。
- 建立并确定了新旧系统无缝过渡的方案。

D.2 技术设计的应用清单

1. 系统硬件设计清单

- 识别了系统硬件需求。
- 识别了设计系统功能时所选择的硬件要素。
- 评估了已知的硬件技术和可靠性历史。
- 确定了系统硬件配置。
- 制定了硬件设计规格说明。
- 确定了硬件封装的概念和模块化方案。
- 分析了运行剖面中的热预算，根据模块的环境条件和系统运行环境确定热点和冷却方案。
- 建立了运行剖面中的电磁兼容预算，以确定屏蔽、过滤、分区和放置要求的程度。
- 建立了功能模块接口和连接。
- 确定了系统的供电方案和电压标准。
- 评价了冗余度和设计方案的系统可靠性建模。
- 确定了各系统功能的功能分析和可靠性分配。
- 制定了系统及子系统集成方案。
- 分析了系统的维修性和测试性，确定了测试覆盖率。
- 纳入了内置的测试功能和自我检查功能（如适用）于模块设计中，以方便故障识别和故障隔离。
- 包含了故障容错和故障避免设计在关键系统功能中。
- 建立了系统维修概念和维修活动等级。
- 确定了最低级别组件的备件供应。
- 确定了备件补给的周转时间。
- 在需要演示可用性的地方执行了系统仿真。
- 验证了用于故障检测、隔离和修理，以及恢复时间的系统测试用例。
- 评价了包含在系统功能中的 COTS 硬件产品。

- 开发了系统、子系统和功能模块试验计划和程序。
- 完成了用于硬件产品和总成生产的设计文档。

2．系统软件设计清单

- 建立了系统软件要求。
- 确定了系统架构。
- 实施了用于软件设计和开发的软件标准。
- 获取了用于支持软件开发的软件工具和服务。
- 建立了软件划分和功能分配。
- 建立了软件功能接口和协议。
- 建立了软件设计规格说明。
- 建立了数据完整性准则。
- 创建了软件交付时间表，以及初步设计和详细设计计划。
- 测试和验证了软件模块功能符合设计规范。
- 评价了 COTS 软件产品，以便将其纳入系统功能。
- 建立了软件产品和子系统的验收准则。
- 进行了验收测试，以确定软件产品和子系统符合验收准则。
- 确认了软件系统测试和评价，以满足性能规格说明。
- 识别了用于系统运行和维修保障的软件工具。
- 完成了用于软件产品复制的设计文档。

3．人因工程设计清单

- 确定了人因工程设计的目标。
- 制订了用于设计应用的人因工程计划。
- 建立了人因工程设计概念，包括合用性、操作适用性、功能分配、自动化水平、人员能力识别、系统运行和维修的局限性。
- 评价了人机接口。考虑了设计简单性，相同功能及操作的一致性，与其他该类型现有系统的兼容性，以及用户对信息显示和通信的认知。
- 评价了人机界面。考虑了便于用户友好交互的屏幕设计，输入控制和控制机制，数据输入和编辑的简易性，图形信息和显示，更新和中断特征，文件管理功能，消息窗口和帮助服务。系统消息正确、完整、没有误导性和易于理解是很重要的。
- 整合了相关系统设计，包括失效安全特征，抗错误性和容错性，易于处理关键情况和紧急情况，易于启用和禁用自动功能，故障管理的简单诊断例程，以及通过降级模式的系统操作来采取纠正措施等。

- 整合了相关系统设计，包括易于更换可拆卸单元和最低级别组件，适当的安全警告和操作标签，以及维修、安装和修理的技术手册和支持文档等.
- 确定了用于运行的系统设计，包括操作人员和维修人员的自动化水平、技能和培训需求等.
- 完成了用于开发系统运行和维修手册的设计文档。

4. 环境兼容性设计清单

- 确定了环境设计的目标。
- 制定了用于设计应用的环境设计要求。
- 纳入了已通过评审的环境标准和条例于环境设计概念和实施计划中，重点是减少硬件组件和零件的数量，旨在重复使用或回收利用。
- 最小化了组件中使用的部件数量，以减少总成和拆卸时间，从而提高回收过程的效率。
- 考虑了具有单一功能最低级可更换单元的模块化设计，以允许服务选项、功能升级和部件回收。
- 考虑了在一个地方对非再生零件进行分组，以便分解和快速拆卸。
- 考虑了将高价值零件放置在容易达到的位置，以便能够进行部分拆解，获得最佳的回报和利用。
- 考虑了设计部件的坚固性和稳定性，以增强手动拆卸性。
- 考虑了避免模制金属嵌件和总成中塑料部件的加强件，以增强塑料部件的分离性和再循环能力。
- 考虑了逻辑顺序明显的访问和断点，以加强关于拆卸和维修的服务培训。
- 最大化了断电或备用状态，以节省能源，减少污染。
- 最小化了紧固件的数量，以减少总成和拆卸时间。
- 考虑了标准化总成和拆卸工具的使用，以节省工具成本和时间。
- 考虑了容易接近紧固点，以增强维修性和服务。
- 考虑了在适用和实用的情况下使用卡扣，以增强部件拆解和拆卸的方便性。
- 考虑了使用兼容的紧固材料和连接部件，以增强部件的回收。
- 考虑了不相容的部件在连接时可易于分离，以加强用于回收部件的分离性。
- 最小化了粘合剂的使用，以便拆卸零件，特别是当两种连接材料在回收中不相容时。此外，即使对于相容的材料，粘合剂也会污染材料，使回收变得困难。
- 最小化了互连电线和电缆的数量和长度，以减少总成和拆卸时间，避免潜在的电磁干扰。
- 考虑了可拆卸一次性部件连接的设计，以加强拆卸性。

D.3 系统中使用外包产品的应用清单

1. 外包产品识别清单

- 外包或 COTS 产品在市场上具有唯一的购买标识，并具有足够的产品信息和功能描述，以评价其适用于预期的应用。
- 市场上有多个同类产品供应商可供选择。
- 产品标识由制造商产品标签上的名称、型号或版本，以及序列号或日期指定。
- 产品说明包含产品规格，产品安装和操作说明，产品连接程序和应用的接口要求，以及产品维修和保障服务的需求和范围。
- 在适用的情况下，为安全相关操作提供了警告标签和程序。
- 提供了产品保修信息。
- 产品可靠性和维修信息，性能历史和保障测试数据可供验证。
- 提供了产品质量认证声明。

2. 外包产品评价清单

- 产品性能记录包含相关文件，能够证实产品规格说明的一致性，该文件也可用于验证。
- 包括试验计划、试验程序、试验环境和条件，以及试验记录等的相关文档，用于证明产品符合规范。
- 设计用于评价容错条件的测试用例（适用于产品声明），该用例也可用于验证。

3. 外包产品保证清单

- 产品质量信息和质量记录可供验证。
- 产品符合性评估数据可供验证。
- 产品现场数据可用于支持可靠性声明。
- 产品退货率和失效趋势可供验证。
- 产品维修记录可供验证。
- 完成了关键系统应用的产品风险、产品特性及相关过程属性的评估。具体评估包括但不限于故障检测、冗余需求，以及建立适合关键系统运行的 COTS 产品的完整性等级。完整性等级表示将系统风险维持在可容忍限度内所必需的产品属性值范围。

附录 E

LNG 运输船 BOG 再液化系统可靠性改进

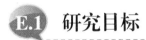

E.1 研究目标

本研究的目的在于量化 LNG（液化天然气）运输船的蒸发气体（BOG）再液化系统的可靠性，并验证基于可靠性分析的设计改进[1]。与传统蒸汽轮机动力系统不同，新型 LNG 运输船使用双燃料的柴油-电力发动机，所用燃料包括 BOG 和运载的 LNG。尽管陆地上天然气再液化技术已经很成熟，但 LNG 运输船的 BOG 再液化仍面临严峻的挑战。由于 BOG 再液化过程本身既有燃料又有点火源，因此安全性问题应放在首位。BOG 再液化过程中的燃料来源于分离器、交换器和存储容器，而点火源来自泵和压气机等。这两种隐患源使得 BOG 再液化过程不能在商业 LNG 运输船中进行。然而，随着近年来 BOG 再液化技术安全性设计的发展，BOG 再液化成为可能。例如，英国海威公司 BOG 再液化系统融合了传统 BOG 再液化处理系统和氮气（N_2）冷却系统。氮气冷却系统的惰性不会对传统 BOG 再液化处理系统产生重大危害。

BOG 再液化过程面临的另一个关键问题是可靠性和可用性。可靠度是规定时间内无失效运行的概率，可用度是可用时间与可用时间和不可用时间之和的比值。对于传统蒸汽轮机 LNG 运输船，需要特别注意 BOG 压气机失效，而新型 LNG 运输船的 BOG 再液化也需要注意 BOG 压气机失效。如果 BOG 再液化过程不能正常进行，那么应将 BOG 排放到大气中或在燃烧设备中燃烧，以免导致危险的境况和重大的经济损失，抹杀 BOG 再液化的优点。因此，对 BOG 再液化过程可靠性和可用性的研究至关重要。

可靠性研究可以指导系统设计和维修[2]。可靠性分析能够改进系统设计，比如，使用更可靠的组件，增加冗余，减轻特定组件在运行期间的负载。此外，可靠性分析还有助于建立适当的维修策略，将检查和维修的重点放在重要组件。

研究目标有两个：从可靠性和可用性需求角度验证当前海威公司 BOG 再液化系统的配置是否合理；什么样的维修方针才能改进或维持系统可用性。针对第一个研究目标，可以对一个非冗余系统进行改进，以最大限度地提高改进后系统的可靠性和可用性。针对第二个研究目标，可以定性描述最优维修方针，说明哪些组件应该进行重点维修。

E.2 系统描述

在本研究中，一般 BOG 再液化系统由 BOG 收集器、BOG 压气机、BOG 液化器、氮气冷却器、氮气缓冲池和氮气缓冲生成器等子系统组成。货舱中的 BOG 进入 BOG 收集器，该子系统为后续 BOG 压缩去除雾气液滴，必要时进行 BOG 冷却。BOG 压气机对 BOG 进行压缩并将压缩后的 BOG 送至 BOG 液化器，压缩 BOG 在低温交换器中与冷却氮气间接接触后液化。氮气冷却器通过气体压缩/膨胀冷却循环进行冷却，该子系统相对复杂和庞大，包含压气机、后冷却器、扩展器和控制装置。氮气冷却器的冷却能力由流经循环冷却系统的气体流速决定。氮气缓冲池向氮气冷却器提供氮气。当储氮量不足时，氮气缓冲生成器应向氮气缓冲池输送氮气。

E.3 可靠性和可用性预计

系统可用度受维修和子系统可靠性的影响。换句话说，提高系统可用性途径有两种：一种是增加系统可靠性；另一种是缩短维修时间。本研究的可用性评估是基于修复时间的，即 MTTR。

可靠性和可用性预计做了以下假设。

- 所有组件都服从指数失效模型。
- 只考虑严重失效，而忽略可降级失效。需要注意的是，压力传感器要考虑可降级失效。
- 维修时间为日历时间。
- 由传送器、开关和控制指示器组成的仪器作为单个传感装置，对应一个失效率和维修时间。
- 任何用于紧急停机的仪表和设备都不影响系统可靠性和可用性。但是用于正常运行的控制系统如控制阀、传送器等，在进行系统可靠性和可用性预计时需要将它们纳入考量。
- 除非明确表示，否则设备所需组件都要包含在内。换句话说，设备失效率包含所需组件的失效率。

可靠性和维修性数据

　　可靠性和可用性评估本质上需要知道所有组件的失效率、MTBF 和 MTTR。由于 BOG 再液化系统不是长期运行的，因此无法建立数据库。本研究主要从 OREDA 手册[3]中提取数据。表 E-1 举例说明了 BOG 再液化系统各子系统的失效率、MTBF 和 MTTR[1]。

　　需要注意的一点是，由于 OREDA 手册中所列系统的运行条件比 BOG 再液化系统中相应子系统的运行条件更为恶劣，因此可以合理地假设后者的失效率远低于前者的失效率，而本研究的结果可视为实际过程的最坏情况。实际的可靠度将高于本研究的估计值。需要注意的另一点是，OREDA 手册并没有包含 BOG 再液化系统的所有子系统。对于未包含的子系统数据，将以 OREDA 手册中类似系统数据为依据。例如，由于低温热交换器至今未在海上使用，因此 OREDA 手册无相关记录，低温热交换器的失效率可以 OREDA 手册中板式热交换器的失效率为依据，其 MTTR 来自制造商信息。

表 E-1　BOG 再液化系统各子系统的失效率、MTBF 和 MTTR

单　　元	组　　件	失效率/10^6 小时	MTBF/10^6 小时	MTTR/小时
低温热交换器	低温热交换器	21.75	0.05	18.70
	温度传感器	8.56	0.12	2.30
BOG 液化分离器	BOG 液化分离器	28.83	0.03	2.10
	液面传感器	4.16	0.24	3.70
	液面控制阀	3.88	0.26	2.00
	压力传感器	5.48	0.18	2.30
	压力控制阀	3.88	0.26	2.00
BOG 回气泵	BOG 回气泵	43.01	0.02	11.40
	BOG 回气电动机	22.75	0.04	7.80

 利用可靠性框图进行分析

E.5.1　无冗余时的结果

　　判断系统设计是否良好的一种方法是检查无冗余系统。无冗余系统的组件和子系统无备件。冗余太多会增加成本和维修工作量，而可用度的增加却很小。哪些子系统、单元需要有冗余？严格地说，应当根据生命周期费用做出决定。各种不确定因素导致系统在开发阶段需要付出巨大努力。图 E-1 是无冗余系统运行一年后的可靠性框图（RBD）[1]。系统本质上是串联子系统：任何子系统的失效都意味着整个系统的失效。有些子系统的可靠度小于 0.1，但它们的可用度大于 0.98。需要注意的是，可靠度是在规定时间无失效的概率，任何组件、子系统的失效都会导致系统可靠度降为 0。

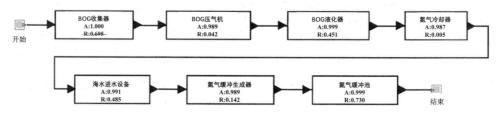

图 E-1　无冗余系统运行一年后的可靠性框图

　　无冗余系统的可靠度随时间的增加而迅速降低，如图 E-2 所示。在运行了 1000 小时后，无冗余系统可靠度下降到 0.2 左右。为了保持系统可用或正常运行，需要对失效组件、子系统进行修理。无冗余系统在稳态运行时，修复活动平衡了失效率，此时系统可以提供恒定的可用度。无冗余系统的稳态可用度小于 0.96。可用性的改善有两种途径：第一种是加快修理（相当于减少 MTTR）；第二种是对可用度最低的组件、子系统增加冗余。在设计阶段，第二种途径对于改善可靠性至关重要。通过检查各个子系统的可靠性，可以确定哪个子系统需要冗余。

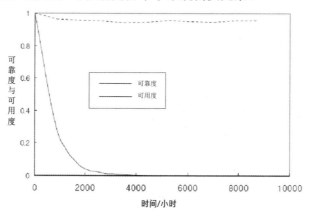

图 E-2　无冗余系统的可靠度与可用度[1]

　　图 E-3 随时间变化的子系统可靠度。根据可靠度将子系统划分为 3 个等级：高可靠性（该等级的子系统包括 BOG 收集器、海水进水设备和氮气缓冲池）、中可靠性（该等级的子系统包括 BOG 液化器）、低可靠性（该等级的子系统包括 BOG 压气机、氮气冷却器和氮气缓冲生成器）。相应的冗余政策为：高可靠性的子系统对冗余的要求最低，低可靠性的子系统建议增加冗余，中可靠性的子系统是否增加冗余则取决于成本和收益。

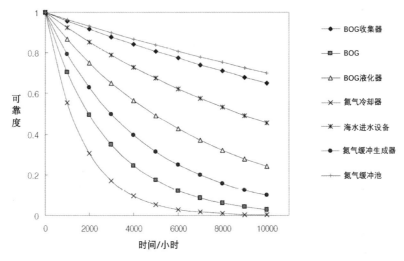

图 E-3　随时间变化的子系统可靠度[1]

E.5.2　有冗余时的结果

氮气冷却器的可靠性最低，BOG 压气机和氮气缓冲生成器次之，这意味着首先考虑对氮气冷却器增加冗余，之后考虑对 BOG 压气机和氮气缓冲生成器增加冗余。需要检查三个子系统增加冗余的可靠性灵敏度。系统配置定义如下。

系统 0：所有子系统都无备件的裸系统。

系统 1：氮气冷却器有备件。

系统 2：氮气缓冲生成器有备件。

系统 3：BOG 压气机有备件。

系统 4：三个子系统均有冗余。

图 E-4 为系统 4 运行一年后的可靠性框图[1]，其中并联子系统的配置意味着冗余。

图 E-5 为系统 0～系统 4 随运行时间变化的可靠度[1]。与系统 0 相比，系统 1～系统 3 的可靠性显著提高，但是系统 1～系统 3 的可靠性并没有显著差异。换句话说，就可靠性而言，很难判断系统 1、系统 2 和系统 3 的优劣。与系统 1～系统 3 相比，系统 4 的可靠性显著提高。

如图 E-6 所示，与系统 1～系统 3 相比，系统 4 可用性有了明显的改善；但相比系统 0，系统 1～系统 3 可用性又明显提高了。系统 1～系统 3 可用度约为 0.97，明显比系统 0 的可用度高，系统 4 可用度约为 0.99。

这三个低可靠性子系统的共同特征是具有转动设备，如泵、压气机。更具体地说，压气机和泵的失效率分别为 $250/10^6$ 小时、$60/10^6$ 小时，而分离器和传感器的失效率小于 $10/10^6$ 小时。因此，大部分的维修工作都应该针对转动设备。也可以采用减少低可靠性子系统运行负荷和环境负荷的方法来保持高可用性。因此，转动设备应放置在良好的环境中，并以交替的方式运行。

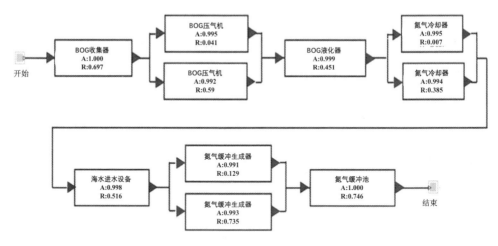

图 E-4　系统 4 运行一年后的可靠性框图

目前，BOG 再液化系统的三个低可靠性子系统均有备件，它们的可用度约为 0.99。考虑到当前分析的基础（利用海上设备和组件的失效率进行可靠性预计），实际的 BOG 再液化过程能有更高的可靠性。运行数据（包括失效率和维修工作）的收集是优化设计和维修策略的前提。BOG 再液化过程正处于商业化服务的边缘，冗余提供了优化设计和维修策略的机会。运行数据的收集将在今后的验证和改进过程中发挥更加重要的作用。

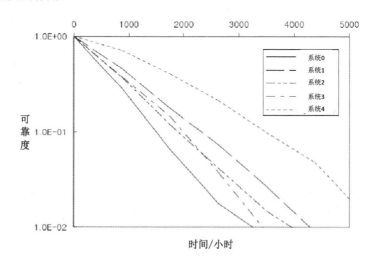

图 E-5　系统 0～系统 4 随时间变化的可靠度

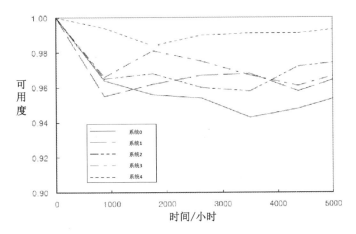

图 E-6　系统 0～系统 4 随时间变化的可用度[1]

参 考 文 献

[1]　Chang，D. et al，2005. A Study on Reliability-Based Improvement of Reliquefaction System for LNG Carriers. OMAE2005-67023，pp. 17-23.

[2]　Marvin Rausand，System Reliability Theory，2nd Ed.，John Wiley & Sons，New Jersey，2004.

[3]　OREDA Participants，Offshore Reliability Handbook，4th Ed.，2002.

附录 F

压气机站的可用性

F.1 概述

随着燃气输送市场的竞争日益激烈，以及监管机构的影响越来越大，产生了降低运行成本的压力，并且还不能影响可靠性和安全性。在此趋势下，燃气运输公司需要确保投资的合理回报，以及优化资产和运行成本。大多数合同都是建立在输气量稳定基础之上的，在受到能力不足、中断等影响时，合同的约束会起到重要作用。压气机站可用性研究为确定安装备用压气机的准则提供决策信息。

本研究[1]给出了玻利维亚-巴西输气管道项目（GASBOL）可用性评价的两种方法：一种是计划维修和非计划维修；另一种是蒙特卡罗仿真。GASBOL 是一个天然气输送系统，在玻利维亚有 4 个压气机站，在巴西有 10 个压气机站。此外，为了对这两种可用性评价方法进行比较，利用二项分布计算了压气机的不可用度。本研究的目标是量化输送系统的可用性，确定需要安装多少备用压气机才能达到满足企业能力、履行合同义务的目标。综合考虑合同责任（因为未能提供全部要求的输气量）、新备用压气机的总投资和运营成本，以确定最佳备用压气机的数量。

本研究针对巴西的 GASBOL 项目，相关数据如下。

- 巴西压气机站数量：10 个。
- 每个压气机站的压气机数量：2 台。
- 压气机功率：15000 HP ISO。
- 最大压比：1.8。
- 压气机站之间的平均间距：125 千米。

压气机站可用性的量值是根据以下准则确定的。

（1）EPRI 编号为 RP 4CH2983 的报告中的压气机站可用度为 0.971，但只适用于安装有离心式压气机和燃气轮机驱动器的压气机站。

（2）当无备用压气机时，压气机站的可用性由下列公式计算。

可靠度= 1 – FOF。

可用度= 1 – (FOF + SOF)。

FOF = FOH / PH。

SOF = SOH / PH。

FOF（Forced Outage Factor）= 强制失能时间系数。

FOH（Forced Outage Hours）= 强制失能时间。

PH（Period Hours）= 周期时间。

SOF（Scheduled Outage Factor）= 计划失能时间系数。

SOH（Scheduled Outage Hours）= 计划失能时间。

2005 年 1 月，北美电力可靠性委员会的 NERC 报告中燃气轮机驱动器的 EOF 和 SOF 分别为 0.0282 和 0.0424，可靠度和可用度分别为 0.9718 和 0.9294。

（3）根据 NERC 报告中燃气轮机驱动器可用性的量值进行二项分布建模。

（4）根据燃气轮机制造商推荐的计划维修进行可用性评估。

（5）根据 NERC 报告中燃气轮机驱动器的可用性量值进行蒙特卡罗仿真。蒙特卡罗仿真首先针对无备用压气机的压气机站；之后确定备用压气机的安装数量，以确保管道可用性达到足够水平；最后完成与传输能力相关的合同义务，减轻合同责任。

F.2 二项分布分析

为了对比本研究中可用性评价采用的两种方法，对二项分布模型进行了以下简化：假设巴西的 10 个压气机站的每个站都包含 2 台压气机；8#站和 10#站原本 4 个功率为 7000HP 的较小压气机在模型中替换为 2 个功率为 15000HP 的较大压气机。对于 10 个压气机站且每个站都包含 2 台压气机的情况，最合适的场景涉及 2 台压气机的压气机站可用性。

二项分布的计算公式为

$$BC(X,n) = \frac{n!}{X!(n-X)!} \qquad \text{F.1}$$

式中，

n（压气机数量）= 20；

X 为同时不可用压气机数量；

$BC(X, n)$为二项分布系数。

任意压气机不可用的概率为

$$P(X) = \frac{n!}{X!(n-X)!} P^X (1-P)^{n-X} \qquad \text{F.2}$$

式中，

    p（不可用度）= 0.0706；

    n（压气机数量）= 20；

    X（不可用压气机数量）= 0、1、2、3、…、n。

利用二项分布计算 20 台压气机不可用度结果[1]如表 F-1 所示。

表 F-1　利用二项分布计算 20 台压气机不可用度结果

X	BC(X,N)	P(X)	不可用度(天数/年)
0	1	0.231235	84.40
1	20	0.351305	128.23
2	190	0.253519	92.53
3	1140	0.115549	42.18
4	4845	0.007304	13.62
5	15504	0.009066	3.31
6	38760	0.001722	0.63
7	77520	0.000262	0.10
8	125970	0.000032	0.01
9	167960	0.000003	0.00
10	184756	0.000000	0.00
11	167960	0.000000	0.00
12	125970	0.000000	0.00
13	77520	0.000000	0.00
14	38760	0.000000	0.00
15	15504	0.000000	0.00
16	4845	0.000000	0.00
17	1140	0.000000	0.00
18	190	0.000000	0.00
19	20	0.000000	0.00
20	1	0.000000	0.00
		1.000000	365.00

二项分布结果与等效蒙特卡罗仿真结果的比较如图 F-1 所示。从图 F-1 中可以看出，当蒙特卡罗使用足够多的迭代次数时，二项分布结果与蒙特卡罗仿真结果基本相同。

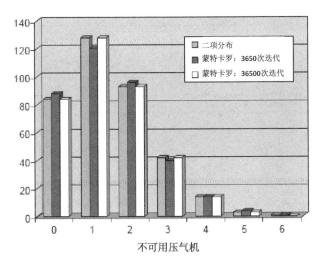

图 F-1　二项分布结果与等效蒙特卡罗仿真结果的比较

F.3　蒙特卡罗仿真

　　蒙特卡罗仿真是一种非常实用、简单明了的预测压气机不可用度的工具。压气机不可用将导致燃气运输公司能力不足，遭受收入损失的风险，以及由于无法向托运人提供规定输气量而承担合同责任。可使用 Palisade 公司的@RISK 和微软公司的 Excel 运行所有的蒙特卡罗仿真。每个压气机站的压气机可用度为 0.9294。在用蒙特卡罗仿真对输气管道压气机站建立模型时，分为以下 3 种情况：第一种无备用压气机；第二种有 5 台备用压气机；第三种有 10 台备用压气机。在评价输气管道可用性时，需要考虑各种压气机不可用的情况下的燃气管道热液模拟软件计算的输气管道现有可用输气量。Energy Solutions 公司的 Pipeline Studio 可以仿真机不可用的场景。仿真软件针对各种场景计算的可用输气量最大值除以合同承诺的输送量，得到输送系统的可用度。在可行性分析的基础上，结合燃气运输公司处理市场需求和运营风险的经验，确定备用压气机。

　　蒙特卡罗仿真对象的配置：10 个压气机站，每个站包含 2 台压气机，分为以下 3 种情况：第一种无备用压气机；第二种有 5 台备用压气机（前 5 个压气机站每站包含 1 台备用压气机）；第三种有 10 台备用压气机（每个压气机站包含 1 台压气机），并对压气机站失效结果进行比较。进行可行性研究确定最佳数量的备用压气机，减少燃气运输公司承担合同责任的风险。蒙特卡罗仿真进行了 36500 次迭代。使用 Pipeline Strdio 仿真第二种情况压气机站失效的结果如表 F-2 所示。

表 F-2 使用 Pipeline Studio 仿真压气机站失效的结果

不可用压气机数量	频率 天数/年	输气量 MMm³/d	压气机站									
			#5	#6	#7	#8	#9	#10	#11	#12	#13	#14
			不可用天数/年									
0	58	30.08										
1		30.08	11.2									
	67.7	30.08		14.1								
	101.6	30.08			13.1							
	169	30.08				15.3						
		30.08					14.0					
		27.50						9.4				
		28.70							8.8			
	112	29.80								7.9		
		29.30									7.6	
		25.80										10.5
2		25.00	1.6									
	5	26.10		1.1								
		26.70			0.6							
		26.70				0.5						
		26.70					1.1					
		27.50						0.5				
		28.70							0.7			
	2	29.80								0.5		
		25.30									0.2	
		25.80										0.0
3	0		0	0	0	0	0					
			压气机站									
			5&6	6&7	7&8	8&9	9&10	10&11	11&12	12&13	13&14	
1+1 （2 个压气机站 同时失效）		30.08	3.1									
	11	30.08		2.9								
		30.08			2.1							
		30.08				2.7						
		27.50					1.5					
		23.70						1.9				
	9	24.40							1.9			
		24.90								2.1		
		21.90									1.3	
	365.5	29.35										
系统可用度		0.9761										

注：对于每个站一台压气机不可用的情况，101.6 天的输气量与其他不相邻的站有关，这些站也有一台压气机不可用，但不减少输气量。

每一种燃气输送系统配置计算的平均输气量分别为 27.77MMm³/d、29.36MMm³/d 和 29.99 MMm³/d，用这些数据除以合同规定的输气量 30.08 MMm³/d，可评价燃气输送系统的可用度，具体结果如下。

- 无备用压气机：0.9231。
- 5 台备用压气机（前 5 个站）：0.9761。
- 10 台备用压气机（每个站包含 1 台备用压气机）：0.9971。

F.4 计划维修

可根据季度、半年度和年度检修，以及每隔 3 万小时运行时间进行的轮机检修中相关停运时间来估计压气机不可用度。根据设备制造商推荐的计划表确定可用输气量，如图 F-2 所示。从图 F-2 中可以看出，由于维修停，运输气量急剧减少为 2.48 MMm³/d，远远低于合同规定的输气量。

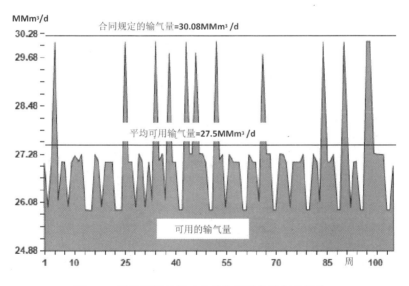

图 F-2　无备用压气机时由维修导致的输气量损失

然而，当安装了备用压气机后，整个管道的可用性增加了，这是因为备用压气机接替了不可用的压气机，且不会造成该站的输气量短缺。图 F-3 给出 5 个压气机站安装 5 台备用压气机后可用的输气量，图线下方的灰色区域现在向上延伸，几乎 100%覆盖了所需气体输送量。在安装了 5 台备用压气机后，预期平均输气量非常接近 30.08 MMm³/d。

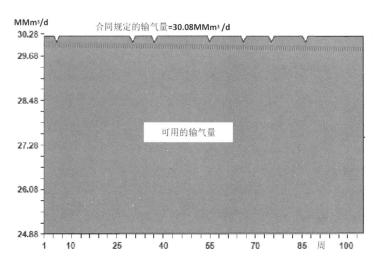

图 F-3　5 个压气机站安装 5 台备用压气机后可用的输气量

F.5　经济分析

为了确定备用压气机数量，基于蒙特卡罗仿真结果对每一种燃气输送系统配置进行经济分析：第一种无备用机组；第二种有 5 台备用压气机；第三种有 10 台备用压气机。经济分析的目标是确定足够数量的备用压气机，针对未提供输气量所承担合同责任的风险暴露等级进行合理控制。对三种配置的现金流贴现进行比较，以确定哪一种配置能够提供更好的净现值（NPV）。规避的损失、合同责任被视为收入，备用压气机被视为资本投资。备用压气机的费用没有计入与气体燃料、运行和维修有关的费用。

评估结果表明应当为所有压气机站安装备用压气机，具体结果如下。

（1）无备用压气机。

- 系统可用度：0.9231。
- 潜在输气量损失：2.28 MMm³/d。
- 潜在收入损失：182.8 MM 美元。
- 潜在合同责任损失：182.8 MM 美元。

（2）5 台备用压气机。

- 系统可用度：0.9761。
- 剩余输气量损失：0.85 MMm³/d。
- 年度剩余损失：136.3 MM 美元。
- 恢复输气量：1.43 MMm³/d。

- 避免收入损失：114.7 MM 美元。
- 避免合同责任：114.7 MM 美元。
- 备用压气机资本支出：64.5 MM 美元。
- 净现值：164.8 MM 美元。

（3）10 台备用压气机（每个压气机站 1 台备用压气机）。

- 系统可用度：0.9971。
- 剩余输气量损失：0.07 MMm^3/d。
- 年度剩余损失：11.2 MM 美元。
- 恢复输气量：2.21 MMm^3/d。
- 避免收入损失：177.2 MM 美元。
- 避免合同责任：177.2 MM 美元。
- 备用压气机资本支出：129 MM 美元。
- 净现值：225.4MM 美元。

第二种配置和第三种配置的结果表明应当为所有压气机站安装备用压气机。尽管备用压气机的资本投资未包含在输气管道项目的原始资本支出（CAPEX）中，但是为了较少因服务中断承担合同责任损失的风险暴露，有必要考虑备用压气机的投资，这种投资能够在服务中断情况下使燃气输送系统的输气量增加 4 MMm^3/d，增加的输气量将在一定程度上回报备用压气机的投资。

参 考 文 献

[1]　Santos，S.P.，Bittencourt，M.A. and Vasconcellos，L.D.，2006．"Compressor Station Availability -Managing its Effects on Pipeline Operation，"Proceedings of IPC 2006 6th International Pipeline Conference，September 25-29，2006，Calgary，Alberta，Canada，IPC2006-10560，pp. 1-9.

附录 G

燃气轮机的维修性

G.1 概述

Mercury™50 燃气轮机（Caterpillar 公司生产的太阳能发电机）在运行时可以产生 4600 千瓦时的高热效率，但其排放却很低[1]。Mercury™50 燃气轮机于 2003 年面世，通过广泛的设计、开发和现场评价程序确保了产品可靠、耐用、易于操作和维修。广泛的设计、开发和现场评价程序使得 Mercury™50 燃气轮机运行可靠性和可用性最大化，同时降低了维修成本，而这恰恰是分布式发电和热电联产发电市场所追求的。

Mercury™50 燃气轮机评价了涡轮性能的若干循环，以满足产品和市场的需求，而最优的选择是回热循环。经典布雷顿循环燃气轮机的回热采用的是一种行之有效的提高循环效率的方法，即通过回收一些在简单循环设计中失去的涡轮余热实现回热，发动机的热能流动路径以最低的成本适应整个系统的回热循环（见图 G-1）。新的热能流动路径和回热循环使燃烧系统的设计可以满足低排放要求，并易于现场维修。

在开发、测试和现场评估阶段，研发人员发现了回热器的耐久性和性能问题。耐久性问题虽然没有阻碍机组的运行，但加速了性能的下降。回热器的性能损耗主要是由气室的蠕变和漏气造成的。材料试验证实，在原设计中使用的 347 SS 材料不满足燃气轮机运行条件所要求的寿命，因此将回热器材料升级为合金 625（这是一种比 347 SS 具有更好的蠕变、氧化和抗拉强度的材料）。此外，增大了回热器的尺寸，以提高其性能。这两个设计变更解决了在开发、测试和现场评估试验中发现的问题。利用合金 625 回热器完成了大量的开发试验，超过 3000 工作小时和 1500 次启动。研发人员预计大修检查的时间是 60000 小时。

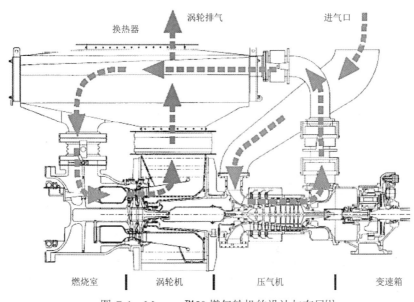

图 G-1　Mercury™50 燃气轮机的设计与布局[1]

G.2 维修性的设计

Mercury™50 发电机组成套设备是为方便运维而设计的。发动机、回热器、发电机和辅助设备完全封闭在发电机组成套设备内。辅助设备包括燃料模块、润滑油模块、控制系统、启动系统、通风系统、基座和外壳组件。独特的 Mercury™50 发动机布局还允许在现场进行燃烧系统和热通道的维修，而无须拆卸涡轮。

Mercury™50 采用六西格玛（Six Sigma）方法完成发电机组成套设备设计，该设计包括从现场评价客户、潜在客户和太阳能发电的人员那里收集关键信息，以确定发电机组成套设备设计的最重要方面。使用 QFD（Quality functional deployment，质量功能展开）工具对数据进行组织和排序，如图 G-2 所示。在图 G-2 中，关键的购买准则沿横轴列出并显示在表格中，总体重要性评级则显示在纵轴上。重要性等级越高，对客户来说就越重要。调查反馈表明，可靠性和可用性至关重要，维修费用也非常重要。

为了最大限度地提高 Mercury™50 燃气轮机的可靠性和可用性,发电机组成套设备使用经过验证的组件和对所有组件直接可达服务的设计，以最大限度地缩短服务时间。Mercury™50 发电机组成套设备的主要服务特征如下。

（1）100%组件可达性。所有的组件都位于不超过 18 英寸的侧滑边缘，以提高可达性和减少服务过程中的可及时间。例如，服务可以很容易地从侧滑边缘进入喷嘴壳和压气机排气轮毂腔系统组件。

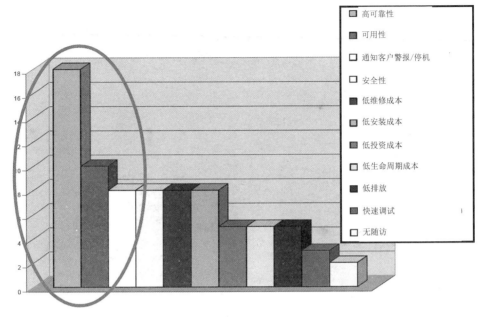

图 G-2　QFD 反馈[1]

（2）100%模块化。所有组件都组成在一个符合人体工程学的工作站上，这允许快速更换组件或完整的配件，以最小化不可用时间。

（3）电气布线。目前许多成套设备设计只是在最方便的路径上布线［见图 G-3（a）］，并没有考虑维修可及的便捷，当需要修理时，这可能会增加维修的时间和费用。如图 G-3（b）所示，电缆槽合并到 Mercury™50 的基座 I 字梁，这改善了电缆进行维修时的可达。

（a）典型电缆槽　　　　　　　　　　　（b）Mercury ™50电缆槽

图 G-3　电缆布线设计维修性的对比

（4）大型成套设备组件更换。所有超过 25 磅的部件都可提供起重装置。用于拆卸涡轮机、发电机和回热器的现场工具都带有起重装置，以便进行适当的成套设备安装。

Ⓖ.3 服务性和可达性

在首次进行发电机组成套设备生产时完成服务性的相关工作，以验证发电机组成套设备所有组件的可达性和服务性。使用现场工具进行更换火炬点火器，拆除和重新安装封闭门，以及拆卸涡轮机等 90 余项典型服务活动。这些活动导致了发电机组成套设备组件的 100%可达性，从而最小化不可用时间。

通过在围护结构两侧的墙壁上设置门，可以更好地实现发电机组成套设备的可达性，如图 G-4（a）所示。可以使用稳定的工作平台进入涡轮机的热通道，该平台为燃气轮机热通道的工作提供了一个区域，包括燃烧室内衬和喷射器，如图 G-4（b）所示。

Mercury™50 发电机组成套设备布局反映了对可用性的特别关注，是关键的客户要求。在标准的发电机组成套设备上，最耗时的工作是更换大型部件（如涡轮机或发电机），或者在恢复涡轮机的情况下更换回热器。发电机组成套设备设计团队审查了许多大型组件拆除概念，并以允许轻松可及的方式进行了成套设计，从而提高了发电机组成套设备的可用性。回热器支撑结构作为发动机和回热器的拆除轨道系统，通过将该系统纳入成套支撑结构，更换发动机和回热器只需要两天时间。这样的成套设备设计还可以方便拆除发电机，这是发电机组成套设备经常被忽略的一个方面。

（a）围护结构两侧的门　　　　　　　　（b）进入涡轮机热通道稳定平台

图 G-4　维修可达性设计示例[1]

在现代燃气轮机的发动机中，使用最频繁的区域是热通道，该通道由喷油器、燃烧室内衬、涡轮喷嘴和涡轮叶片组成。具有独特气流路径的 Mercury ™50 涡轮发动机有额外的好处，即可以使热通道容易访问。现场服务部门利用这种可达性，为在现场可及发电机组成套设备的组件设计了工具和程序。喷油器无须拆卸燃油歧管就可以使用，分段的发动机绝缘也可将进入喷油器所需的工作量和时间降到最低，如图 G-5（a）所示。在发动机就位的情况下，也可以拆下燃烧室内衬。在拆卸过程中，支持发动机和调温器的轨道也支持用于拉动燃烧室端盖和衬垫的现场工具如图 G-5（b）所示。

(a) 燃烧室的可达性　　　　　　　　　　　(b) 用于拆卸燃烧室衬套的现场工具

图 G-5　热通道可达性设计示例[1]

G.4 监测

　　服务的另一个重要方面是监测各个组件的运行参数，以了解可能导致设备失效的变化。在发电机组成套设备运行期间，控制系统记录运行数据，并将这些数据发送至太阳能涡轮机客户服务监控中心进行统计评估。太阳能涡轮机客户服务监控中心检查每小时的数据点，并将可能导致非计划停运的任何步骤更改或渐变通知用户。一旦现场服务人员意识到变化，他们就可以采取预防措施，以减少非计划停运的发生；或者在下一次计划停机期间安排部件和服务，以解决问题。

　　对 Mercury ™50 涡轮发动机进行广泛的分析、组件测试和开发测试，以验证产品的可靠性，截至 2005 年 1 月该涡轮发动机的可靠工作时间超过 56 000 小时。涡轮机、回热器和成套系统需要最低限度的检查维修，以提高可用性。此外，涡轮机和成套系统的设计允许在需要维修时快速更换部件。模块化涡轮设计允许更广泛的现场维修选项。所有这些特性都可以考虑可用性的改进。在 5MW 规格的范围内，Mercury ™50 涡轮发动机的可靠性和可用性应该可以满足或超过燃气轮机和其他发电技术的可靠性和可用性。

　　维修成本涉及三个主要的相关部分，包括一般维修和检查，产品耐久性，以及大修。Mercury 50™的设计特征是尽量减少一般维修和检查时间。Mercury ™50 涡轮机是为了最大限度地延长部件寿命而设计的，可以减少每次大修过程中更换部件的数量，这将延长大修前的时间并降低大修成本。

参 考 文 献

[1]　Teraji，D.，Hettick，J. and Robison，M，2005．"MERCURYTM 50 Product Durability，Operation and Maintenance Review"，Proceedings of GT2005 ASME Turbo Expo，June 6-9，2005，Nevada，USA.

附录 H

蒸汽轮机示例

H.1 概述

炼油厂使用的主要旋转设备之一是蒸汽轮机，它用于驱动发电机、压气机和水泵[1]。蒸汽轮机的主要作用是将蒸汽中的热能转化为机械能。蒸汽轮机的主要机械部件是转子、轴承、密封件、润滑油冷却器、蒸汽节流阀和调速器。蒸汽节流阀用于允许所需的蒸汽进入机器，它是蒸汽轮机的一个重要组成部分，由调速器控制。蒸汽轮机的另一个重要组成部分是润滑油冷却器，用来冷却润滑轴承的油。被调查的炼油厂共运行了 50 台蒸汽轮机。在这 50 台蒸汽轮机中，有 13 台经常失效（因为它们在 5 年中发生了 3 次以上的失效，所以它们被认为是不良的机器），产生了很高的维修费用。

H.2 帕累托分析

如图 H-1 所示，采用帕累托分析方法，根据失效数量及相关维修费用的排序，确定关键的不良的蒸汽轮机。这类蒸汽轮机的帕累托分析准则被用来确定造成失效总数的 75%或总维修费用 75%的蒸汽轮机机组。

图 H-2 总结了所有关键蒸汽轮机的失效部件，并说明了这些蒸汽轮机不同失效部件的失效率。结果表明，蒸汽轮机可修复部件的失效占比最大。其中，调速器的失效率为 28.4%、润滑油冷却器的失效率为 25.7%，节流阀的失效率为 24.3%，密封件和轴承的失效率分别为 9.5%和 4.1%。

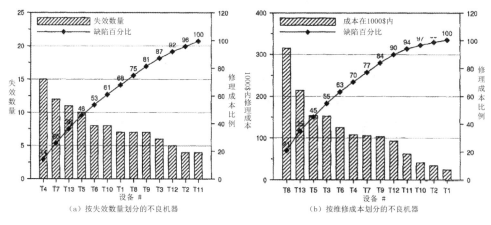

（a）按失效数量划分的不良机器　　　　（b）按维修成本划分的不良机器

图 H-1　识别不良机器的帕累托图

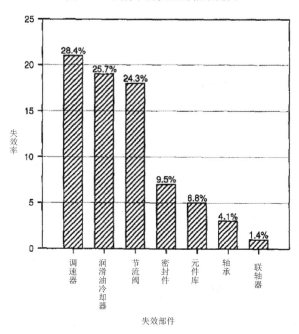

图 H-2　常见失效部件的帕累托图[1]

H.3　威布尔分析

在帕累托分析的基础上，确定了 10 个蒸汽轮机是关键的不良机器，并对如图 H-3 所示的 2 台蒸汽轮机进行了威布尔可靠性分析，其中一个蒸汽轮机的特征寿命仅为 1.63 个月如图 H-3（a）所示；另一个蒸汽轮机的特征寿命为 7.3 个月如图 H-3（b）所示。

对于机械调速器，由于其累积修理费用持续迅速增加，如图 H-4（a）所示，因此，建议用电子调速器对机械调速器进行改造，以消除机械零件经常出现的失效。润滑油冷却器的大部分修理费用［见图 H-4（b）］是在调查期间的最后 10 个月内花费的。在这 10 个月内，润滑油冷却器腐蚀严重，不易修复，为尽量减少润滑油冷却器的这些维修费用，建议更换新的润滑油冷却器。

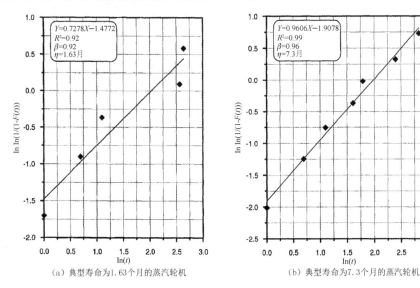

（a）典型寿命为1.63个月的蒸汽轮机　　　　　　（b）典型寿命为7.3个月的蒸汽轮机

图 H-3　2 台不良蒸汽轮机的威布尔分析[1]

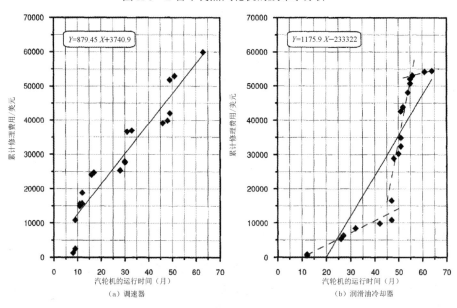

（a）调速器　　　　　　　　　　　　　（b）润滑油冷却器

图 H-4　某些可修复产品的累计修理费用

对于不可修复的密封件，威布尔形状参数表明其存在中度磨损，特征寿命相对较短，为 26.4 个月时相对较短，如图 H-5（a）所示。如图 H-5（b）所示，更换密封件的费用对财务的影响非常明显。

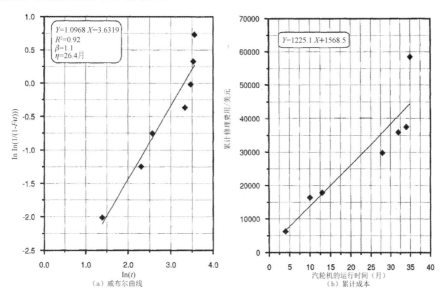

图 H-5　不良蒸汽轮机密封件的可靠性和成本数据

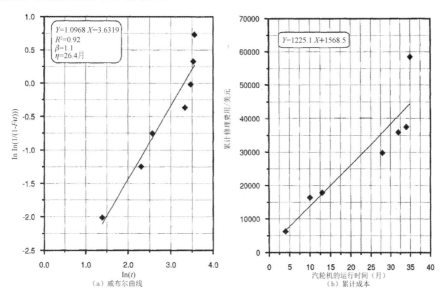

H.4　备件分析

在备件分析过程中，没有说明设计或其他变化，但数据被用来确保库存中有足够的密封件，以满足今后的需求。对于威布尔模型，采用更新函数方法确定给定时间内的空闲需求。若 t（代表计划时间）很大，参考文献[2]给出了这一期间所需的 $N(t)$，见备件短缺概率等于 $1-p$。

$$N(t) = \frac{t}{T} + \frac{1}{2}\left(\frac{1}{\beta^2} - 1\right) + \frac{1}{\beta}\sqrt{\frac{t}{T}}\phi^{-1}(p) \qquad \text{H.1}$$

式中，$\phi^{-1}(p)$ 表示正态分布函数的倒数。

考虑到以前不良蒸汽轮机的不可修复部件中，密封件是最常失效的部件。备件数量是根据 5 年时间（60 个月）计算的，如见表 H-1 所示。由表 H-1 可知，至少应该有 6 个密封件的库存，以确保 0.995 无风险运行，没有多余的短缺。

表 H-1　未来 5 年需要更换 10 个蒸汽轮机的备件数量[1]

设 备 类 型	β	H（月）	MTTF（月）	t（月）	必要零件 $N(t)$
汽轮机（密封件）	1.09	27.42	26.48	60	6

H.5 维修性、可靠性和可用性

表 H-2 计算并总结了所有关键不良蒸汽轮机的维修性、可靠性和可用性参数。很明显，一些蒸汽轮机的可用性并不高，这主要是因为它们的 MTTR 较高。可用来改善可用性的主要因素是 MTTR，这意味着修理所需的时间必须减少。减少修理所需时间是通过预先提供备件（用于避免材料等待时间），以及尽量减少修理设施的实际维修活动时间来实现的。

表 H-2　不良蒸汽轮机的维修性、可靠性和可用性参数

设备#	维修性			可靠性			可用性
	m	θ（月）	MTTR（月）	β	η（月）	MTBF（月）	A（∞）（%）
T1	0.78	1.68	1.93	0.92	3.33	3.47	64.2
T3	0.70	4.02	5.09	0.73	7.61	9.30	64.60
T4	0.88	1.78	1.88	1.04	4.09	4.02	68.10
T5	0.84	2.77	3.03	0.85	6.41	6.98	69.80
T6	1.12	3.16	3.03	0.96	7.29	7.42	71.00
T7	1.36	2.37	2.17	1.05	4.90	4.80	68.80
T8	0.94	2.97	3.04	0.64	12.55	17.50	85.20
T9	1.28	3.17	2.94	0.94	4.46	4.58	60.90
T10	0.52	2.15	4.01	0.57	5.73	9.34	70.00
T13	1.06	2.74	2.67	1.23	6.23	5.82	68.50

总之，综合使用可靠性、维修性和可用性，在获得更好的维修策略和降低成本方面是有效的。

参 考 文 献

[1]　Sheikh，A.K.，Al-Anazi，D.M. and Younas，M.，2002. "Reliability, Availability and Maintainability Analysis of Steam Turbines Used in an Oil Refinery," Proceedings of PVP2002 2002 ASME Pressure Vessels and Piping Conference August 5-9，2002，Vancouver，BC，Canada.

[2]　Samaha，E.，1997. "Effective utilization of equipment failure history through computerized maintenance management system," ASME-ASIA '97 Congress and Exhibition，Oct. 1997，pp.2-8.

索引

英 文 索 引	原 著 页 码	中 文 索 引	译 著 页 码
achieved	191	实现	
compressor station	287~294	压气机站	
maintainability of gas turbines	298~299	燃气轮机的维修性	
inherent	190~191，242	固有的	
operational	244	使用	
resource	37	资源	
steam turbine	305	蒸汽轮机	
Balanced Scorecard	218~219	平衡计分卡	
Binomial Distribution Analysis of Compressor Station Availability	288~290	压气机站可用性的二项分布分析	
Built-In Test Equipment（BITE）	191	内置测试设备	
Dependability Influence on Business Environment	32	可信性对商业环境的影响	
Business Excellence Models	201	业务卓越模型	
Business Life Cycle	20~25	业务生命周期	
asset management	24~25	资产管理	
environmental sustainability	24	环境可持续性	
standardization for evolving systems	23~24	演进系统的可信性标准化	
management goals and objectives	21~22	管理的目的与目标	
market needs and changing	22~23	市场需求和变化	
market relevance	20~21	市场相关性	
profile	21，33~35	剖面	
product advancements	33，34	产品发展	
product decline	35	产品下降	
product development	33~34	产品开发	
product growth	34	产品生长	
product introduction	34	产品导入	
product maturity	35	产品成熟	
product saturation	35	产品饱和	
Business Management Dependability Application Focus	32~33	商业中管理可信性应用的关注	
Capability Defined	240	能力定义	
Capability Maturity Model	106	能力成熟度模型	

英 文 索 引	原 著 页 码	中 文 索 引	译 著 页 码
mechanism	241	机理	
mode	241	模式	
Failure Mode and Effects Analysis（FMEA）	89	失效模式和影响分析	
Failure Mode, Effects and Criticality Analysis（FMECA）	81，83，241	失效模式，影响和危害性分析	
Failure Rate Measures Average	151～152	平均失效率量度	
statistical	152～153	统计	
Failure Reporting, Analysis and Corrective Action System（FRACAS）	126～128	失效报告、分析和纠正措施系统	
data collection	127	数据收集	
Fault Defined	241	故障定义	
Fault Management System	129～130	故障管理系统	
fault data for information retention	130	故障数据的留存信息	
system/network dependability characteristics	130	系统/网络可信性特性	
Fault Tolerance Design	117～118	容错设计	
Fault Tree Analysis（FTA）	76，83，85，86，88，153，241	故障树分析	
Federal Communications Commission（FCC）	134，135，137	联邦通信委员会	
Function Defined	242	功能定义	
Functional Complexity	117	功能复杂性	
Functional Design Criteria	77	功能设计准则	
Gas Turbines	157～162	燃气轮机	
background	157～158	背景	
maintainability	295～300	维修性	
availability	298～299	可用性	
design	296～298	设计	
monitoring	299～300	监测	
serviceability	298～299	服务性	
metrics	158～159	量度	
nerc gads data	159，160	NERC GADS 日期	

续表

英 文 索 引	原 著 页 码	中 文 索 引	译 著 页 码
Market Needs, Changing	22～23	市场需求，变化	
Markov Analysis	76，85～91，149，153～154，243	马尔可夫分析	
Mean Down Time（MDT）	89	平均不可用时间	
Mean Time Between Failures（MTBF）	149，151～152，153，156，180，192，243，281	平均失效间隔时间	
Mean Time to Failure（MTTF）	151，244	平均失效前时间	
Mean Time to Restoration（MTTR）	170～172，180，192，244，281，305	平均修复时间	
MEAP ™ System	182	MEAP™系统	
Monte Carlo Simulation	91，154，164，290～291	蒙特卡罗仿真	
National Institute of Standards and Technology（NIST）	134	美国国家标准与技术研究所	
NERC GADS Data	159，160	NERC GADS 数据	
Network Access Technology	139	网络接入技术	
defined	244	定义	
design impact on energy efficiency	138～139	设计对能效的影响	
dimensioning	140	规划	
optimization	140	优化	
parameter optimization	139	参数优化	
redundancy implementation	139～140	冗余实现	
reliability influencing factors	138	可靠性影响因子	
Security Implications	211	安保影响	
layers	213～214	层次	
protection	212	保护	
service functions	211～212	服务功能	
service objectives	211	服务目标	
threats	211	威胁	
vulnerability	212～213	脆弱性	
service distribution architecture	139	服务分发体系结构	
topology	139	拓扑	
traffic modeling	139	流量建模	

英 文 索 引	原 著 页 码	中 文 索 引	译 著 页 码
Probabilistic Risk Analysis（PRA）	84	概率风险分析	
Probabilistic Safety Analysis（PSA）	84	概率安全分析	
Procedure Defined	244	程序定义	
Process Defined	244	过程定义	
Product Defined	244	产品定义	
Product Verification	96	产品验证	
Project Management Dependability Project Activities	51	可信性项目活动项目管理	
dependability project objectives	40	可信性项目目标	
dependability project task requirements	39	可信性项目任务要求	
project framework	38～39	项目框架	
software dependability project	103～104	软件可信性项目	
tailoring dependability projects	40～41	剪裁可信性项目	
tailoring for specific applications	41～42	为特定项目应用的剪裁	
Program（Computer）	244	程序（计算机）	
Project Defined	244	项目定义	
Public Switched Telephone Network（PSTN）	134	分布式公共交换电话网络	
case study	135	案例研究	
Quality Assurance	200，201，245	质量保证	
control	245	控制	
defined	245	定义	
management	245	管理	
planning	245	计划	
service（QoS）	140，195～197，200，203，207，245	服务的（QoS）	
Quality Function Deployment（QFD）	198～201	质量功能展开	
Quality Management Systems（QMS）	82	质量管理体系	
Quality of Service（QOS）		服务质量	
Quantitative Risk Assessments（QRA）	187	定量风险评估	
Recoverability	245	恢复性	
Reliability	245	可靠性	
analysis	153～154	分析	

英 文 索 引	原 著 页 码	中 文 索 引	译 著 页 码
dependability	43~48	可信性	
problem and resolution	44~48	问题和解决方案	
evaluation	45，246	评价	
exposure	246	暴露	
factor	246	因子	
identification	45，246	识别	
management	42~43，188，246	管理	
management system	246	管理体系	
mitigation	246	减轻	
retention	246	自留	
scenario	246	场景	
transfer	246	转移	
treatment	46，47，246	应对	
Safety Defined	247	安全性定义	
design	84~88	设计	
Safety Instrumented Systems（SIS）	84	安全仪表系统	
Safety Integrity Levels（SIL）	85	安全完整性等级	
Security of Service	247	安保服务	
Scheduled Maintenance	247，291~293	计划维修	
Service Defined	247	服务定义	
distribution architecture	139	分发体系结构	
Serviceability	247	服务性	
Service Level Agreement（SLA）	67	服务水平协议	
Six Sigma	201，202	六西格玛	
Social Engineering	212	社会工程	
Software Assurance	209~214	软件保证	
best practices	214	最佳实践	
challenges	210~211	挑战	
defined	17	定义	
implications	211~214	影响	
overview	209	概述	
technology influence	209~210	技术影响	
configuration system	247	架构体系	
defined	102，241	定义	

英 文 索 引	原 著 页 码	中 文 索 引	译 著 页 码
system performance objective	111	系统性能目标	
challenges	101～103	挑战	
characteristics	106	特性	
data	111，121	数据	
engineering	103～108	工程	
implications	102	影响	
improvement	116～121	改进	
metrics	110～111	量度	
strategy	108～109	策略	
Software Reliability Assurance（SRA）	201	软件可靠性保证	
Spare Parts Analysis	304～305	备件分析	
Spare Parts Provisioning	179～180	备件供应	
Specification		规范（规格说明）	
Defined	247	定义	
system dependability	259～269	系统可信性	
system requirements	247	系统要求	
Steam Turbine	301～305	蒸汽轮机	
availability	305	可用性	
maintainability	305	维修性	
pareto analysis	301～302	帕累托分析	
reliability	305	可靠性	
spare parts analysis	304～305	备件分析	
weibull analysis	302～304	威布尔分析	
Structural Complexity	117	结构复杂性	
Structural Design	91～93	结构设计	
Sub-System Development	83～84	子系统开发	
Supervisory Control and Data Acquisition（SCADA）	210，211	监控和数据采集	
Supply Chain Management	20，23，82，221	供应链管理	
Supportability		保障性	
Defined	172，247	定义	
System Application Environments	78～80	系统 应用环境	
assurance process	205～206	保证过程	
constraints	54	约束	

续表

续表

续表

英 文 索 引	原 著 页 码	中 文 索 引	译 著 页 码
Value Chain		价值链	
Analysis	221，224～228	分析	
defined	217	定义	
framework	219～221	框架	
Value Creation	217～219	价值创造	
opportunity	224～228	机会	
strategic map	218	战略框图	
Value Engineering	221	价值工程	
Value of Dependability	80，217～235	可信性的价值	
expression	230～231	表达	
framework	221～223	框架	
infrastructures	230～235	设施	
realization	223～229	实现	
scenario	8	场景	
Value Proposition	219，230	价值主张	
pipeline example	233～235	管道示例	
Wearout Failure	248	耗损失效	
Weibull Analysis	152～153，248，302～304	威布尔分析	
Wideband Code Division Multiple Access（W-CDMA）	139	宽带码分多址	
World Energy Council（WEC）	158	世界能源理事会	